Müller, Phytopharmakologie

Franz Müller

Phytopharmakologie

Verhalten und Wirkungsweise von
Pflanzenschutzmitteln

96 Abbildungen
und 7 Tabellen

VERLAG
EUGEN
ULMER

Prof. Dr. Franz Müller
Institut für Phytomedizin
Fachgebiet Phytopharmakologie
der Universität Hohenheim

CIP-Kurztitelaufnahme der Deutschen Bibliothek

Müller, Franz:
Phytopharmakologie: Verhalten und Wirkungsweise von Pflanzenschutzmitteln /
Franz Müller. – Stuttgart: Ulmer, 1986.
    ISBN 3-8001-3069-6

Das Werk einschließlich aller seiner Teile ist urheberrechtlich geschützt.
Jede Verwertung außerhalb der engen Grenzen des Urheberrechtsgesetzes ist ohne
Zustimmung des Verlages unzulässig und strafbar.
Das gilt insbesondere für Vervielfältigungen, Übersetzungen,
Mikroverfilmungen und die Einspeicherung und Verarbeitung
in elektronischen Systemen.
© 1986 Eugen Ulmer GmbH & Co.
Wollgrasweg 41, 7000 Stuttgart 70 (Hohenheim)
Printed in Germany
Einbandgestaltung: Alfred Krugmann, Freiberg am Neckar
Satz: Typobauer Filmsatz GmbH, Scharnhausen
Druck und Bindung: Pustet, Regensburg

Vorwort

Mit dem vorliegenden Band über das Verhalten und die Wirkungsweise von Pflanzenschutzmitteln wird eine neue Fachrichtung des Pflanzenschutzes, die Phytopharmakologie, vorgestellt und ein Überblick über dieses Gebiet gegeben.

Die Ergebnisse von mehr als 30 Jahren Forschung über chemische Pflanzenschutzmittel sind in zahlreichen Publikationen zusammengestellt, die gewöhnlich ganz spezielle Sektoren erfassen und hauptsächlich für den jeweiligen Fachmann wichtig sind. Eine eingehende Information für eine breitere Schicht von Interessierten, insbesondere für Studierende, fehlte bisher.

Bei der Abfassung des Textes war es wichtig, die Phytopharmakologie als Teilgebiet der Phytomedizin darzustellen. Dabei waren die pflanzenphysiologischen und die chemischen Aspekte sowie die Erfordernisse des Pflanzenschutzes miteinander zu verbinden. Auf diese Weise wurden die Grundprinzipien des Verhaltens und der Wirkungsweise von Pflanzenschutzmitteln dargestellt. Für Einzelheiten zu den Wirkstoffen und Mitteln selbst war im Rahmen dieser Schrift kein Platz.

Der Text ist auf der Verständnisebene höherer Semester der Agrarwissenschaften, der Agrarbiologie und der Biologie abgefaßt. Daneben ist auch der interdisziplinäre Leserkreis von Naturwissenschaftlern, Biologen, Chemikern und Landwirten angesprochen sowie der von Ökologen oder allgemein an Umweltfragen interessierten Personen.

Wegen der Breite und Vielschichtigkeit des Gebietes kann der Band keinen Anspruch erheben auf eine bis in alle Einzelheiten gehende Darstellung. Anhand einiger Beispiele wird aber jeweils eine dem momentanen Wissensstand entsprechende Übersicht über das Verhalten der heute hauptsächlich angewandten Verbindungen gegeben.

Die Kenntnis vom Verhalten und der Wirkungsweise der Pflanzenschutzmittel in der Pflanze – als Seitenblicke auch im Tier und im Boden – erlaubt Hinweise auf mögliche Schädigungen der Umwelt, die gering zu halten bzw. auszuschließen sind. Nutzpflanzen, Nutzinsekten oder andere Nutztiere dürfen durch Pflanzenschutzmaßnahmen nicht beeinträchtigt werden. Die Verwirklichung des Modells des „integrierten Pflanzenschutzes" bietet hierfür optimale Möglichkeiten durch die Kombination verschiedener Maßnahmen mit der Verwendung von chemischen Substanzen.

Zur Entwicklung der Fachrichtung Phytopharmakologie haben direkt oder indirekt zahlreiche Kollegen beigetragen, auf deren wissenschaftlicher Arbeit ich mich beim Abfassen des Textes stützen konnte. Ihnen allen sei hiermit herzlich gedankt.

Einen Dank möchte ich auch meiner Frau aussprechen für ihre unermüdliche Mithilfe bei der Erstellung des Manuskriptes, für das eifrige Lesen der Korrekturen sowie für das allumfassende Verständnis für meine Arbeit. Ihr sei dieses Buch gewidmet!

Herrn Dr. Roland Ulmer, der spontan die verlegerische Betreuung meiner Publikation übernommen hat, sowie seinen Mitarbeitern, vor allem Herrn Dr. Volk und Herrn Schwerdt, danke ich für die Bewältigung der technischen Probleme und für das Engagement während der Entstehung des Bandes.

Hohenheim, August 1986   Franz Müller

Inhaltsverzeichnis

Vorwort 5
Einführung 11

1	**Aufnahme von Pflanzenschutzmitteln in die Pflanze**	15
1.1	Haftenbleiben auf der Pflanzenoberfläche (Retention)	15
1.1.1	Morphologisch anatomischer Bau der Pflanze	15
1.1.2	Schutz empfindlicher Pflanzenteile	18
1.1.3	Zeitliche Trennung von Kulturpflanze und Unkräutern . . .	19
1.1.4	Histologischer Aufbau der Pflanzenoberfläche	19
1.2	Aufnahme von Pflanzenschutzmitteln (Penetration und Absorption)	20
1.2.1	Aufnahme von Pflanzenschutzmitteln über das Blatt	20
1.2.1.1	Aufbau des Blattes und der Epidermisaußenwand	21
1.2.1.2	Aufbau und Funktion der Cuticula	21
1.2.1.3	Aufbau und Funktion der Cellulosewand	29
1.2.1.4	Aufbau und Funktion der Plasmamembran	31
1.2.1.5	Eintritt von Stoffen durch Stomata	34
1.2.1.6	Verteilung von Pflanzenschutzmitteln innerhalb des Blattes .	36
1.2.2	Aufnahme über die Wurzeln	37
1.2.2.1	Anatomischer Bau der Wurzelspitze	37
1.2.2.2	Mechanismen der Stoffaufnahme über die Wurzeln	38
2	**Transport und Verteilung von Pestiziden in der Pflanze (Translokation)**	40
2.1	Grundlagen des Stofftransportes	40
2.1.1	Intrazellulartransport	40
2.1.2	Transport im Gewebebereich	41
2.1.2.1	Symplasmatischer Parenchymtransport	41
2.1.2.2	Apoplasmatischer Nahtransport	42
2.1.2.3	Gemischt symplasmatisch-apoplasmatischer Transport . . .	43
2.1.2.4	Verteilung im Interzellularsystem	43
2.1.2.5	Kurzstreckentransport in den Wurzeln	43
2.1.3	Ferntransport	45

2.1.3.1	Aufbau der Transportbahnen	45
2.2	Translokation von Herbiziden	50
2.2.1	Verteilung von Herbiziden nach Behandlung über das Blatt	50
2.2.2	Beeinflussung des Herbizidtransportes	55
2.2.3	Wahl des Bekämpfungszeitpunktes	56
2.2.4	Transport von Herbiziden nach Aufnahme über die Wurzel	64
2.3	Translokation von Insektiziden	64
2.3.1	Translokation nach Aufnahme über die Wurzeln	65
2.3.2	Translokation nach Aufnahme über das Blatt	65
2.3.3	Translokation nach Aufnahme über Samen	66
2.3.4	Aufnahme über verholzte Stämme	66
2.4	Translokation von Fungiziden	68
3	**Abbau und Detoxifizierung von Pflanzenschutzmitteln (Metabolismus)**	**70**
3.1	Grundreaktionen beim Abbau von Pflanzenschutzmitteln	71
3.1.1	Oxidationen und Hydroxylierungen	71
3.1.2	Hydrolytische Reaktionen	75
3.1.3	Reduktionen	77
3.1.4	Konjugate-Bildung	78
3.2	Metabolismus von Herbiziden	79
3.2.1	Phenoxyalkansäure (Wuchsstoffherbizide)	80
3.2.1.1	Abbau der Phenoxyessigsäure-Verbindungen	82
3.2.1.2	Metabolismus höherer Phenoxyalkansäuren	86
3.2.1.3	Einlagerung in die Vakuole	89
3.2.1.4	Ausscheidung aus den Wurzeln	89
3.2.1.5	Grundlagen der Selektivität	89
3.2.2	Substituierte Phenylharnstoffe	89
3.2.2.1	Abbau von Phenylharnstoffen	91
3.2.2.2	Ursachen der Selektivität	97
3.2.3	s-Triazine	98
3.2.3.1	Abbau von s-Triazinen	99
3.2.3.2	Ursachen der Selektivität	106
3.2.4	2,4-Dinitrophenole	107
3.2.5	Halogenierte Phenole	108
3.2.6	Diphenylether	109
3.2.7	N-Methyl-Carbamate	111
3.2.8	Acyl-Carbamate	112
3.2.9	Thiocarbamate	114
3.2.10	Aliphatische Verbindungen	117
3.2.11	Benzoesäure-Verbindungen	117
3.2.12	Aminosäure-Verbindungen	120
3.2.13	Acyl-Anilide	120
3.2.14	Chloracetamide	121
3.2.15	2,4-Dinitroanilide	124
3.2.16	Imidazole	125

3.2.17	Thiadiazole	126
3.2.18	Pyridin-Verbindungen	127
3.2.19	Dipyridylium-Verbindungen	127
3.2.20	Pyridazone	129
3.2.21	Uracile	130
3.2.22	Phosphorsäuren	131
3.2.23	Propionsäuren	133
3.2.24	Phenoxyphenoxy- und heterozyklische Phenoxy-Verbindungen	134
3.2.25	Cyclohexendion-Verbindungen	136
3.2.26	Sulfonylharnstoff	136
3.2.27	Verschiedene Stoffe	138
3.2.28	Anorganische Verbindungen	139
3.3	Metabolismus von Insektiziden	139
3.3.1	Chlorierte Kohlenwasserstoffe	140
3.3.1.1	Diphenyl-trichlorethan-Verbindungen	140
3.3.1.2	Cyclohexan-Verbindungen	142
3.3.1.3	Cyclodien-Verbindungen	143
3.3.2	Phosphorsäureester	146
3.3.3	Carbamat-Insektizide	152
3.3.4	2,4-Dinitrophenole	156
3.3.5	Benzoylierte Harnstoff-Verbindungen	156
3.3.6	Synthetische Pyrethroide	156
3.4	Metabolismus von Fungiziden	157
3.4.1	Anorganische und organische Schwermetall-Verbindungen	158
3.4.2	Dithiocarbamate und Thiurame	159
3.4.3	Phthalimide	161
3.4.4	Substituierte Benzole	161
3.4.5	Organophosphor-Verbindungen	163
3.4.6	Piperazine	164
3.4.7	Carbamat-Fungizide	165
3.4.8	Pyrimidine	165
3.4.9	Triazole	165
3.4.10	Morpholine	166
3.4.11	Carboxanilide	168
3.4.12	Benzimidazole	169
3.4.13	Acetamide	171
3.4.14	Acylanilide	172
3.4.15	Dicarboximide	172
3.4.16	Imidazole	173
4	**Wirkungsweise von Pflanzenschutzmitteln**	**174**
4.1	Wirkorte in der Pflanzenzelle	175
4.2	Wirkungsweise von Herbiziden	176
4.2.1	Einwirkung auf die Photosynthese	176
4.2.1.1	Ablauf der Photosynthese	177

4.2.1.2	Eingriff von Herbiziden in die Photosynthese	180
4.2.2	Einwirkung auf die Atmung	185
4.2.2.1	Ablauf des Atmungsgeschehens	185
4.2.2.2	Eingriff von Herbiziden in die Atmung	189
4.2.3	Einwirkung auf Biosynthese-Prozesse	190
4.2.3.1	Carotinoid-Biosynthese	190
4.2.3.2	Lipid-Biosynthese	192
4.2.4	Einwirkung auf die Synthese aromatischer Aminosäuren	193
4.2.5	Einwirkung auf die Biosynthese verzweigter Aminosäuren	196
4.2.6	Einfluß von Herbiziden auf den Nucleinsäure-Metabolismus und auf die Protein-Synthese	197
4.2.6.1	Ablauf der Übertragung der genetischen Information und der Protein-Synthese	197
4.2.6.2	Eingriff von Herbiziden auf die Nucleinsäure-Synthese	198
4.2.7	Einfluß auf die Keimung	199
4.2.8	Beeinflussung des Auxin-Metabolismus	200
4.2.9	Einfluß auf Zellentwicklung und Wachstum	200
4.2.10	Wirkung auf die Permeabilität von Membranen	201
4.3	Wirkung von Insektiziden, Akariziden und Nematiziden auf die Pflanze	201
4.3.1	Einfluß auf die Atmung	202
4.3.2	Beeinflussung der Membranstruktur	203
4.4	Einfluß von Fungiziden auf den Stoffwechsel der Pflanze	203
4.4.1	Wirkung als allgemeine Zellgifte	203
4.4.2	Einfluß auf die Kernteilung	204
4.4.3	Einfluß auf die Nucleinsäuresynthese	204
4.4.4	Einfluß auf die Proteinsynthese	205
4.4.5	Einfluß auf die Atmung	205
4.4.6	Beeinflussung der Photosynthese	206
4.4.7	Einfluß auf Biosyntheseprozesse	206
4.4.7.1	Biosynthese niedermolekularer Stoffe	206
4.4.7.2	Lipid-Biosynthese	206
4.4.7.3	Ergosterol-Biosynthese	208
4.4.7.4	Chitin-Biosynthese	208
4.4.8	Einfluß auf die Membranfunktion	209
5	**Auswirkungen der Pflanzenschutzmittelanwendung auf Kulturpflanzen**	210
5.1	Auswirkungen der Herbizidanwendung auf Pflanzen	210
5.2	Einfluß von Insektiziden, Akariziden und Nematiziden auf Pflanzen	212
5.3	Auswirkungen der Fungizidanwendung auf Pflanzen	214
Schlußbetrachtung		216
Literaturverzeichnis		218
Sachregister		221

Einführung

Die Phytopharmakologie – als ein Teilgebiet der Phytomedizin – steht zwischen den Grundlagendisziplinen Physik, Chemie, Biologie und den verschiedenen agrarwissenschaftlichen Fächern. Ihre Aufgabe ist die Erforschung des Verhaltens und der Wirkungsweise von Pflanzenschutzmitteln sowie der Auswirkungen, die sich durch deren Anwendung ergeben.

Neue Wirkstoffe für Pflanzenschutzmittel werden von der chemischen Industrie bekanntlich auch heute noch mit empirischen Methoden gefunden, das heißt in Standardtests wird die Wirkung der in der Produktion anfallenden Chemikalien sowie der eigens für eine eventuelle Verwendung im Pflanzenschutz synthetisierten chemischen Substanzen auf Pflanzen, Insekten und Mikroorganismen, die Krankheiten an Kulturpflanzen verursachen, geprüft.

Durch die verschiedenen Arten des „screenings" werden aus einer Unzahl von Substanzen solche mit einer biologischen Aktivität ermittelt. Diese werden dann weiteren, meist jahrelangen und immer diffiziler werdenden Prüfungen unterzogen, bevor sie durch amtliche Stellen als Pflanzenschutzmittel zugelassen werden können.

Nur sehr wenige Pflanzenschutzmittel beseitigen Schädlinge und Unkräuter durch sofortige Ätzwirkung. Die meisten Wirkstoffe treten erst im Verlauf ihrer Einwirkung in einen physiologischen Kontakt mit der Pflanze. Sie bleiben haften, dringen ein, werden verteilt, werden andererseits vom Organismus metabolisiert, oder greifen in ganz bestimmte Stoffwechselprozesse ein, d.h. sie kommen zur Wirkung.

Es stellt sich die Frage nach den Ursachen der Pflanzenschutzmittelwirkung; vor allem aber nach den Gründen für die selektive Wirkung im System Nutz- und Schadorganismus. Die Ursachen für die artspezifische Pflanzenschutzmittelwirkung sind sehr komplex und in den wenigsten Fällen vollständig geklärt. Untersuchungen darüber sind aber wichtig, um die spezielle Wirkungsweise zu erforschen und einen optimalen Bekämpfungserfolg möglichst ohne Schädigung der Kulturpflanzen und Nutzorganismen zu erreichen.

Pflanzenschutzmittel wie Herbizide, Insektizide und Fungizide verhalten sich wegen ihrer ähnlichen physikochemischen Eigenschaften gleich oder zumindest ähnlich. Daher grenzt man in der Phytopharmakologie die For-

Naturwissenschaftl. Disziplinen	Phytopharmakologie (Verhalten und Wirkungsweise von Pflanzenbehandlungsmitteln) als Teilgebiet der Phytomedizin			Agrarwissenschaftl. Disziplinen
Physik Chemie Biologie	Verhalten des Wirkstoffs	Quantifizierung der Wirkstoffmenge	Wirkung auf Organismen	Auswirkung der Anwendung	Pflanzenbau Pflanzenernährung
	Pflanzenverfügbarkeit, Retention Penetration Aufnahme u. Transport Metabolisierung und Detoxifizierung	Konzentration am Wirkort Bilanzierung des Verbleibs	Art der Wirkung Wirkungsmechanismus in – Nutzorganismen – Schadorganismen	Folgen der Wirkung Beeinträchtigung von – Schadorganismen – Nutzpflanzen	Pflanzenzüchtung Betriebslehre
	Verhalten in – Boden – Umwelt	Konzentration in – Ernteprodukten – Boden – Wasser	Wirkung auf andere Organismen	Auswirkung auf – Bodenleben – Ökosystem	Ökologie Umweltwissenschaft

schung nicht nach Mittelgruppen ab, sondern stellt den pflanzlichen Organismus und seine Stoffwechselaktivitäten in den Mittelpunkt. Voraussetzung für eine optimale Wirkung ist eine effektive Wirkstoffkonzentration am Wirkort. Diese wird bei den über den Boden applizierten Verbindungen durch die Pflanzenverfügbarkeit, bei den auf die Blätter aufgebrachten Mitteln durch die Retention auf der Pflanzenoberfläche bestimmt. Nach der Penetration und der eigentlichen Aufnahme in den lebenden Teil der Pflanze erfolgt durch Verteilung ein Hinleiten zum Wirkort. Durch Metabolisierung und andere Arten der Detoxifizierung wird die Wirksamkeit gewöhnlich beträchtlich verringert und dadurch u. U. der Bekämpfungserfolg in Frage gestellt oder nur durch höhere Aufwandmengen erreicht.

Diese Erniedrigung des Wirkungslevels ist bei Schadorganismen unerwünscht, da hierdurch der Bekämpfungseffekt abgeschwächt ist und man größere Aufwandmengen benötigt. In den Nutzpflanzen dagegen, die ebenfalls bei der Behandlung Spritzbrühe abbekommen, ist eine rasche Metabolisierung zu toxikologisch unbedenklichen Stoffen sehr erwünscht, da hierdurch eventuelle Rückstände in den Ernteprodukten niedrig gehalten werden. Das Wirkstoffverhalten im Boden und der Verbleib der Wirkstoffe in der Umwelt leiten von phytopharmakologischen Fragestellungen in das Gebiet der Ökotoxikologie über.

Aufnahme, Verteilung, Metabolisierung und Detoxifizierung bestimmen die Konzentration einer bestimmten Substanz am Angriffsort im Stoffwechsel (Wirkort). Diese physiologischen und biochemischen Prozesse entscheiden somit über die Intensität der Wirkung. Bilanzierungen des Verbleibs des Wirkstoffs während der Entwicklung der Kulturpflanzen, insbesondere z.Z. der Ernte, in der Pflanze und im Boden erlauben Beurteilungen von möglichen Restmengen in den einzelnen Pflanzenteilen, speziell in den Ernteprodukten. Hierbei darf man sich nicht auf rückstandsanalytische Mengenbestimmungen beschränken. Es ist vielmehr zu klären, wie die Restmengen zustande kommen, wo sie sich akkumulieren und wodurch sie eventuell kleiner gehalten werden können. Das ist Sache der Phytopharmakologie, soweit der landwirtschaftliche Bereich berührt wird, und Sache der Umweltwissenschaft, wenn es über den Bereich der Pestizidanwendung hinausgeht.

Die Wirkung der Pflanzenschutzmittel ist ein vom Wirkstoff abhängiger, schädigender Eingriff in lebenswichtige Stoffwechselprozesse der Pflanze oder tierischer Organismen. Bei Herbiziden kann die Photosynthese, die Atmung, die Proteinsynthese, der Nucleinsäuremetabolismus, der Hormonhaushalt bzw. die Membranfunktion gestört werden. Durch Insektizide wird z.B. das Nervensystem der Insekten geschädigt. Es können jedoch auch ganz spezifische Biosynthese-Vorgänge gehemmt werden, z.B. die Chitin-Biosynthese von Arthropoden durch das Insektizid Diflubenzuron oder die Ergosterol-Biosynthese durch einige Fungizide.

Bei Kulturpflanzen und Nutzorganismen dürfen Schädigungen nicht auftreten, worin ja das Wesen der selektiven Mittel beruht. Bei Herbiziden wird das gewöhnlich dadurch erreicht, daß am Wirkort in den Unkräutern große Mengen an Wirkstoff vorliegen und schädigend einwirken, während in den

Kulturpflanzen die Wirkstoffmenge durch geringe Aufnahme, durch bestimmte Verteilung und vor allem durch raschen Abbau am Wirkort klein gehalten wird. Der Wirkort selbst kann aber auch für einen bestimmten Wirkstoff weniger oder überhaupt nicht empfindlich sein. Letzteres ist die ideale Möglichkeit für eine selektive Wirkung.

Neben der Feststellung des Ausmaßes der Wirkung ist die Erforschung des molekularen Wirkortes selbst, also des Mechanismus der Wirkung, sehr wichtig. Derartige Untersuchungen werden je nach Fragestellung mit ganzen Pflanzen, isolierten Protoplasten oder einzelnen Zellorganellen sowie mit Mikroorganismen durchgeführt. In-vitro-Untersuchungen mit bestimmten Enzymen werden in Zukunft sicher bald folgen.

Die Anwendung von Pflanzenschutzmitteln kann ganz verschiedene Folgen haben: Bei den Schadorganismen führen Absterben, Verminderung der Reproduktion, Zwergwuchs usw. zur Unterdrückung der Population der betreffenden Art. Durch verminderte Wüchsigkeit wird die Konkurrenz der Unkrautpflanzen zur Kulturpflanze ausgeschaltet. Allerdings werden u.U. auch die Nutzpflanzen durch die Mittelanwendung manchmal beeinträchtigt, insbesondere durch höhere Aufwandmengen oder bei ungünstigen Witterungsbedingungen. Die Beeinflussung zeigt sich als geringere Wüchsigkeit und führt zu Minderungen des Ertrags und der Qualität der Ernteprodukte. Derartige unerwünschte Auswirkungen müssen erkannt und kausalanalytisch betrachtet werden; und zwar nicht nur für Einzelwirkstoffe sondern auch für Mittelkombinationen und Spritzfolgen. Ein Übergang von der phytopharmakologischen in die ökologische und umweltwissenschaftliche Forschung erfolgt bei Untersuchungen der Auswirkungen der Pflanzenschutzmittelanwendung auf das Bodenleben und auf das Ökosystem.

Alle Bemühungen der Phytopharmakologie sollen dazu dienen, die Substanzen, die wir zur Sicherung und Steigerung unserer Ernten einsetzen, in ihrem Verhalten und in ihrer Wirkung auf Pflanzen zu verstehen. Der Einsatz von chemischen Mitteln im Pflanzenschutz kann dann – zusammen mit den zahlreichen anderen Maßnahmen, die man als „integrierten Pflanzenschutz" zusammenfaßt – verantwortungsbewußt zum Schutz unserer Nahrungsgüter erfolgen, ohne daß der Mensch durch unerlaubt hohe Rückstände in den Nahrungsmitteln geschädigt oder die Umwelt durch nicht metabolisierbare Wirkstoffe und Restmengen an Metaboliten belastet wird.

1
Aufnahme von Pflanzenschutzmitteln in die Pflanze

1.1 Haftenbleiben auf der Pflanzenoberfläche (Retention)

Voraussetzung für das Eindringen von Pflanzenschutzmitteln in die Pflanze ist, daß zunächst große Mengen davon nach der Spritzung auf der Pflanzenoberfläche haften bleiben. Die Stoffe müssen dann lange genug in Lösung bleiben oder von den obersten Schichten adsorbiert werden, um eine Aufnahme des Stoffes zu ermöglichen.

Für die gewünschte Wirkung ist eine bestimmte Wirkstoffmenge pro Hektar auszubringen (sehr wenig z.B. bei Chlorsulfuron 20 g a.i./ha; sehr viel z.B. 75 kg/ha TCA zur Bekämpfung von *Agropyron repens*; normalerweise werden 1,5 bis 5 kg/ha ausgebracht). Das Wirkstoffkonzentrat wird mit der vorgesehenen Wassermenge versetzt (ULV 5 l/ha; LV 50 l/ha; MV 500 l/ha). Beim Applizieren muß auf eine einheitliche Tröpfchengröße und einen bestimmten Spritzdruck geachtet werden.

Der Wirkstoff muß gewisse chemische und physikochemische Eigenschaften haben (Polarität, Wasserlöslichkeit, Lipidlöslichkeit, Flüchtigkeit zur Verteilung in der Dampfphase), um gut auf der Pflanze haften zu bleiben und eindringen zu können.

Auch die Art der Formulierung ist von großer Bedeutung. Das Mittel kann als Spritzmittellösung, befeuchtbarer Staub (wettable powder) oder Granulat aufbereitet sein. Durch Zusatz verschiedener Substanzen (oberflächenaktive Stoffe, Substanzen zur Verhinderung der Eintrocknung, Wiederbefeuchtungsstoffe, hygroskopische Zusätze) werden die Eigenschaften des Spritzmittels für einen optimalen Einsatz gestaltet.

Für eine ausreichende Retention sind auch Faktoren wichtig, die mit der Pflanze zusammenhängen. Sie bestimmen, welche Substanzmengen auf den Zielflächen hängen bleiben. Unterschiede bei den verschiedenen Pflanzenarten können Gründe für unterschiedliche Wirksamkeit sein.

1.1.1 Morphologisch-anatomischer Bau der Pflanze

Der morphologische Aufbau und die **Größe der Pflanzen** können bei einer Pestizidapplikation entscheidend werden. Es ist z.B. wichtig, daß bei hochwachsenden Kulturpflanzen der Spritzstrahl so gerichtet wird, daß er die auf

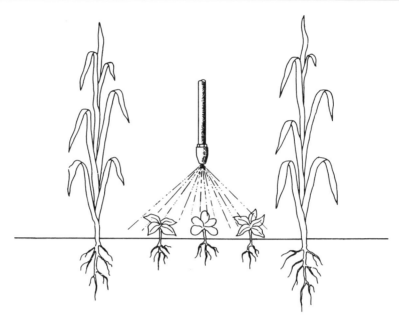

Abb. 1. Selektive Unkrautbekämpfung durch gezielte Spritzung zwischen den Reihen empfindlicher Kulturpflanzen (KOCH und HURLE 1978, verändert).

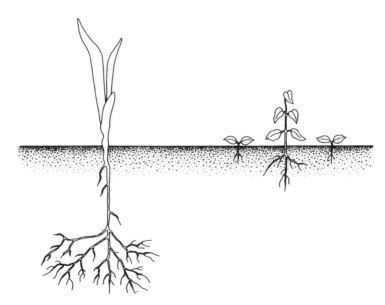

Abb. 2. Möglichkeit der selektiven Unkrautbekämpfung infolge Herbizidsorption in der obersten Bodenschicht (punktierter Bereich) (KURTH 1968, verändert).

dem Niveau des Bodens befindlichen Unkräuter zwar voll trifft, jedoch nicht die an sich herbizidempfindlichen Blätter der Nutzpflanzen.

Das gleiche gilt für die **Größe des Wurzelsystems**, die Form der Bewurzelung und die Wurzelverteilung, insbesondere in den tieferen Schichten des Bodens. Tiefwurzelnde Kulturpflanzen werden von Herbiziden, die in den oberen Bodenschichten verbleiben, nicht erfaßt, während flachwurzelnde Unkräuter geschädigt und abgetötet werden (soil protection effect bei Carbamaten und s-Triazinen). Auf einen derartigen Positionseffekt dürfte auch die Unempfindlichkeit von *Citrus*-Bäumen gegenüber Terbacil und Bromacil beruhen.

Eine selektive Wirkung kann auch erreicht werden, wenn man den Spritzstrahl von den Kulturpflanzen abhält (z.B. durch Abschirmbleche, Abschirmhauben, Bandapplikation, Einzelpflanzenbehandlung).

Die **Blattform und Blattgröße** entscheiden wesentlich darüber, welche Spritzmittelmenge die Pflanze überhaupt trifft. Dabei spielt auch die Blattstellung eine große Rolle. Durch eine gegenseitige Überdeckung der Blätter gelangt auf die unteren Blätter relativ wenig Spritzmittel. In ähnlicher Weise wirkt sich auch eine große Blattdichte aus.

Der **Blattwinkel** beeinträchtigt sowohl das Einfangen wie auch das Haftenbleiben der Spritzlösung. Von ihm und von der Verzweigung der Sproßachse hängt es ab, ob die Spritzbrühe über die Blattstiele und Sproßachsen herabrinnt und dabei die Blattachselknospen trifft oder ob sie gleich von den Blättern abtropft.

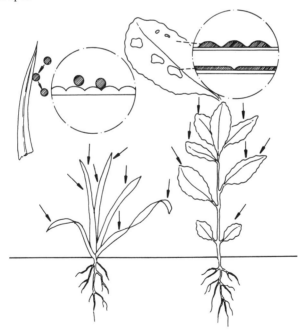

Abb. 3. Blattstellung, Blattform und Oberflächengestalt des Blattes als Faktor für die unterschiedlich große Retention von Pflanzenschutzmitteln (KURTH 1963).

1.1.2 Schutz empfindlicher Pflanzenteile

Die meristematischen Regionen der Pflanze sind besonders pestizidempfindlich. Die Stärke der Schädigung durch bestimmte Herbizide hängt sehr von der Lage der meristematischen Bereiche ab und davon, wie gut diese durch Blätter abgeschirmt sind.

Dikotyle Pflanzen haben terminales Wachstum. Die wachsenden Meristeme befinden sich im Endbereich der Sprosse und in den Blattachselknospen, wo auch der Neuzuwachs hauptsächlich stattfindet. Die meristematischen Zonen der Sproßspitzen und der Blattachselknospen liegen ziemlich frei und sind daher der Herbizideinwirkung voll ausgesetzt.

Monokotyle Pflanzen wachsen mittels lateraler und interkalarer Meristeme. Die Verlängerung der Internodien findet aus den Knoten heraus statt, die gewöhnlich von Blattscheiden umschlossen und dadurch geschützt sind. Das Spritzmittel kann nicht so leicht an die Meristeme herankommen.

Abb. 4. Lage und Umhüllung der meristematischen Bereiche (Wachstumszonen) von dikotylen Pflanzen (Vicia faba) (linkes Bild) und Monokotylen (Zea mays) (rechtes Bild). Durch Pfeile ist die Lage der End- und Blattachselknospen bezeichnet (TROLL 1937).

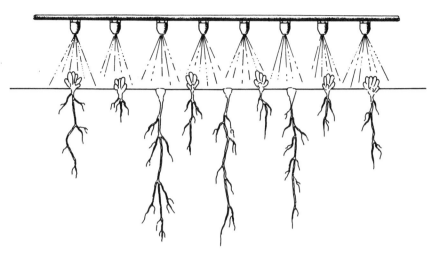

Abb. 5. Unkrautbekämpfung in Luzerne während der Vegetationsruhe der Kulturpflanzen (KLINGMAN 1961, verändert).

1.1.3 Zeitliche Trennung von Kulturpflanzen und Unkräutern

Ausdauernde Pflanzen, die sich während des Winters völlig in den Boden zurückziehen, sind in dieser Zeit vor Kontaktherbiziden geschützt. Winterannuelle Unkräuter lassen sich somit nur bekämpfen, bevor die ausdauernden Kulturpflanzen, z. B Luzerne, aus dem Boden herausgewachsen sind.

Die Empfindlichkeit der Pflanzen hängt auch von ihrem jahresperiodischen Wachstumsrhythmus ab. Weißklee toleriert z. B. 2,4-D im Frühjahr besser, da er zu dieser Zeit noch nicht so stark wächst wie die zu diesem Zeitpunkt schon in intensivem Wachstum befindlichen *Taraxacum officinale*-Pflanzen. Im Sommer sind dann beide Arten gleich empfindlich.

Bei ausdauernden Unkräutern, bei denen der Reservestoffgehalt der Speicherwurzeln und die Richtung und Intensität des Reservestofftransportes in der Pflanze von Bedeutung sind, herrscht während der verschiedenen Entwicklungsstadien der Pflanze unterschiedlich große Sensibilität.

1.1.4 Histologischer Aufbau der Pflanzenoberfläche

Die Epidermisoberfläche ist für das Festhalten von Spritzlösung ausschlaggebend. Die Art der Wachsschicht und ihre Strukturierung machen sie verschieden gut benetzbar, also mehr oder weniger stark wasserabstoßend. Flüssigkeitstropfen können von glatten Epidermisoberflächen, z. B. Rübenblättern, leichter abprallen oder abrollen als von rauhen Oberflächen, z. B. Erbsenblättern.

Haare und Emergenzen hemmen oder fördern die Retention der Spritzlösungen. Starre und wasserabstoßende Haare vermindern die Benetzbarkeit wesentlich, da sie verhindern, daß Spritzmitteltropfen auf die eigentliche Blattoberfläche gelangen. Wenn Blatthaare jedoch hydrophil sind oder die Oberflächenspannung des Spritzmittels stark herabgesetzt ist, kann zwischen die Haare gelangter Wirkstoff festgehalten werden, was die Retention wesentlich erhöht.

1.2 Aufnahme von Pflanzenschutzmitteln (Penetration und Absorption)

Der Begriff Aufnahme läßt sich verschieden definieren. In weiterem Sinn ist darunter die Bewegung von Stoffen aus der Außenlösung durch die Außenwände der Epidermiszellen sowie der Transport bis zu den Leitbündeln zu verstehen. Sie beinhaltet die Penetration der toten Teile der Zellwand, die Absorption, also die aktive Aufnahme durch das Plasmalemma in den Protoplasten sowie den Transport im Parenchym zu den Leitbündeln, also den Nahtransport. Im engeren Sinne versteht man darunter nur die aktive Aufnahme durch das Plasmalemma. In beiden Fällen ist die Aufnahme jedoch ein Transportvorgang.

Pestizide können durch alle Pflanzenteile aufgenommen werden. Normalerweise erfolgt die Aufnahme über die Blätter und über die Wurzeln. In bestimmten Fällen, z. B. bei Thiocarbamat-Herbiziden, können auch Sproßachse, Sproßbasis, Rhizome und Hypokotyl bevorzugte Aufnahmeorgane sein. Eine Stoffaufnahme ist auch ferner durch Rinde und Borke von Bäumen und Sträuchern möglich. Ebenso können über die Fruchtschale, z. B. von Obst, oder über die Schale von Samen, z. B. bei der Saatgutbeizung, Stoffe aufgenommen werden.

1.2.1 Aufnahme von Pflanzenschutzmitteln über das Blatt

Die Aufnahme über das Blatt und über unverholzte Sproßachsen ist von besonderer Bedeutung.

Einmal sind Blätter der Pestizidapplikation direkt zugänglich, wohingegen für die Aufnahme über das Wurzelsystem das Spritzmittel zunächst auf den Boden aufgebracht werden muß und danach eine Abschwächung der Wirkung eintritt, z. B. durch Sorption an Bodenpartikel, durch Auswaschung aus der Wurzelregion oder durch mikrobiellen Abbau im Boden. Für die Blattaufnahme spricht, daß die Blätter gewöhnlich die größte Oberfläche der Pflanze darstellen.

Problematisch für diese Art von Aufnahme ist, daß die Blätter keine eigentlichen Aufnahmeorgane für flüssige anorganische und organische Stoffe sind und daß sich der Abtransport aus den behandelten Blättern heraus in andere Pflanzenteile schwierig gestaltet, da er nur zusammen mit den Kohlenhydraten im Phloem erfolgen kann. Bekanntlich führt der Transpirationsstrom nur ins Blatt hinein.

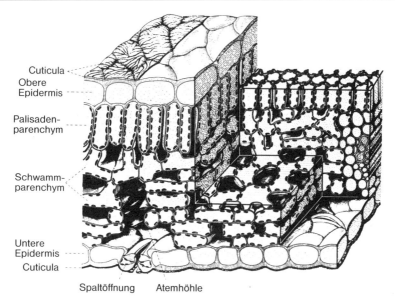

Abb. 6. Aufbau des Blattes von Helleborus niger (Blockansicht) (NULTSCH 1986).

1.2.1.1 Aufbau des Blattes und der Epidermisaußenwand

Blätter haben durch die obere und untere Epidermis mit den Spaltöffnungen Abschlußgewebe, die sie sehr dicht gegen die Atmosphäre abschließen. Im Inneren des Blattes liegen als Mesophyll mit großen Zwischenräumen für den Gasaustausch (Interzellularsystem) das Palisaden- und Schwammparenchym und auch die Leitbündel.

Die Stoffaufnahme, also auch die Aufnahme von Pestiziden, muß durch die verdickten Außenwände der Epidermiszellen erfolgen.

Die Epidermisaußenwand besteht aus mehreren Schichten, deren einzelne Abschnitte stofflich ineinander übergehen. Ganz außen ist die eigentliche Cuticula mit den aufgelagerten Wachsschichten (epikutikuläre Wachsschichten). Darunter liegen die Kutikularschichten, die mit der Primärwand der Epidermiszelle fest verbunden sind und in sie übergehen. Daran schließt sich die Cellulosewand an. Danach folgt – jedoch abgesetzt davon – die Plasmamembran, die den Protoplasten umschließt.

1.2.1.2 Aufbau und Funktion der Cuticula

Alle aus der Erde ragenden Pflanzenteile mit einer Epidermis sind von einer Cuticula umhüllt.

Die Cuticula ist eine sehr derbe Schicht mit verschiedenen Funktionen:
(1) schließt sie als äußerste Schicht des Abschlußgewebes den pflanzlichen Organismus gegen den Luftraum ab,

(2) ist sie ein wichtiger Transpirationsschutz,
(3) ist sie ein Schutz vor Benetzung,
(4) wehrt sie den Angriff pathogener Organismen ab,
(5) schützt sie den pflanzlichen Organismus vor äußeren Einflüssen wie UV-Strahlung, Sonne, Wind, usw.

Die Cuticula variiert in ihrer Kontinuität und Dicke sowie im chemischen Aufbau (Mischungsverhältnis von Cutin und Wachs sowie Gehalt an Pektinen und Hemicellulosen) je nach Pflanzenart, Alter der Blätter, Wachstumsbedingungen und Umwelteinflüssen. Sogar bei jeder einzelnen Pflanzenart hat sie an den verschiedenen Stellen eine unterschiedliche Dicke und eine etwas andere chemische Zusammensetzung, z.B. ist sie über den Blattadern

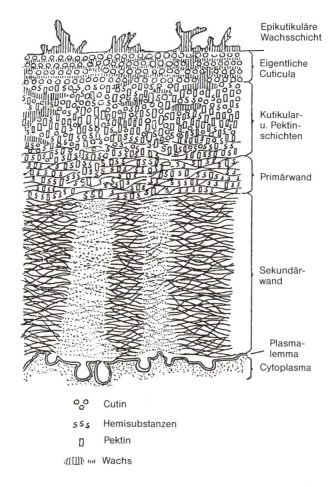

Abb. 7. **Vereinfachtes Schema des Aufbaus der Epidermisaußenwand** (FRANKE 1967, verändert).

dünner als am Blattrand oder in den Interkostalbereichen, so daß Pestizide im Bereich der Blattnerven besser eindringen können als im Interkostalbereich. Die Blattnerven sind zudem meist eingesenkt, so daß die Spritzbrühe dort zusammenläuft. Die Cuticula der oberen Blattfläche ist gewöhnlich etwas dicker als die der Blattunterseite, so daß durch letztere meist mehr aufgenommen wird. Nur in wenigen Fällen ist die Aufnahme durch die obere Cuticula gleich der durch die untere, z. B. für Schradan bei *Coleus* spec. und Ackerbohne.

Für die unterschiedliche Aufnahme gibt es verschiedene Gründe, wie größere Unebenheiten der unteren Epidermis und einen dichteren Besatz mit Haaren an der unteren Oberfläche. Von der oberen Blattseite läuft die Spritzbrühe leichter ab, und es erfolgt eine stärkere Verdunstung und eine raschere Eintrocknung. Außerdem ist die Anzahl an Stomata in der unteren Epidermis gewöhnlich größer.

Der größte Teil des auf der Pflanze haftenbleibenden Wirkstoffs dringt nicht in die Zellen ein, sondern bleibt in der Cuticula bzw. in der Wachsschicht hängen (z. B. kann man im Laborversuch mit Chloroform wieder einen Großteil von Schradan und Thiol-Isomeren von Demeton aus der Cuticula abwaschen bzw. extrahieren).

Das Ausmaß der Aufnahme hängt vom Wirkstoff selbst ab (physikochemische Beschaffenheit, Lipid- und Wasserlöslichkeit, Flüchtigkeit usw.), vom morphologischen und anatomischen Aufbau des Blattes, vom Blattalter und von der Struktur der Blattoberfläche sowie von den jahreszeitlichen Bedingungen und Witterungsverhältnissen (Temperatur, Feuchtigkeit, Lichtverhältnisse). Insgesamt werden erfahrungsgemäß nicht mehr als 10% des applizierten Wirkstoffs aufgenommen. Von neueren Mitteln sind dagegen auch bedeutend höhere Aufnahmewerte bekannt.

Die Cuticula ist aus verschiedenen Schichten aufgebaut, die miteinander fest verbunden sind und die auch in ihrer Stoffzusammensetzung ineinander übergehen. Die Cuticula besteht aus der eigentlichen Cuticula, auf die epikutikuläre Wachsschichten aufgelagert sein können und aus den Kutikularschichten.

Eigentliche Cuticula

Junge Blätter haben zunächst nur eine Cuticula, bestehend aus mehreren Lagen dichter Cutinlamellen, während bei ausgewachsenen Blättern zwischen den Cutinlamellen noch Wachsschichten eingelagert sind. Die Cuticula enthält daneben noch mehrere Substanzen, z. B. hat *Agave americana* neben 55% Cutin und 20% Wachs noch 15% Cellulose und 10% wasserlösliche Stoffe.

Chemisch ist **Cutin** ein polymolekulares Netzwerk (Polyester) aus Carboxyl- und Hydroxycarboxylsäuren (bis zu C_{18}-Fettsäuren mit 2 bis 3 entweder end- oder mittelständigen Hydroxylgruppen pro Molekül). Cutin entsteht durch Polymerisierung der langkettigen Fettsäuren unter Mitwirkung der Fettsäureoxidase und unter UV-Einwirkung. Die einfachen Ketten werden durch Peroxid-Brücken zu Doppel- und Dreifachketten verbunden. Außerdem sind im Cutin noch langkettige Mono- und Dicarboxylsäuren enthalten.

Das Cutin verschiedener Pflanzenarten hat eine unterschiedliche Zusammensetzung. Bei *Agave americana* ist es z.B. ein Gemisch von Hydroxy-Fettsäuren mit Kettenlängen von C_{13} bis C_{18} (Tridecan bis Octadecan). Die Hauptsäure (50% des Polymers) ist 9,10,18-Trihydroxyoctadecansäure. Daneben sind 17 weitere Säuren vorhanden. Gemeinsam für den Aufbau des Cutins der verschiedenen Pflanzenarten ist die dominierende Rolle jeweils einer langkettigen Hydroxyfettsäure.

Die Polymerisierung ist nie vollständig, so daß ein Teil der polaren Gruppen frei bleibt. Cutin ist daher kein vollständig lipophiler Stoff, sondern vielmehr semilipophil, d.h. Cutin kann bei Befeuchtung quellen, was den Durchtritt wasserlöslicher Substanzen durch die Cuticula wesentlich erleichtert.

Die Cutin-Synthese erfolgt auf folgende Weise: Vorstufen (Procutin) werden im Protoplasma der Zellen gebildet. Sie werden als winzige Tröpfchen von meist lipoidalen, stark ungesättigten Säuren (Linol-, Linolensäure usw.) durch die Cellulosewand nach außen transportiert. Später polymerisieren diese unter Einwirkung verschiedener Enzyme unter Sauerstoffeinfluß und mit UV-Wirkung zu Cutin (autoxidative Polymerisierung). Der Grad der Polymerisierung hängt vom verfügbaren Sauerstoff und vom UV-Licht ab. In den äußeren Schichten der Cuticula ist das Cutin daher stärker polymerisiert und infolgedessen bedeutend hydrophober und weniger quellbar als in den inneren Bereichen der Cuticula. Dadurch können hydrophile Stoffe die äußere Schicht bedeutend schlechter durchdringen.

Epikutikuläre Wachsschicht und Wachseinlagerungen in der Cuticula

In der Cuticula befinden sich, insbesondere im äußeren Teil, lamellenförmige Wachseinlagerungen. Auf ihr aufgelagert ist die epikutikuläre Wachsschicht, die nur aus Blattwachsen besteht. Der Gehalt an Oberflächenwachs bestimmt – wie bereits erwähnt – wesentlich die Benetzbarkeit der Blattoberflächen.

Bei zahlreichen Pflanzenarten ist das Oberflächenwachs charakteristisch strukturiert. Oft sind Wachsüberzüge sogar visuell als weißliche Beläge erkennbar, z.B. bei Mais, Zuckerrohr, Kohl, Sojabohnen, Erbsen und Klee. Derartige Blätter sind stark wasserabstoßend. Die Wachsstrukturen von Blättern und Früchten reichen von glatten Oberflächen (z.B. von Kartoffeln, Tomaten, Tabak, Baumwolle usw.) über granuläre Oberflächenstrukturen, über Wachsfäden und Wachsstäbchen bis zu Wachsschildern und -platten sowie angehäuften Wachsüberzügen. Oft treten sternförmige Strukturen auf. Rasterelektronische Untersuchungen zeigen, daß solche Strukturen auch bei zahlreichen Unkrautarten, z.B. bei *Chenopodium album* oder Hafer vorliegen. Sie tragen wesentlich zum wasserabstoßenden Verhalten der Blattoberflächen der betreffenden Arten bei.

Die Struktur der Wachse ist für die Retention und Aufnahme von Pflanzenschutzmitteln maßgebend. Die epikutikulären Wachsstrukturen von Erbsen oder von *Chrysanthemum segetum* tragen wesentlich dazu bei, daß beide Arten z.B. unempfindlich gegen DNOC sind.

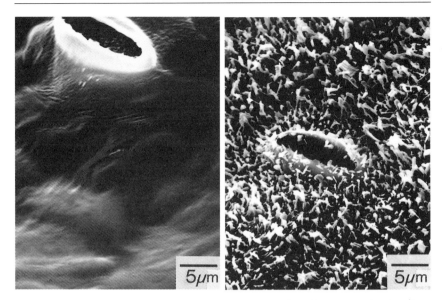

Abb. 8. Rasterelektronenmikroskopische Darstellung der Oberflächen von Zuckerrüben- (links) und Erbsenblättern (rechts).

Die Bildung der Wachsstrukturen erfolgt kurz nach der völligen Ausbildung der Blätter. Danach können Veränderungen der Strukturen durch Umwelteinflüsse eintreten. Bei alten Blättern verschwinden die Strukturen wieder, was erklärt, warum ältere Blätter leichter benetzbar sind. Während der Blattentwicklung verändern sich die chemische Zusammensetzung der Oberflächenwachse und insbesondere das Mischungsverhältnis der einzelnen Komponenten. Wachse junger Blätter haben einen geringeren Anteil an Paraffinen, jedoch mehr langkettige Säuren und Alkohole als Wachse älterer Blätter.

Dem chemischen Aufbau nach sind Wachse komplizierte Gemische aus verschiedenen Verbindungen. Sie bestehen aus
(1) langkettigen Kohlenwasserstoffen (Paraffinen) mit einer ungeraden Anzahl von C-Atomen (C_{21} bis C_{35}); der Hauptanteil ist eine einzige Verbindung, es kommen aber immer mehrere nebeneinander vor;
(2) oxidierten Derivaten der Paraffine (sekundäre Alkohole und Ketone);
(3) langkettigen Fettsäuren, Aldehyden, Alkoholen und Estern von meist aliphatischen, aber auch zyklischen Alkoholen mit gerader Anzahl von C-Atomen (C_{10} bis C_{30});
(4) Fettsäuren mit kürzeren Ketten; gesättigten und ungesättigten Verbindungen (z.B. Linolsäure, Linolensäure, Palmitinsäure).

Der Gehalt an Fettsäuren ist z.T. sehr hoch. Ölige Wachse von Äpfeln bestehen z.B. zu 48,5% aus Fettsäuren (hauptsächlich Ölsäure, Linolsäure, Linolensäure, daneben mit geringerem Anteil aus Palmitinsäure, Myristicinsäure, Lauricinsäure, Caprylsäure, Eranthsäure, Capronsäure). Die einzelnen Bestandteile und ihre Mischungsverhältnisse ergeben den von Pflanzenart zu Pflanzenart spezifischen Charakter der Oberflächenwachse.

Die Biosynthese der Oberflächenwachse erfolgt, wie es für Fettsäuren und Paraffine üblich ist, durch Kettenverlängerung durch Kondensation von Acetat sowie durch direkte Verbindung längerer Kettenstücke. Die Wachssynthese findet an zwei verschiedenen Orten im Blatt statt. Die als Vorstufen der Paraffine benötigten Fettsäuren (bis C_{16}-Kettenlänge) werden im Mesophyll gebildet; wahrscheinlich in den Chloroplasten, denn die Fettsäuresynthese ist eng an die Photosynthese gebunden. Die Verlängerung der Ketten und die Bildung der Paraffine und der langkettigen Fettsäuren erfolgt dagegen im Prozeß der Verlängerungsdecarboxylierung in der Epidermis selbst.

Veränderung der Wachsstrukturen durch exogene Substanzen und durch mechanische Einwirkung

Durch die Einwirkung einer ganzen Reihe von Chemikalien, u.a. durch bestimmte Pflanzenschutzmittel, Lösungsmittel, Netzmittel, kann die Struktur der Oberflächenwachse zerstört werden, wodurch die Benetzbarkeit der Blattoberfläche erhöht und die Retention und Penetration von Pestiziden vergrößert wird. Parathion- oder MCPA-Behandlungen oder die Anwendung von Netzmitteln zerstören die Wachsstrukturen. Auch mechanische Einflüsse, z.B. Regen, Staub und Wind, beeinträchtigen die Strukturen. Ebenso können Dämpfe bestimmter Pflanzenschutzmittel die Wachsstrukturen stark verändern. Einige Pflanzenarten vermögen in bestimmten Entwicklungsphasen die Wachse nach einiger Zeit wieder zu regenerieren, während bei anderen Arten die Zerstörung irreversibel ist.

Hemmung der Wachsausbildung durch Bodenherbizide

Einige Bodenherbizide, wie TCA, Diallat, Triallat, die über die Wurzeln in die Pflanze gelangen, hemmen die Bildung von Oberflächenwachs. Die Stoffe blockieren dabei nicht die Fettsäuresynthese in den Chloroplasten, sondern nur die Verlängerungsdecarboxylierung in den Epidermiszellen, wodurch die Bildung der Paraffine und sonstiger langkettiger Verbindungen unterbunden wird. Die Hemmung der Ausbildung von Oberflächenwachs hängt direkt mit der Konzentration der betreffenden Wirkstoffe im Boden bzw. in der Pflanze zusammen. Dabei wird nur die Neubildung von Wachs vermindert, während bereits vorhandenes Wachs nicht beeinträchtigt wird. Der Wachsgehalt der jungen, noch wachsenden Blätter bleibt dann niedrig, was eine hohe Retention der Spritzbrühe und damit eine größere Empfindlichkeit für den Neuzuwachs bedeutet.

Die Dicke, Struktur und die chemische Zusammensetzung der Wachse auf der Cuticula und in ihr bestimmen entscheidend den lipophilen Charakter der Cuticula und sind somit für die Benetzbarkeit bzw. für die wasserabstoßende Eigenschaft der Blattoberfläche verantwortlich.

Für die Aufnahmeintensität von Pflanzenschutzmitteln über das Blatt sind die Wachsmenge, die Struktur und Befeuchtbarkeit der Wachsschicht relevant. Insbesondere herrscht in vielen Fällen eine direkte Beziehung zwischen Cuticuladicke und Empfindlichkeit der Pflanzen (z. B. bei krautigen und verholzten Pflanzen gegenüber 2,4-D).

Die Wachsschicht ist ein bedeutender Faktor beim Transpirationsschutz der Pflanzen. Dabei ist für den Wasserverlust vor allem die Wachsschicht und weniger die darunterliegende Cuticula maßgebend. Für das Ausmaß des Wasserverlustes ist vor allem die Dicke und Flexibilität des Wachsüberzuges wichtig, z. B. wird nach Entfernung der Wachse mit Chloroform die Permeabilität enzymatisch isolierter Cuticulen um das 30 bis 70fache erhöht. Nach Entfernen der Wachsschicht auf Weintrauben oder Äpfeln erfolgt eine wesentliche Erhöhung des Wasserverlustes der Früchte und dadurch eine Beeinträchtigung der Lagerfähigkeit.

Kutikularschichten

Die unterhalb der eigentlichen Cuticula sich anschließenden Kutikular- und Pektinschichten bestehen aus Cutin mit Einlagerungen von periklinalen Wachsplättchen. Außerdem enthalten sie Hemicellulosen und Pektine sowie zur Cellulosewand hin zunehmend mehr Cellulosefibrillen.

Hemicellulosen (Cellulosane) sind nichtcellulosische Polysaccharide. Es sind fädige oder verzweigte Polymere, bestehend aus Pentosen (Arabinose, Xylose) sowie aus Hexosanen und Hexosen (Mannose, Galactose).

Pektine sind saure Polysaccharide aus Galacturonsäuren sowie Galactose, Arabinose und Rhamnose, die jeweils 20 bis 100 Zuckerbausteine enthalten. Sie sind als Polysaccharidketten aufgebaut, die vielfach geknittert und miteinander vernetzt sind. Die Verknüpfung erfolgt an Haftpunkten, an denen zwei Carboxylgruppen durch zweiwertige Ionen, etwa Ca^{2+} oder Mg^{2+} miteinander verbunden werden. Diese Brücken sind relativ lose; sie sind leicht zu lösen und an anderen Stellen wieder zu knüpfen. Dadurch entsteht ein elastisches, leicht veränderliches Netzwerk.

Hemicellulosen und Pektine haben hydrophilen Charakter. Sie sind daher kein Hindernis für den Durchtritt von hydrophilen, wasserlöslichen Substanzen.

Die Kutikularschichten sind einmal durch die infolge Sauerstoffmangels und geringer UV-Einwirkung insgesamt unvollkommene Polymerisierungsoxidation von Procutin zu Cutin und zum andern wegen der Einlagerungen der hydrophilen Hemicellulosen und Pektine bei weitem nicht so extrem hydrophob wie die eigentliche Cuticula.

Mechanismus des Stoffdurchtritts durch die Cuticula

Die Penetration von Substanzen durch die Cuticula beruht hauptsächlich auf Diffusion. Die Geschwindigkeit des Eindringens hängt von zahlreichen Faktoren ab, u.a. von der Art der Substanz, von ihrer Absorptionsfähigkeit. Diese ist nicht für die gesamte eigentliche Cuticula als gleich zu betrachten, sondern ist für jeden einzelnen ihrer Bereiche verschieden. Es besteht also eine Abhängigkeit von dem jeweiligen Bereich der Cuticula. Die Menge an eindringender Substanz hängt direkt proportional von der Außenkonzentration ab. Außerdem ist zur Schaffung eines möglichst steilen Gradienten zwischen außen und innen auch das Ausmaß des Abtransportes der eingedrungenen Substanz von den Cuticula-Innenflächen wichtig.

Als Bahn für den Durchtritt durch die Cuticula gelten Zwischenräume in den Wachs- und Cutinlamellen. Echte Porenstrukturen in der Cuticula wurden wiederholt angenommen, ohne daß man aber ihre Existenz bisher exakt nachweisen konnte.

Für einen Transport ausnutzbare Bereiche sind die im Cutin zwischen den Hydroxyfettsäureketten innerhalb der Cutineinheiten und auch zwischen den Makromolekülen selbst intermolekularen Zwischenräume und -lücken. Sie reichen für den Durchtritt kleinerer Moleküle aus und dürften auch teilweise größere Moleküle hindurchtreten lassen. Als Durchtrittsmechanismen der Stoffe spielen intermolekulare Kräfte und Ladungen der polaren Gruppen der Makromoleküle eine Rolle. Cutin enthält neben hydrophilen HO- und COOH-Gruppen auch lipophile CH_2- und CH_3-Gruppen. Cutin wirkt dadurch wie eine semihydrophile Substanz.

Im Wachs sind ebenfalls Zwischenräume vorhanden, und zwar zwischen den Lipidmolekülen. Diese werden durch thermodynamische Oszillationsbewegungen um eine Mittelposition ständig in ihrer Größe verändert, so daß auch größere Moleküle durch die Wachslamellen der Bereiche der Cuticula hindurchtreten können.

Insgesamt ist der Stoffdurchtritt durch die Cuticula schwierig. Es gelangt daher immer nur ein kleiner Teil des auf die Pflanzenoberfläche aufgebrachten Wirkstoffs auf diesem Wege in die Pflanze.

Gewöhnlich bildet die stark lipophile Cuticula für den Durchtritt von lipophilen Substanzen kein großes Hindernis. Cutin ist semilipophil. Wachs ist außerordentlich lipophil.

Schwieriger gestaltet sich der Durchtritt für hydrophile Substanzen durch die Wachsschicht und durch die äußeren Schichten der Cuticula.

Trotz allem besteht eine – allerdings sehr geringe – Permeabilität für hydrophile Substanzen. Das zeigt die Erfahrung, denn ständig werden kleine Wassermengen evaporiert, d.h. aus den Pflanzen nach außen transportiert (kutikuläre Transpiration). Andererseits werden speziell bei hoher Luftfeuchtigkeit auch wasserlösliche Stoffe von außen in die Pflanze aufgenommen. Man nimmt an, daß an Stellen, an denen bei der Polymerisierung von Procutin zu Cutin nicht alle hydrophilen Gruppen verestert wurden, Zwischenräume bestehen. Dadurch quillt Cutin. Außerdem bestehen Stellen, an denen hydrophile Pektine, Hemicellulosen und Cellulosefibrillen vorhanden sind. Insbesondere bei hoher Luftfeuchtigkeit entsteht so eine Wasserbahn (Kontinuum von Wasser) von der Blattoberfläche durch die Cuticula hindurch über die mit Wasser getränkte Cellulosewand bis zum Plasmalemma.

Bei Trockenheit sind die hydrophilen Substanzen dagegen entquollen, so daß die hydrophile Bahn durch die Cuticula für aufzunehmende Substanzen nicht gangbar ist.

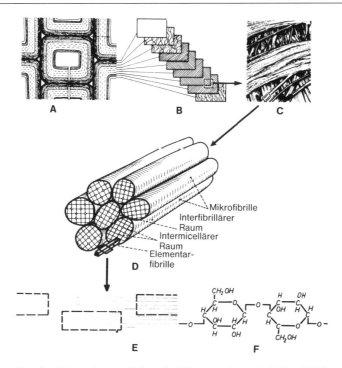

Abb. 9. Aufbau der Zellwand: A = Zellwandschichtung, schematisch; B = Flächenansichten der einzelnen Schichten; C = Sekundärwandschichtung im Elektronenmikroskop; D = Bündel aus Mikrofibrillen, im Anschnitt ist Aufbau aus Elementarfibrillen zu erkennen; E = Schema der Bündelung von Cellulosemolekülen zu „Micellarsträngen"; F = bimolekularer Aufbau (Cellobioseeinheit) einer Cellulosekette (NULTSCH 1964).

1.2.1.3 Aufbau und Funktion der Cellulosewand

Nach innen schließt sich an die Cuticula die Primärwand an. Sie besteht – ähnlich wie die Kutikularschichten der Übergangszone – aus Hemicellulosen und Pektinen; zunehmend sind jedoch auch schon Cellulosefibrillen vorhanden.

Darauf folgt die sekundäre Cellulosewand (Cellulosegehalt etwa 94%). Sie stellt durch Auflage mehrerer Schichten von Cellulosefibrillen mit wechselnder Texturrichtung eine recht derbe Wand dar. Eine Innenschicht (Tertiärwand) grenzt die Cellulosewand von der darauffolgenden Plasmamembran, dem Plasmalemma, ab.

Struktur der Cellulosewand

Die Cellulosewand baut sich folgendermaßen auf: 50 bis 100 Cellulosemakromoleküle ($\varnothing$ 0,0005 µm); Länge bis zu einigen µm), bestehend aus mehreren tausend Glucose-Einheiten, sind strangförmig zu Elementarfibrillen

(Micellarstränge) gebündelt (∅ 0,005 bis 0,01 µm). Zwischen diesen Elementarfibrillen befinden sich Zwischenräume, Spalträume (Intermicellärräume mit ∅ 10 Å). 20 Elementarfibrillen werden dann zu Mikrofibrillen (Cellulosefibrillen) vereinigt (∅ 0,025 µm). Zwischen ihnen liegen die interfibrillären Zwischenräume von etwa 0,001 µm. Eine außerordentliche Verstärkung der Festigkeit der Cellulosewand ergibt sich durch die verschieden ausgerichteten Cellulosefibrillen, die der Cellulosewand eine spezifische Textur geben.

Durchlässigkeit der Cellulosewand

Die Cellulosewand ist wegen ihrer großen Anzahl an Hydroxyl-Gruppen in den Cellulosemolekülen sehr hydrophil. Außerdem ist ein hoher Gehalt an Hemicellulosen vorhanden. Die interfibrillaren und intermicellären Zwischenräume erleichtern den Durchtritt hydrophiler Substanzen. Sie sind im allgemeinen groß genug für eine freie Diffusion. Aktive Transportprozesse sind in diesem äußeren Teil der Zellen, der zum nicht mehr lebenden Bereich der Zellen gehört, nicht wirksam.

Die interfibrillären Zwischenräume sind in vivo gewöhnlich mit Wasser gefüllt: das bedeutet, daß die Cellulosewand mit Wasser inbibiert ist. Lipophile Substanzen können dagegen durch die Cellulosewand nur sehr schwer durchdringen. Gewisse lipophile Wege sind jedoch gegeben, da einige interfibrilläre Zwischenräume lipophile Substanzen enthalten. Es dürfte sich um die gleichen Transportbahnen handeln, auf denen die für den Aufbau der Cuticula und der Wachsschicht und auch später erforderlichen Substanzen, z. B. Procutin, langkettige Fettsäuren und Paraffine, durch die Cellulosewand nach außen gelangen.

Organelle der Epidermiswand mit Bedeutung für die Stoffaufnahme

Die Wände der Epidermiszellen haben einige für die Stoffaufnahme und für den primären Transport organischer Substanzen wichtige Strukturen.

Benachbarte Epidermiszellen und daran angrenzende Schwamm- und Pallisadenparenchymzellen stehen miteinander durch **Plasmodesmen** in Verbindung. Diese sind durch die Cellulosewände von Protoplasten zu Protoplasten benachbarter Zellen ziehende fadenförmige Plasmastränge, so daß die verschiedenen Einzelzellen eines vielzelligen Organismus eine protoplasmatische Einheit bilden. Die Plasmodesmen sind von einer Plasmamembran (Plasmalemma) umgeben und enthalten endoplasmatisches Reticulum. Sie gehören zum Symplasten. Bei der Zellentwicklung werden die Durchtrittsstellen der Plasmodesmen durch Plasmawülste an der sekundären Auflagerung von Cellulosefibrillen gehindert, so daß nur die Schließhäute (bestehend aus Mittellamelle und den beiderseits angelagerten Primärwänden) die Protoplasten benachbarter Zellen trennen.

Plasmodesmen gibt es nur in den antiklinalen Wänden der Epidermis, nicht jedoch in den Epidermisaußenwänden. Sie sind für den Stofftransport von Zelle zu Zelle wichtig, nicht jedoch für die eigentliche Aufnahme von Substanzen in die Pflanze.

Durch spezielle Fixierungs- und Anfärbemethoden (Präzipitation von Hg-Chlorid, Färbung des Präzipitats mit Byoctamin) hat man in den Außenwänden der Epidermiszellen feine, submikroskopische Strukturen sichtbar gemacht, die als **Ektoteichoden** (Ektodesmen) bezeichnet werden.

Ektoteichoden befinden sich vor allem entlang der antiklinalen Zellwände, in einigen Haarzellen, an der Basis von Haaren, in den Epidermiszellen rund um Haare, außerdem in den Schließzellen der Stomata sowie in den Kanten und Spalten um den Zentralspalt und in den dünnen Rücken der Schließzellen.

Auch an den verschiedenen Pflanzenteilen treten unterschiedlich viele Ektoteichoden auf (Unterschiede zwischen Blattober- und unterseite, zwischen älteren und jüngeren Blättern). Die Anzahl der Ektoteichoden ist bei den verschiedenen Pflanzenarten recht unterschiedlich und hängt auch von den Kulturbedingungen ab. Freilandpflanzen haben gewöhnlich mehr Ektoteichoden als solche nach Kultur im Gewächshaus.

Nach neuerer Ansicht sind Ektoteichoden keine Zellorganelle im eigentlichen Sinne wie z. B. Plasmodesmen, sondern es sind Bündel von interfibrillären Zwischenräumen, die Exkretionsprodukte der Protoplasten der Epidermiszellen enthalten.

Ihr bevorzugtes Auftreten an mechanisch stark beanspruchten Stellen der Zellwand macht deutlich, daß sie vor allem an Stellen zu finden sind, wo die Spannungs- und Druckverhältnisse eine normale Ausbildung der Fibrillenlagen verhindert haben. In die dabei entstandenen größeren Lücken ist der anfärbbare „Ektodesmensaft" eingedrungen, der vom Protoplasten ausgeschieden wird und mit dem Transpirationswasser in die Cellulosewand gelangt. Dieser „Ektodesmensaft" enthält reduzierende Substanzen, z. B. Ascorbinsäure, auf die alle Nachweisreaktionen beruhen.

Die Ektoteichoden sind für die Penetration organischer Stoffe durch den Cellulosewandbereich der Epidermisaußenwand wichtig, da die Ansammlungen organischer Verbindungen z. T. sehr lipophil sind. An diesen Stellen wird der Durchtritt von lipophilen Stoffen durch die Cellulosefibrillen erleichtert bzw. überhaupt erst ermöglicht.

Es ist bewiesen, daß die Stellen, die sich als Ektoteichoden anfärben lassen, bevorzugte Durchtrittsstellen von 2,4-D durch die Cellulosewand von Epidermisaußenwänden sind. Außerdem werden in diesem Bereich bevorzugt auch andere Stoffe aufgenommen, was Untersuchungen mit Fluoreszenzstoffen und radioaktiv markierten Verbindungen zeigen.

1.2.1.4 Aufbau und Funktion der Plasmamembran

Nach der Penetration durch die Cuticula und durch die Cellulosewand müssen die aufzunehmenden Stoffe die Plasmamembran, das Plasmalemma, durchdringen, um in den Protoplasten zu gelangen. Das geschieht räumlich entweder auf der ganzen Fläche oder nur an bestimmten Stellen des Plasmalemmas. In vivo ist das Plasmalemma eine durch unregelmäßige Einstülpungen in der Oberfläche stark vergrößerte und dynamischen Größenveränderungen unterworfene Biomembran.

Struktur der Biomembran

Das Plasmalemma ist chemisch aus Proteinen und Lipiden zusammengesetzt, wobei die Mengenverhältnisse beider Komponenten sehr verschieden sein können.

Proteine sind hochmolekulare Substanzen, bestehend aus Aminosäuren, die miteinander verbunden sind (Proteine). Daneben können andere Stoffe angegliedert sein (Proteide). Wegen ihrer zahlreichen hydrophilen Gruppen reagieren Proteine überwiegend hydrophil.

Lipide sind Ester des Alkohols Glycerin, wobei man Fette von Lipoiden unterscheiden kann. Bei den Fetten handelt es sich um völlig nichtpolar reagierende Stoffe, bei denen alle 3 Hydroxygruppen von Glycerin mit je einer Fettsäure der Kettenlänge C_{16} bis C_{18} besetzt sind. Lipoide haben 2 Fettsäuren und eine polare Gruppe (z.B. Zucker, Glykolipide, Phosphate, Phospholipide) am Glycerin gebunden, so saß sie nicht ganz so lipophil reagieren.

Die genaue Struktur der Plasmamembran ist noch unbekannt. Man ist auf verschiedene Hypothesen angewiesen. DAVSON und DANIELLI[1] schlugen folgenden Aufbau vor (siehe auch Elementarmembran-Hypothese nach ROBERTSON)[2]: Die Membran besteht aus zwei monomolekularen Phospholipidschichten („monolayers"), in der die lipophilen Pole zueinander gekehrt sind und die hydrophilen, von einer Hydrathülle umgebenen Pole nach außen liegen. Sie bilden eine Doppelschicht („bilayer"), die beiderseits von stark hydratisierten Poteinmolekülen beschichtet ist. Die polaren Gruppen der Lipide treten in elektrostatische Wechselwirkungen zu den Aminogruppen der Proteine. Die Membranstabilität wird zudem durch die in die Lipidschichten hineinragenden lipophilen Aminosäureseitengruppen der Membranproteine vergrößert. Die Dicke der Biomembran beträgt 0,005 bis 0,01 µm.

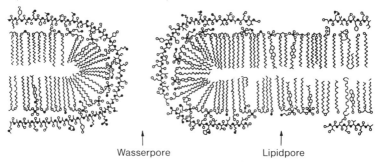

↑ Wasserpore   ↑ Lipidpore

Abb. 10. Schema des Aufbaus einer biologischen „Elementarmembran" (NEEDHAM 1965, verändert).

---

[1] DAVSON, H., DANIELLI, J.F.: The Permeability of Natural Membranes. Hafner Publ. Co., Darien 1943.
[2] ROBERTSON, J.D.: The ultrastructure of cell membranes and their derivates. Biochem. Soc. Symp. 16, 3, 1939.

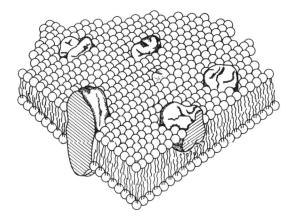

Abb. 11. **Aufbau einer Zellmembran aus einer Phospholipid-Doppelschicht und globulären Proteinen** (SINGER und NICOLSON 1972).

Die Elementarmembran-Hypothese berücksichtigt auch die Wasser- und Lipidporen, die eine Diffusion verschiedener Stoffe durch die Membran möglich machen. Hier sind einmal die vorübergehenden hydrophilen Poren (0,0004 µm) und die permanenten Poren in Form von Brücken- oder Tunnel-Proteinen, die die Membran in Querrichtung durchsetzen, funktionell wichtig (Phospholipiddoppelschicht-Modell).

Mechanismen des Stoffdurchtritts durch die Plasmamembran

Bei der Aufnahme bzw. beim Durchtritt gelöster Substanzen durch die Plasmamembran dürften mehrere Mechanismen beteiligt sein.

Durch **passive Permeation**, einfache Diffusion, können Stoffe durch die Membran hindurchdringen. Die Intensität des Durchtritts hängt von der Steilheit des Gradienten zwischen Außen- und Innenkonzentration ab. Außerdem bestimmen Molekülgröße, Permeabilitätskoeffizient und Membrandicke das Ausmaß des Durchtritts. Der Prozeß der passiven Permeation kommt bei Konzentrationsausgleich zum Stillstand. Eine Diffusion wässriger Lösungen durch die Membran wird möglich, wenn man hydrophile Poren in der Membran als gegeben ansieht. Für den Durchtritt fettlöslicher Substanzen sind lipophile Poren Voraussetzung.

Einfache Diffusion und deren Abwandlungen dürften für die Aufnahme organischer Stoffe höchstens eine untergeordnete Rolle spielen. Sie ist wichtig für die Wasseraufnahme. Auch für die Aufnahme stark lipophiler Substanzen dürfte sie Bedeutung haben.

Als weitere Prozesse für die Stoffaufnahme sind die **katalysierten Aufnahmemechanismen** der katalysierten Permeation und des aktiven Transportes wichtig. Beide Transportformen sind ausgesprochen stoffspezifisch; außerdem spielen besondere Träger (Carrier) eine Rolle.

Bei der **katalysierten Permeation**, der erleichterten Diffusion, wird der Transport durch besondere Carrier bewerkstelligt, die die zu transportierende Substanz spezifisch binden und nach dem Durchtritt durch die Membran an der anderen Membranseite wieder freisetzen. Im einzelnen können verschiedene Formen der katalysierten Permeation (erleichterte, geförderte Diffusion, Bildung hydrophober Verbindungen und Dimeren, Austauschdiffusionsvorgänge und dgl.) am Transportgeschehen beteiligt sein. Bei der katalysierten Permeation sind im Gegensatz zur passiven Diffusion die Permeationskonstanten für den Influx und für den Efflux nicht gleich, so daß der Transport nach Konzentrationsausgleich nicht zum Erliegen kommt. Es kann auch ein Transport gegen den Konzentrationsgradienten erfolgen.

Für die Aufnahme anorganischer Ionen und organischer Verbindungen spielt der **aktive Transport** eine große Rolle. Zum Unterschied zur katalysierten Permeation ist er von Stoffwechselreaktionen abhängig. Er erfolgt also unter Energieaufwand und kann auch gegen das Konzentrationsgefälle vor sich gehen, was Akkumulierungen der aufgenommenen Stoffe möglich macht. Es handelt sich um verschiedene Formen von Carriertransport, bei dem die aufzunehmende Substanz mit einem Carrier verbunden durch die Membran transportiert wird. Der Carrier ist vorher unter Energieaufwand (ATP-Verbrauch) aktiviert worden. Auch bei der Lösung der Bindung an der Membraninnenseite wird Energie verbraucht. Die Geschwindigkeit des Transportes wird nicht durch die Innen- und Außenkonzentration der aufzunehmenden Substanz bestimmt, sondern nur von der Menge an zur Verfügung stehendem Carrier.

Zwei besondere Arten der Stoffaufnahme durch das Plasmalemma der Zellen stellen die **Pinocytose** und die **Phagocytose** dar. Dabei bilden sich in der Membran Invaginationen. Die auf diese Weise entstandenen Bläschen werden später von der Plasmalemma-Innenseite abgeschnürt und entlassen ihren Inhalt ins Zellinnere. Von Pinocytose spricht man, wenn die Bläschen wäßrigen Inhalt haben, während sie bei der Phagocytose auch feste Teilchen enthalten können. Bis heute kennt man die Bedeutung beider Prozesse für die Stoffaufnahme ins Cytoplasma bei pflanzlichem Gewebe nicht genau. Sie dürfte jedoch ähnlich große Bedeutung wie bei tierischen Organismen haben.

1.2.1.5 Eintritt von Stoffen durch Stomata

Die Oberfläche der Blätter wird von Epidermiszellen gebildet. Diese schließen das Mesophyll jedoch nicht lückenlos ein, denn in der Epidermis befinden sich die Stomata. Ihre Anzahl sowie ihre Verteilung auf der Blattober- und -unterseite oder nur auf der Blattunterseite ist sehr verschieden.

Die eigentlich dem Gasaustausch dienenden Spaltöffnungen können es ermöglichen, daß Lösungen ins Pflanzeninnere gelangen, ohne dem beschwerlichen Aufnahmeprozeß durch die Epidermisaußenwand zu unterliegen.

Bei den Stomata handelt es sich um charakteristisch geformte Organe, wobei z. B. beim *Helleborus*-Typ zwei bohnenförmige Schließzellen ausgebildet sind, zwischen denen der Zentralspalt ausgespart ist. Die Schließzellen haben ungleich verdickte Wände (vorn dick, hinten dünn), was für ihre Funktion, sich bei Änderung des Turgors stärker zu krümmen und sich dadurch zu öffnen, notwendig ist. Die so verschließbare Öffnung des Zentralspaltes öffnet sich nach innen zum Hinterhof. Darunter liegt die Atemhöhle als großer Hohlraum.

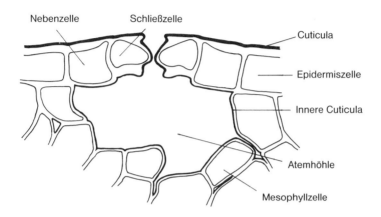

Abb. 12. Querschnitt einer Spaltöffnung von Helleborus niger.

Für die Stoffaufnahme ist die hydrophobe Außenschicht von Bedeutung. Die Cuticula der Pflanzenoberfläche zieht sich über die Schließzellen in die Atemhöhle hinein und stellt auch eine äußere, hydrophobe Schicht aller Mesophyllzellen dar. Die sog. innere Cuticula ist dünner als die äußere Cuticula. Sie baut sich wahrscheinlich aus suberinartigen Substanzen auf. Auch ihre Durchlässigkeit ist bisher nicht genau bekannt.

Verschiedene Flüssigkeiten und Lösungsmittel können ganz unterschiedlich gut durch offene Stomata ins Blattinnere gelangen. Normales Wasser kommt auf diesem Wege nicht ins Blattinnere, da die Oberflächenspannung (72 dyn/cm) zu groß ist. Wird diese aber durch Zusatz von Netzmitteln, z. B. auf 30 bis 40 dyn/cm erniedrigt, dann ist ein Durchtritt durch den offenen Zentralspalt möglich. Ob ein Spritzmittel also auf diese Weise ins Blattinnere gelangt oder nicht, ist demnach nur eine Frage der Formulierung.

Organische Lösungsmittel, Öle und oberflächenaktive Lösungen dringen leicht durch offene Spaltöffnungen ins Blattinnere, was z. B. für Ölformulierungen von Insektiziden und Herbiziden große Bedeutung hat. Dämpfe flüchtiger Verbindungen gelangen in der Dampfphase ebenfalls leicht ins Pflanzeninnere.

Zusammenfassend wäre zu sagen, daß das Ausmaß des Eindringens von Substanzen in die Pflanze von der Oberflächenspannung ihrer Lösungen, bzw. bei flüchtigen Substanzen vom Dampfdruck abhängt, aber auch von der Anzahl und Lage der Spaltöffnungen (Verteilung auf der Blattober- sowie -unterseite) und vom Öffnungsstand der Spaltöffnungen (nur durch offene Spaltöffnungen ist ein Flüssigkeits- und Gasdurchtritt möglich).

In die Atemhöhle und ins Interzellularsystem gelangte Stoffe müssen die innere Cuticula passieren, um ins Cytoplasma der Mesophyllzellen zu kommen. Dies geschieht jedoch relativ leicht, da diese Cuticula bzw. die hydrophoben Oberflächenschichten der Mesophyllzellen relativ dünn sind. Außerdem ist die Gesamtoberfläche der Mesophyllzellen mehr als 30mal größer als die äußere Blattoberfläche. Weiter befinden sich die Lösungen in der Atemhöhle bzw. im Interzellularsystem quasi in einem Depot und sind den äußeren Einflüssen weitgehend entzogen. Die Wirkstoffe können über eine längere Zeit in die Zellen aufgenommen werden.

1.2.1.6 Verteilung von Pflanzenschutzmitteln innerhalb des Blattes

Pflanzenschutzmittel können sich nach der Penetration und Absorption im Blatt an drei verschiedenen Orten befinden:

(1) im Cytoplasma (Symplast) nach Penetration durch die Cuticula und die Cellulosewand und Aufnahme durch das Plasmalemma,

(2) in den Cellulosewänden (Apoplast) nach der Penetration durch die Cuticula und die Cellulosewand,

(3) im Interzellularsystem nach Eindringen durch offene Stomata.

Für ihre weitere Verteilung im Parenchym des Blattes sowie für eine eventuelle Einleitung in die Ferntransportsysteme Phloem und Xylem gibt es demzufolge zwei verschiedene Möglichkeiten:

Einmal eine Wanderung im Cytoplasma von Zelle zu Zelle durch die Plasmodesmen, zum andern eine Verschiebung in den Cellulosewänden aus dem Bereich einer Zelle in den einer anderen. Außerdem ist eine Verteilung in den Zwischenräumen zwischen den Zellen möglich.

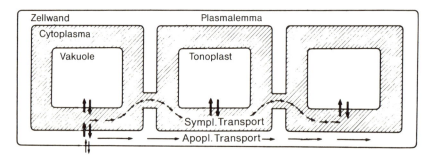

Abb. 13. **Stofftransport im symplasmatischen und apoplasmatischen Nahbereich der Zellen** (LÜTTGE 1973, verändert).

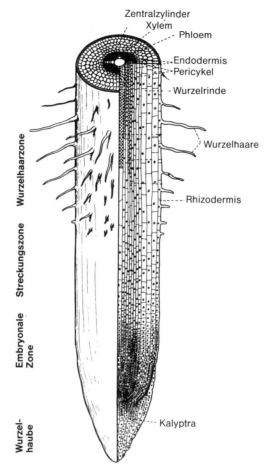

Abb. 14. Aufbau einer Wurzelspitze, schematisiert (NULTSCH 1986, z.T. in Anlehnung an HOLMAN und ROBBINS 1939).

1.2.2 Aufnahme über die Wurzeln

Die Absorption von Substanzen über die Wurzeln ist der normale Weg der Aufnahme von Wasser und Mineralsalzen aus dem umgebenden Medium in die Pflanze. Auch organische Substanzen können von den Wurzeln aufgenommen werden, wo sie festgehalten werden können oder meistens mit dem Transpirationsstrom in den Sproß transportiert werden.

1.2.2.1 Anatomischer Bau der Wurzelspitze

Die Wurzel besteht an der Spitze aus meristematischem Gewebe, dem die Zellen der Wurzelhaube vorgelagert sind. Hinter dem Meristembereich vergrößern sich die Zellen in der Streckungszone. Daran anschließend werden in

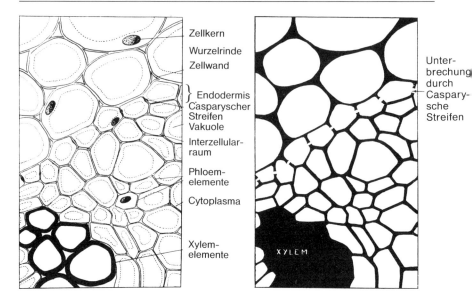

der Wurzelhaarzone die sehr dünnwandigen Wurzelhaare ausgebildet, die sehr spezialisierte Ausstülpungen der Rhizodermis sind und die Wurzeloberfläche als Stoffaufnahmefläche sehr stark vergrößern. Die Zellen der jüngeren Wurzelhaare sind alle gleich; nach der Ausdifferenzierung kommt es zu gewissen Unterschieden in der Ausbildung, was die Permeabilität und damit die Aufnahmefähigkeit bestimmter Stoffe beeinflußt.

Voraussetzung für die Stoffaufnahme durch Wurzeln ist die Pflanzenverfügbarkeit der aufzunehmenden Substanz. Das heißt, daß die mehr oder weniger stark im Boden an Ton- bzw. Humusteilchen sorbierten Stoffe tatsächlich für eine Aufnahme zur Verfügung stehen. Die Substanzen müssen mit den Wurzeloberflächen in einen innigen Kontakt kommen. Das erfolgt, indem die Wurzeln auf im Boden unbewegliche Moleküle zuwachsen, oder indem die Substanzen mit dem Bodenwasser zur Wurzel hin bewegt werden. Stoffe mit hohem Dampfdruck können zudem im Bodenluftraum in Dampfform an die Wurzeln gelangen.

1.2.2.2 Mechanismen der Stoffaufnahme über die Wurzeln

Über die Stoffaufnahme durch die Wurzeln gibt es verschiedene Anschauungen, wobei bei allen der Ort der stoffwechselgesteuerten und energieverbrauchenden Kontrolle ein zentrales Problem für die Aufnahme ist.

Die Stoffe gelangen zunächst in den freien Raum der Wurzelrinde (= Interzellularraum + Zellwände der Wurzelrinde). Sie werden anschließend durch aktive Prozesse und z.T. auch durch Diffusion durch die Plasmalemma-Membranen der Wurzelrinden- und der Endodermiszellen aufgenommen. Diese Membranflächen sind im Vergleich zu der Wurzeloberfläche ein Vielfaches größer, so daß gute Aufnahmeraten gegeben sind.

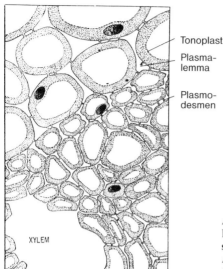

Abb. 15. Querschnitt durch Wurzel von Ranunculus spec. Links stark schematischer Wurzelquerschnitt, Mitte Apoplast, rechts Symplast (BARON 1967).

Bei der Stoffaufnahme über die Wurzeln dürfte nach CRAFTS und BROYER (1938)[1] der Durchtritt durch das Plasmalemma stoffwechselabhängig sein. Nachher erfolgt ein passiver Transport im Symplasten durch Plasmaströmung, Diffusion und weitere Mechanismen in den Zentralzylinder hinein. Demnach werden die Stoffe passiv an die Gefäße abgegeben. Das Plasmalemma der Endodermis ist somit die einzige Transportbarriere, an der das Transportgeschehen stoffwechselabhängig kontrolliert und u.U. blockiert werden kann. Hier erfolgt auch eine Regulation und Selektion der aus dem Boden in die Pflanze gelangenden Substanzen. (Weiteren Anschauungen zufolge erfolgt eine aktive Abgabe der Substanzen in die Gefäße, bzw. es werden aktive Prozesse für einen Transport im Symplasten angenommen).

Durch Bewegung in den Zellulosewänden (Apoplast) können Substanzen nicht in den Zentralzylinder gelangen. Die wasserabstoßenden hydrophoben Lignin- und Suberin-Inkrustierungen (Casparysche Streifen) in den Radialwänden der Endodermiszellen stellen nämlich eine Barriere für eine freie Strömung von Lösungen in den apoplasmatischen Bereich des Zentralzylinders dar. Zwischen der Wurzelrinde und dem Zentralzylinder besteht also keine apoplasmatische Verbindung. Es gibt nur einen symplasmatischen Weg durch das Cyptoplasma der Endodermiszellen. Bei der Stoffaufnahme durch die Wurzeln werden demnach alle Stoffe symplasmatisch in den Zentralzylinder transportiert. Ausnahmen bestehen nur, wenn die Endodermis beschädigt ist, z.B. an den Durchtrittsstellen der Seitenwurzeln, die im Zentralzylinder entstehen und während ihres Wachstums die Endodermis durchstoßen.

---

[1] CRAFTS, A.S., BROYER, T.C.: Migration of salts and water into xylem of the roots of higher plants. Amer. J. Bot. 25, 529–535, 1938.

2
Transport und Verteilung von Pestiziden in der Pflanze (Translokation)

2.1 Grundlagen des Stofftransportes

Die Transportvorgänge in der Pflanze teilt man zweckmäßigerweise nach Entfernungsbereichen, also nach Transportstrecken, ein. Man unterscheidet dabei den Intrazellulartransport, den Transport im Gewebebereich (Parenchymtransport, Nahtransport) und den Ferntransport (Langstreckentransport, Gefäßtransport).

2.1.1 Intrazellulartransport

Die Stoffbewegung innerhalb der Zellen hat für den pflanzlichen Stoffwechsel große Bedeutung, da die einzelnen Zellorganelle spezielle Funktionen haben (Zellkern: Zellsteuerung, DNS- und RNS-Synthese; Chloroplasten: Kohlenhydratsynthese; Mitochondrien: Atmung, oxidative Phosphorylierung usw.). Zur Aufrechterhaltung des geregelten Stoffwechsels müssen demnach beträchtliche Stoffmengen innerhalb der Zelle verfrachtet werden.

Der Transport kann in Bruchteilen von Sekunden erfolgen, da die Entfernungen innerhalb der Zellen gering sind (20 bis 200 µm). Die Bewegung erfolgt durch Diffusion, deren Voraussetzung Konzentrationsungleichgewichte sind, die durch die verschiedenen Grenzschichten aufrechterhalten werden. Diese Membranen sind semipermeabel und können nur durch aktive Prozesse durchdrungen werden. Hier haben die Membranen der Zellorganelle eine hervorragende Bedeutung. Ein vielfach kommunizierendes System von Kanälen, Spalträumen und Zisternen stellt auch das Endoplasmatische Reticulum dar, das einen großen Teil des Zellinneren einnimmt und viele Kompartimente bildet.

Bei vielen natürlichen Pflanzenstoffen ist ein Transport innerhalb der Zellen nachgewiesen (z.B. in den Chloroplasten bei der Photosynthese). Über den Transport von Pflanzenschutzmitteln innerhalb der Zelle gibt es dagegen bisher nur wenige Untersuchungen. Erste Ansätze sind z.B. Feststellungen, daß 2,4-D in Gartenbohnen nicht in den Chloroplasten, sondern in geringem Umfang in den Mitochondrien und Ribosomen, vor allem aber in löslichen Zellkomponenten, dem Cytoplasma, zu finden ist. Auch Picloram wird hauptsächlich im Cytoplasma akkumuliert, weniger in den Zellwänden oder in einzelnen Zellorganellen. Aus der Wirkung von Phenylharnstoffen und s-Triazinen auf Photosyntheseprozesse läßt sich indirekt schließen, daß die Wirkstoffe gut in die Chloroplasten gelangen. Verschiedene ihrer Metaboliten sind hingegen offenbar zu hydrophil, um durch die Chloroplastenmembran durchzudringen. Sie beeinflussen daher die Photosynthese-Prozesse nicht.

2.1.2 Transport im Gewebebereich

Der Transport im Gewebebereich ist für die Stoffaufnahme durch Blätter und Wurzeln wichtig, außerdem für die Stoffverteilung in den Blättern und für den Transport zu den Leitbündeln. Auf diese Weise werden auch die Stoffe, die mit dem Xylem- oder Phloemstrom über die Leitbündel in den Blättern ankommen, verteilt.

Für den Transport im Gewebebereich (Parenchymtransport, Nahtransport) besitzt die Pflanze – im Gegensatz zum Ferntransport – keine besonderen Transportgewebe. Die Stoffverteilung vollzieht sich vielmehr im symplasmatischen und apoplasmatischen Bereich der Zellen. Außerdem kann sie auch im Interzellularraum erfolgen.

2.1.2.1 Symplasmatischer Parenchymtransport

Die Protoplasten benachbarter Zellen stehen durch die Plasmodesmen miteinander in Verbindung, so daß ein lebendes Kontinuum (Symplast) im ganzen Organismus besteht. Dieser lebende Bereich wird gegen die Cellulosewand durch das Plasmalemma und gegen die Vakuole durch den Tonoplasten begrenzt.

Stoffe, die passiv durch die Cuticula und die Cellulosewände – die in ihrer Gesamtheit als Apoplast bezeichnet werden – penetriert sind und anschließend durch aktive und vielleicht auch durch passive Mechanismen über das Plasmalemma in den Protoplasten aufgenommen wurden, können symplasmatisch durch die Plasmodesmen von Zelle zu Zelle verteilt werden.

Aus dem Cytoplasma werden Stoffe auch aktiv in die Vakuolen abgegeben. Die Vakuolen stellen somit Lagerorte und Stoffdepots dar. Da die Vakuolen benachbarter Zellen nicht miteinander in Verbindung stehen, sind sie nicht direkt am symplasmatischen Transport beteiligt.

Der Parenchymtransport erreicht Wanderungsgeschwindigkeiten von einigen Zentimetern pro Stunde. Diese reichen für eine Stoffverteilung über größere Strecken nicht aus.

Mechanismen des symplasmatischen Parenchymtransportes

Der symplasmatische Transport im Nahbereich wird bewirkt durch (1) Diffusion in den verschiedensten Abwandlungen, (2) Lösungsströmung (Massenströmung) und (3) aktive Prozesse unter Mitwirkung spezieller Carrier. Der Anteil der einzelnen Mechanismen am Transportgeschehen ist nicht bekannt. Er wechselt wohl auch von Fall zu Fall.

Diffusion als alleiniger Transportmechanismus gilt als unzureichend, da die Transportgeschwindigkeit in eine bestimmte Richtung zu gering ist. Außerdem erfolgt die Diffusion auch nur entlang eines Konzentrationsgradienten und kommt nach Konzentrationsausgleich zum Erliegen. Zudem spricht die Möglichkeit der Hemmung des Transportes durch Stoffwechselgifte, z. B. Cyanid und Azid, gegen den rein mechanischen Ablauf der Diffusion.

Die Lösungsströmung (Massenströmung) als Triebkraft des symplasmatischen Nahtransportes ist eine sehr brauchbare Annahme. Ein osmotisches System hat nicht nur ein Konzentrationsgefälle (Diffusionsgefälle), sondern gleichzeitig ein mechanisches Druckgefälle. Durch die Zellmembran erfolgt an Orten mit hoher Konzentration an osmotisch wirksamen Substanzen aus der Umgebung ein Sog in die Zellen hinein. Als Druckausgleich entsteht eine Wasserströmung in die Bereiche mit geringerer Konzentration an osmotisch wirksamer Substanz. Diese von MÜNCH[1] für den Ferntransport aufgestellte Hypothese dürfte im Prinzip auch für den Nahtransport Geltung haben. Wesentlich für das Zustandekommen eines Stofftransportes in den Symplasten ist, daß entweder große Mengen an osmotisch wirksamer Substanz z. B. durch direkte Photosynthese entstehen bzw. durch Hydrolyse von Polysacchariden gebildet werden, oder daß durch aktive Aufnahmeprozesse unter Beteiligung von Carrier durch die Zellmembran osmotisch wirksame Kohlenhydrate aufgenommen werden. Nach einer Erzeugung von stofflichen Ungleichgewichten zwischen den verschiedenen Zellbereichen kann ein Transport von Stoffen als Ausgleich des Konzentrationsgefälles (Druckgefälles) durch Lösungsströmung und Druckströmung erfolgen.

Die Richtung und Intensität des Stofftransportes im Symplasten wird durch den Ausgleich des Konzentrationsgefälles bestimmt. Der Transport erfolgt von Orten hoher Konzentration an osmotisch wirksamen Kohlenhydraten zu Orten niedrigerer Konzentration („from source to sink" der Kohlenhydrate).

2.1.2.2 Apoplasmatischer Nahtransport

Der apoplasmatische Nahtransport geht in den Cellulosewänden vor sich und dient vor allem dem Transport von Wasser, darin gelösten anorganischen Ionen und Molekülen sowie pflanzeneigenen und fremden organischen Verbindungen.

Die Bewegung im Apoplasten entsteht durch ein Gefälle im Wasserpotential sowie durch Diffusion. In den Blättern geht der apoplasmatische Nahtransport vom Xylem in Richtung des Transpirationswassers zur Epidermisoberfläche. In umgekehrter Richtung ist es aber auch möglich, daß Stoffe in den Cellulosewänden der Zellen von der Pflanzenoberfläche ins Innere des Blattes wandern.

---

[1] MÜNCH, E.: Die Stoffbewegungen in der Pflanze. Gustav Fischer Verlag, Jena 1930.

2.1.2.3 Gemischt symplasmatisch-apoplasmatischer Transport

Viele Substanzen, insbesondere einige Insektizide und Herbizide, werden im Gewebebereich der Pflanze in beiden Systemen verteilt. Man spricht von einem symplasmatisch-apoplasmatischen Nahtransport.

2.1.2.4 Verteilung im Interzellularsystem

Das Interzellularsystem besteht aus weitgehend miteinander in Verbindung stehenden Hohlräumen zwischen den Zellen. Die an die Atemhöhle angrenzenden Mesophyllzellen haben außen eine cutinisierte Schicht (innere Cuticula). Auch bei den anderen Mesophyllzellen (Säulen- und Schwammparenchym) kann man einen hydrophoben, wahrscheinlich cutinisierten Belag annehmen.

Wäßrige Lösungen (Oberflächenspannung 72 dyn/cm) können sich im Interzellularsystem überhaupt nicht bzw. höchstens sehr langsam verteilen. Ein Zusatz oberflächenaktiver Stoffe erhöht die Beweglichkeit.

Hydrophobe Stoffe (z.B. organische Lösungsmittel) oder Netzmittel mit erniedrigter Oberflächenspannung können sich im Interzellularsystem gut ausbreiten. Auch Öle sind darin beweglich (z.B. ^{14}C-markiertes Sommeröl in Salatpflanzen). Das ist wesentlich für in Öl gelöste Pflanzenschutzmittel (Ölformulierungen) z.B. bei Maßnahmen zur Verhinderung von Stockausschlägen abgeschnittener Bäume.

Flüchtige Verbindungen und sublimierbare Stoffe sind in Dampfform zu einer raschen Ausbreitung im Interzellularraum befähigt.

2.1.2.5 Kurzstreckentransport in den Wurzeln

Der Kurzstreckentransport in den Wurzeln ist eng verknüpft mit der Stoffaufnahme. Nach CRAFTS und BROYER[1] erfolgt er zunächst durch mechanische Prozesse; erst der Durchtritt durch das Plasmalemma in den Protoplasten ist stoffwechselabhängig. Anschließend erfolgt dann wieder mechanisch eine Wanderung im Symplasten aus der Wurzelrinde in den Zentralzylinder. Da alle Wurzelhaare und Zellen der Wurzelrinde bis hin zur Endodermis an den freien Raum grenzen, ist ein inniger Kontakt mit der Außenlösung vorhanden. Die Stoffe wandern innerhalb der Wurzelrinde frei in den Cellulosewänden und in den großen Interzellularen. Da bekanntlich keine apoplasmatische Verbindung zwischen Wurzelrinde und Zentralzylinder besteht, werden die Stoffe an der Endodermis durch die Casparyschen Streifen oder durch die inkrustierten Cellulosewände an der Weiterbewegung in den Zentralzylinder hinein gehindert. Deshalb müssen die Stoffe durch stoffwechselabhängige, aktive Prozesse in den Symplasten aufgenommen werden. Das ist jedoch unproblematisch, da die Plasmalemma-Oberfläche sehr groß ist. Die

---

[1] CRAFTS, A.S., BROYER, T.C.: Migration of salts and water into xylem of the roots of higher plants. Amer. J. Bot. 25, 529–535, 1938.

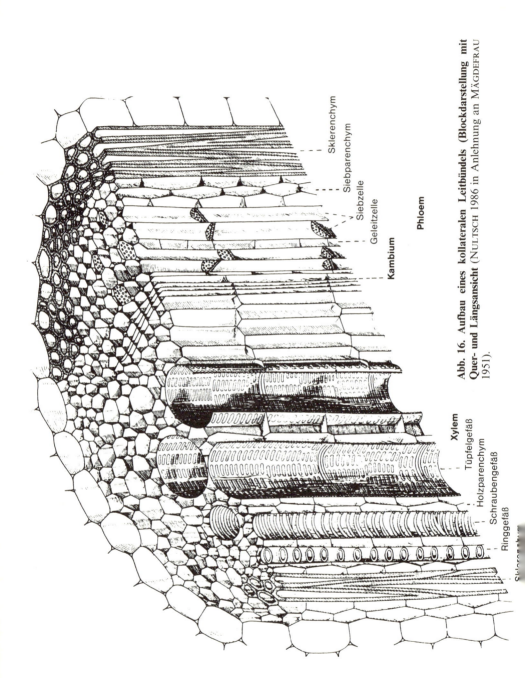

Abb. 16. Aufbau eines kollateralen Leitbündels (Blockdarstellung mit Quer- und Längsansicht (NULTSCH 1986 in Anlehnung an MÄGDEFRAU 1951).

Substanzen können nur im Symplasten aus dem Bereich der Wurzelrinde in den Zentralzylinder hinein transportiert werden.

2.1.3 Ferntransport

Bei den systemisch wirkenden Pestiziden liegen die Wirkorte oft weit vom Ort der ursprünglichen Aufnahme entfernt. Der Ferntransport überbrückt diese relativ weiten Strecken in kurzer Zeit, d. h. mit großer Geschwindigkeit.

Der Pflanze stehen in den Leitbündeln zwei ganz verschiedene Transportsysteme zur Verfügung: Das Xylem (apoplasmatische Leitungsbahn) verfrachtet Wasser und darin gelöste Stoffe von den Wurzeln zur Sproßspitze. Das Phloem (symplasmatische Leitungsbahn) transportiert Assimilate durch die ganze Pflanze. Dabei erfolgt der Transport in Richtung des Verbrauchs zu wachsenden Geweben und Speicherorganen.

2.1.3.1 Aufbau der Transportbahnen

Den Bau der Transportbahnen veranschaulicht die Darstellung eines offenen kollateralen Leitbündels wie es bei Dikotylen sowie ohne Tracheen auch bei Gymnospermen vorkommt. Dabei sind Holzteil (Xylem) und Siebteil (Phloem) durch eine meristematische Schicht (Kambium) voneinander getrennt.

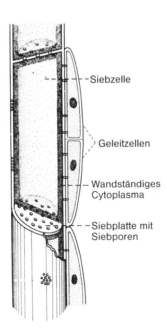

Abb. 17. Aufbau der Phloemelemente (schematisiert); Siebröhre mit Geleitzellen, im oberen Teil der Länge nach aufgeschnitten (NULTSCH 1986).

Das **Phloem** besteht aus lebenden Zellen mit weichen Wänden. Es ist nach außen gegen Zug und Druck durch einen Sklerenchymmantel geschützt. Es enthält verschiedene Zellarten, nämlich die Siebzellen, die Geleitzellen und die Phloemparenchymzellen. Die Siebzellen haben lebende Protoplasten, die erst im Laufe ihrer Entwicklung für den Stofftransport funktionstüchtig werden. Die wichtigsten Schritte dieser cytoplasmatischen Veränderungen sind (1) Verlust des Zellkerns und damit Übernahme der Steuerfunktion der Siebzellen durch die Geleitzellen; (2) Veränderungen der Plasmagrenzschichten (speziell die Auflösung der Tonoplasten) und damit Bildung eines ausgedehnten Zellsaftraumes. Siebzellen haben keine Vakuolen sondern nur ein Zellumen. Zwischen Siebzellenplasma und Vakuole besteht keine Übergangsbarriere. (3) Umstrukturierung des Cytoplasmas der Siebzellen im ganzen Zellumen. Junge Siebzellen haben ein stark ausgeprägtes Endoplasmatisches Reticulum; ältere dagegen ein mehr feinfädiges Netzwerk (Siebzellenprotein). (4) die spezielle Ausbildung der Querwände der Siebzellen zu dicken Siebplatten mit großen ($\varnothing$ 0,1 µm), für den Transport von Flüssigkeiten gut gangbaren Siebporen. Durch diese Poren stehen aneinander anschließende Siebzellen besonders intensiv miteinander in Verbindung (Bildung von „Siebröhren"). Die Siebporen können durch das Kohlenhydrat Kallose rasch verschlossen werden, z.B. beim Ausfall eines Siebröhrengliedes.

Nach neuerer Anschauung geht der Stofftransport nicht in den völlig ausdifferenzierten Phloemzellen vor sich, sondern schon etwas vor Beendigung der Umwandlungsprozesse.

Das **Xylem** hat große, röhrenförmige Tracheen und Tracheiden mit verschiedenen Aussteifungen, die dazu beitragen, daß sie bei der herrschenden

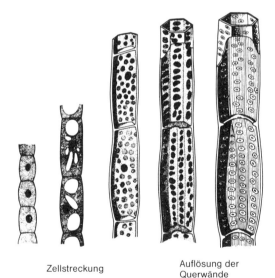

Abb. 18. **Bildung von Gefäßen durch Zellstreckung und Auflösung der Querwände** (NULTSCH 1964).

Saugspannung dem hohen Außendruck widerstehen. Die Zellen sind abgestorben und ohne Protoplasten. Die Querwände sind aufgelöst; ihre ehemalige Lage deuten nur die zurückgebliebenen Wülste an.

Das Xylem stellt richtige Röhren von z.T. beträchtlicher Länge (z. B. gibt es Tracheen von 0,5 bis 5 cm Länge) dar. Zur Gewährleistung eines luft- und wasserdichten Abschlusses werden die Transportbahnen im Xylem von lebenden Xylemparenchym-Zellen umgeben.

Mechanismus des Xylemtransportes

Die Theorie von CRAFTS und BROYER über die Stoffaufnahme besagt, daß das Wasser, das aus der Wurzelrinde in den Zentralzylinder gelangt ist, aus dem Symplasten ins Xylem eintritt. Es wird unter Überdruck aus den Wurzeln aufwärts in den Sproß transportiert. Dieser Wurzeldruck ist für die Wasserversorgung junger Sämlinge wichtig. Er tritt auch bei krautigen Pflanzen nachts auf (Guttation) oder bei Holzpflanzen im Frühjahr vor Beginn des Wachstums (Wurzelbluten, Xylemexudation).

Durch Wurzeldruck nach oben gepreßtes Wasser reicht jedoch zur Dekkung des durch die Transpiration der Blätter auftretenden Wasserverlustes nicht aus. Der Wurzeldruck wandelt sich daher bald in einen Sog im Xylem um. Wasser wird nach oben gesaugt; und zwar mit einer Saugspannung, die bei trockener Luft und niedriger Bodenfeuchte Werte von 10 bis 100 bar erreicht.

Der Sog wird durch die Kohäsionskräfte der Wassermoleküle ermöglicht, die ein Abreißen der Wasserfäden verhindern (Kohäsionstheorie von DIXON und JOLY[1]). Wichtig für den Aufwärtstransport ist neben der Kohäsion zwischen den Wassermolekülen auch die Adhäsion des Wassers zu den Ligno-Cellulosewänden der Xylemkapillaren. Dadurch wird ein Eintreten von Luft in das Leitungssystem verhindert. Es können sich auch keine trockenen Stellen bilden, an denen dann das unter Saugspannung stehende (Unterdruck), in einem metastabilen Zustand befindliche Wasser sofort in die Dampfphase übergehen und die Wasserleitung unterbrechen würde.

Mechanismen des Phloemtransportes

Über die beim Phloemtransport wichtigen Vorgänge gab es in den verschiedenen Arbeitsgruppen von Pflanzenphysiologen bis vor kurzem unterschiedliche Anschauungen. Man unterscheidet mechanische Theorien von solchen, die auf stoffwechselabhängigen (aktiven) Prozessen basieren.

Bei den mechanischen Theorien sind Diffusion, geförderte Diffusion, Plasmaströmung, Spreitungserscheinungen an Grenzflächen, Adsorptionsvorgänge im Phloem, elektrische Ladungsunterschiede (Elektroosmose) als hi-

---
[1] DIXON, H.H., JOLY, J.: On the ascent of sap. Roy Soc. (London) Phil. Trans. B 186, 563–576, 1895.

storische, z.T. aber auch heute noch aktuelle Mechanismen zu erwähnen. Allgemein anerkannt ist die Anschauung der Lösungsströmung (Massenströmung, Druckströmung) von MÜNCH[1]. Hierbei wird der gesamte Inhalt der Siebzellen von Orten hohen osmotischen Drucks zu Orten niedrigen osmotischen Drucks transportiert. Die für den Transport durch Massenströmung notwendigen offenen Siebporen sind vorhanden und durch elektronenoptische Befunde belegt.

Nach allen derartigen Anschauungen über den Transport unter Beteiligung stoffwechselaktiver Vorgänge erfolgt die Stoffbewegung im Phloem unabhängig von der Lösungsbewegung. Die treibenden Mechanismen sind aktiver Art und befinden sich im Bereich der Siebplatten oder sind – was man heute allgemein annimmt – mit der Aufnahme ins Phloem verbunden. Bei der Aufnahme und Abgabe der Assimilate ins Phloem laufen stoffwechselabhängige Prozesse ab.

Die Aufnahme von Stoffen in dieses System ist für die Verteilung wichtig. Das Prinzip des „phloem-loading" ist ein wesentlicher, komplizierter Prozeß, der unter Mitwirkung der Nachbarzellen der Phloembahnen abläuft.

Neuerdings ist man der Ansicht, daß der eigentliche Transport der Stoffe im Phloem durch Massenströmung in ihren verschiedenen Formen erfolgt, während die Stoffaufnahme ins Phloem durch stoffwechselabhängige Vorgänge bestimmt wird.

Bewegungsrichtung und -intensität im Phloem

Im Phloem werden Kohlenhydrate und mit ihnen verschiedene Substanzen, u.a. auch Pflanzenschutzmittel, in der Pflanze verteilt; und zwar in Richtung des Assimilatestroms, d.h. „from source to sink" der Kohlenhydrate.

Der Transport in größeren Mengen erfolgt von den grünen, assimilierenden Geweben zu den Zucker verbrauchenden oder speichernden Organen. Aus den Speichergeweben werden die Kohlenhydrate später erneut mobilisiert und zu den Verbrauchsorten transportiert.

Das ganze Phloem ist ein integriertes System von „sources" und „sinks" mit einem Konzentrationsgradienten osmotisch wirksamer Kohlenhydrate. Die Verteilungsrichtung der Stoffe wird durch Synthese- und Abbauprozesse sowie durch Speichervorgänge der Kohlenhydrate bestimmt.

„Sources", also Stellen der Entstehung osmotisch wirksamer Substanzen, sind in erster Linie die Assimilate bildenden Pflanzenteile, speziell die grünen Blätter. „Sources" sind auch Speicherorgane während der Mobilisierung der Reservekohlenhydrate.

„Sinks", also Verbrauchsstellen für Kohlenhydrate, sind alle Gewebe, die kein oder zu wenig Chlorophyll enthalten und daher keine Kohlenhydrate erzeugen. Es sind Sproßachsen, Wurzeln, Früchte und Samen, aber auch Meristeme und Parenchyme sowie wachsende Pflanzenteile, solange sie noch

---

[1] MÜNCH, E.: Die Stoffbewegungen in der Pflanze. Gustav Fischer Verlag, Jena 1930.

keinen Assimilateüberschuß haben. Wurzelgewebe sind nur „sinks", wenn sie aktiv wachsen; ruhende Wurzeln haben dagegen keine „sink"-Funktion. „Sinks" sind auch Speicherorgane, wenn sie bei der Einlagerung die antransportierten osmotisch wirksamen Oligosaccharide in osmotisch unwirksame Polysaccharide umwandeln. Auch die Speicherung niedermolekularer Zucker in den Vakuolen des Speicherparenchyms erzeugt einen „sink"-Effekt.

Beeinflussung des Phloemtransportes

Der Transport im Symplasten erfolgt im lebenden Bereich der Pflanze. Er ist daher Stoffwechseleinflüssen ausgesetzt; die transportierten exogenen Stoffe können aber auch ihrerseits stark auf das Transportgeschehen einwirken.

Die Verteilung organischer Verbindungen im Phloem wird durch einige Faktoren beeinträchtigt bzw. begrenzt:
(1) durch vorübergehende oder dauernde Adsorption im Leitungsgewebe, was eine eingeschränkte Translokation oder sogar überhaupt keine Beweglichkeit zur Folge hat;
(2) durch Metabolisierung (Abbau bzw. Konjugate-Bildung) während des Transportes, so daß der Wirkstoff den Zielort gar nicht erreicht;
(3) durch vorübergehende Abgabe der Substanzen aus den Siebzellen an Geleit- oder Siebparenchymzellen, wodurch die Wanderungsgeschwindigkeit im Vergleich zu den Kohlenhydraten wesentlich verringert wird;
(4) durch Veränderungen und Funktionsstörungen der Leitungsbahnen, wenn z. B. Wuchsstoffherbizide Zellteilungen im Kambium hervorrufen (Bildung von Ersatzgewebe) und durch diese Wucherungen die Siebröhren zusammengedrückt werden;
(5) durch Schädigung des lebenden Gewebes im Bereich der Aufnahme und des Transports; durch höhere Wirkstoffkonzentrationen kommt der Phloemtransport zum Erliegen; die Stoffe treten ins Xylem über und wandern dort weiter;
(6) durch direkte oder indirekte Schädigung von Stoffwechselprozessen (z. B. Photosynthese oder Atmung). Die Blockierung der energieliefernden Prozesse führt zu einem Energiemangel in den Zellen und zu einer Änderung der „source to sink"-Verhältnisse.

Insbesondere durch Adsorption, Komplex- und Konjugatbildung sowie durch vorübergehende Abgabe aus den Siebröhren in benachbarte Siebparenchymzellen ist die Bewegung einiger Stoffe im Phloem wesentlich langsamer als die der Assimilate; d.h. derartige Substanzen haben nur eine eingeschränkte Beweglichkeit im Phloem („bounded distribution"). Es gibt also frei bewegliche Pflanzenschutzmittel und solche mit eingeschränkter Translozierbarkeit.

2.2 Translokation von Herbiziden

Über die Mechanismen des Transportes organischer Stoffe in der Pflanze bestehen zwar nur Hypothesen; trotzdem sind die Verteilungsphänomene bei Herbiziden empirisch, meist unter Verwendung radioaktiv markierter Verbindungen, eingehend untersucht, so daß Aussagen über die Menge und Richtung der Herbizidverteilung gemacht werden können.

2.1.1 Verteilung von Herbiziden nach Behandlung über das Blatt

Im Phloem sind vor allem Stoffe mit Säurecharakter verteilbar. Es sind die Benzoesäuren, Phenylessigsäuren und Phenoxysäure-Verbindungen, wobei einige Stoffe, z. B. 2,4-DB und MCPB, nur eine geringe Beweglichkeit haben. Daneben werden in diesem System einige Carbamate und weitere Stoffe verteilt. Als neues Versuchsherbizid gegen *Cyperus*-Arten ist die quarternäre Aminverbindung B u. M 34552 (Benzyltrimethylammoniumchlorid) hier aufzuführen.

Im Xylem sind frei translozierbar die Phenylharnstoffe, s-Triazine, Triazinone und ähnliche Stoffe und eine Reihe weiterer Herbizide. Eine sehr eingeschränkte Translozierbarkeit im Xylem haben Diallat, Fluorodifen sowie Diquat und Paraquat.

Gemischt symplasmatisch-apoplasmatisch verteilbar sind in der Pflanze sehr viele Verbindungen. Hier sind u. a. die neuen Mittel gegen Ungräser zu erwähnen, die hauptsächlich im Xylem, daneben aber auch zu einem gewissen Anteil im Phloem verteilt werden. Bei bestimmten Stoffen, z. B. bei Maleinhydrazid, erfolgt eine regelrechte Zirkulation in der Pflanze. In beiden Transportsystemen, jedoch mit geringerer Intensität „gebunden" verteilbar, sind einige Carbamate und Nitrile sowie weitere Herbizide. Beim gemischt symplasmatisch-apoplasmatischen Transport ist es möglich, daß je nach Pflanzenart ein bestimmtes Transportsystem stärker benutzt wird als das

Tab. 1. Transport im Phloem

Benzoesäure- und Phenylessigsäure-Derivate
Amiben, Fenac

Carbamate
Propham, Chlorpropham, Asulam

Phenoxy-Verbindungen
2,4-D, MCPA, 2,4,5-T, 2,4-DP, CMPP, 2,4-DB, MCPB

Weitere Verbindungen
Fosamin-Ammonium, Clopyralid, Mefluidon

Tab. 2. Transport im Xylem

Phenylharnstoffe
Monuron, Diuron, Chloroxuron, Fluometuron, Metobromuron, Metoxuron, Chlortoluron, Isoproturon, Buturon

s-Triazine
Atrazin, Simazin, Terbutryn, Cyanazin, Procyanazin

Triazinone und ähnliche Verbindungen
Metamitron, Metribuzin, Hexazinon

Acetanilide
Metazachlor, Metolachlor

Weitere Verbindungen
Diphenamid, Chloridazon, Bentazon, Diallat, Fluorodifen, Diquat, Paraquat, Bromacil, Metflurazon

Tab. 3. Gemischt symplasmatisch-apoplasmatischer Transport

Aliphatische Säuren
TCA, Dalapon, 2,3,6-TBA, Dicamba, Picloram, Flurenolbutylester und Chlorflurenol (hauptsächl. im Phloem)

Weitere Verbindungen
MH, Amitrol, Chlorsulfuron, Triclopyr, Buthidazol, Imazaquin, Imazapyr

Phenoxyphenoxy- und heterozyklische Phenoxyverbindungen
Diclofop-methyl, Fenoxaprop-ethyl, Fluazifop-butyl, Haloxyfop-methyl, Haloxyfop-butyl, Fenthiaprop-ethyl

Cyclohexendion-Verbindungen
Sethoxydim

Gebundene Verteilung
Carbamate
Eptam, Barban, Pebulat

Nitrile
Nitralin, Trifluralin

Weitere Stoffe
Ioxynil, Dichlobenil, Propanil, Benthiocarb, Ethofumesat

andere. Beispielsweise wird Amitrol in *Tradescantia virginica* und *Tropaeolus majus* stärker im Phloem transportiert als im Xylem, während die Substanz in Gartenbohne vorwiegend im Xylem verteilt wird.

Keine Verteilung oder bestenfalls einen vernachlässigbar geringen Transport zeigen nach den bisherigen Befunden PCP, DNOC, Dinoseb, Phenme-

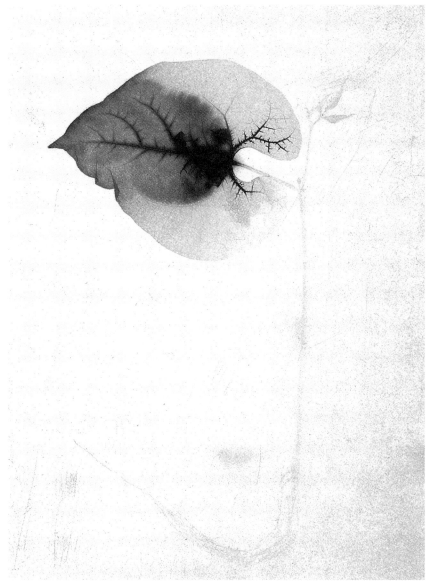

Abb. 19. Apoplasmatische Verteilung von Carbaryl in einer Bohnenpflanze. Autoradiogramm einer Pflanze nach 6tägiger Behandlung mit ^{14}C-Carbaryl auf ein Primärblatt.

dipham, Pyridat, Metolachlor und der Diphenylether Acifluorifen. Allerdings dringen die Stoffe ins Blatt ein und wirken in den Zellen. Man spricht von einer Tiefenwirkung. Bei einigen dieser Stoffe kann jedoch nach Aufnahme über das Wurzelsystem aus Nährlösung ein schwacher Transport im Transpirationsstrom erfolgen.

Abb. 20. Symplasmatische Verteilung von 2,4-D in einer Bohnenpflanze. Autoradiogramm einer Pflanze nach 6tägiger Behandlung mit ^{14}C-2,4-D auf ein Primärblatt.

Im Xylem verteilbare Stoffe z. B. Simazin oder Monuron oder Carbaryl, dringen nach Behandlung am Blattgrund ins Blatt ein. Es kommt zu einer charakteristischen keilförmigen Verteilung innerhalb des Blattes mit Konzentrierung im Bereich des Blattrandes und der Blattspitze. Ein Export aus behandelten Blättern ist nicht möglich.

Abb. 21. Gemischt symplasmatisch-apoplasmatische Verteilung von Amitrol in einer Bohnenpflanze. Autoradiogramm einer Pflanze 6 Tage nach Behandlung mit ^{14}C-Amitrol auf ein Primärblatt.

Im Phloem translozierbare Substanzen (z. B. 2,4-D, MCPA usw.) werden nach Applikation auf den basalen Teil der Blattspreite von ausgewachsenen Blättern aus den behandelten Blättern heraus in alle Kohlenhydrate verbrauchende und einlagernde Teile der Pflanze (Knospen, Sproßachse, Wurzeln, wachsende Teile, Speicherorgane usw.) transportiert, nicht jedoch in Blätter mit „source"-Funktion.

Gemischt symplasmatisch-apoplasmatisch verteilbare Stoffe (z. B. Amitrol oder Maleinhydrazid) vereinigen das Verteilungsbild des Xylem- und des Phloemtransportes. Es kommt einmal zu der keilförmigen Verteilung innerhalb des Blattes sowie zu einem Export und einer Verfrachtung zu Kohlenhydrate verbrauchenden Pflanzenteilen.

2.2.2 Beeinflussung des Herbizidtransportes

Für eine gute Herbizidwirkung muß möglichst viel Wirkstoff zu den Wirkorten gelangen. Für im Phloem mobile Verbindungen ist also ein intensiver Assimilatetransport aus dem behandelten Blatt günstig.

Die Verteilung derartiger Verbindungen und auch von gemischt symplasmatisch-apoplasmatisch transportierten Stoffen wird ganz oder teilweise von der Richtung des Assimilatestroms bestimmt („from source to sink"-Verteilung der Kohlenhydrate).

Der Assimilatetransport ist eng verbunden mit dem **Entwicklungsstand der Blätter**. Junge, noch in Entwicklung befindliche Blätter (¼ bis ⅓ der Endgröße) haben keinen Assimilateüberschuß und daher auch keinen Export phloemmobiler Substanzen. Applizierte Verbindungen werden nur innerhalb des Blattes verteilt. Aus anderen Pflanzenteilen werden dagegen Kohlenhydrate in diese jungen Blätter mit „sink"-Funktion eingelagert. Daher sind z. B. phloemmobile Insektizide zum Schutz des Neuzuwachses von Pflanzen sehr geeignet. Voll entwickelte Blätter, die überschüssige Assimilate exportieren, verfrachten dagegen große Mengen Pflanzenschutzmittel im Phloem zu anderen Pflanzenteilen, insbesondere in die jungen, wachsenden Bereiche und in die Speichergewebe des Sprosses und der Wurzeln bzw. der Rhizome. Anwendungen von Phenoxyverbindungen sollen daher erfolgen, wenn genügend Blätter mit „source"-Funktion für einen Kohlenhydratabtransport und damit für eine Verfrachtung der Wirkstoffe vorhanden sind. Ältere Blätter – auch wenn sie noch grün aussehen – haben ihre Assimilationsfähigkeit weitgehend verloren. Aus ihnen erfolgt ein Export phloemmobiler Substanzen nicht mehr.

Für den Assimilatetransport spielt auch die **Insertionshöhe** des behandelten Blattes eine große Rolle. Nach Untersuchungen mit *Tropaeolus majus* und *Rumex obtusifolius* erfolgt aus Blättern des basalen Bereiches ein Kohlenhydrattransport und damit die Verfrachtung phloemmobiler Substanzen vor allem in Richtung Wurzel. Aus Blättern des mittleren Bereichs verteilt sich der Wirkstoff in beiden Richtungen. Nach Behandlung von Blättern im Spitzenbereich wird bevorzugt in die Sproßspitze geleitet. Ein Transport in die Wurzeln ist dann verhältnismäßig gering. Wuchsstoffherbizide sollten bei der Spritzung auch die unteren Blätter treffen, denn von ihnen erfolgt bevor-

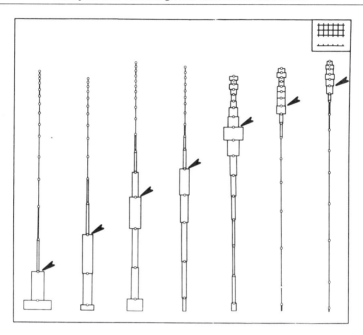

Abb. 22. Verteilung von MCPA in Sproßachsen von Rumex obtusifolius nach Behandlung auf Blättern verschieden hoher Insertion an der Sproßachse. Behandlung mit je 3 µCi ^{14}C-MCPA pro Pflanze während der Blüte; Einwirkungszeit 1 Tag.
Maßstab: Ein Quadrat entspricht 1000 Imp./Min.; eine Längeneinheit beträgt 2 cm (F. MÜLLER 1976).

zugt ein Transport in die Wurzeln und Rhizome. Darauf ist beim Herbizideinsatz in dichten bzw. hohen Pflanzenbeständen zu achten, denn die oberen Blätter haben einen deutlichen Abschirmeffekt.

Die **Assimilationsintensität** der behandelten Blätter wirkt sich direkt auf die Wirkstoffverteilung aus. Gelb gefärbte, panaschierte Blätter produzieren keine Assimilate. Sie haben somit auch keinen Kohlenhydratexport. Demzufolge kann z. B. 2,4-D und Amitrol nicht aus derartigen Blättern exportiert werden. Das gleiche gilt für nur unzureichend assimilierende, braune Blütensprosse von *Tussilago farfara* sowie für Sporophyten von *Equisetum arvense*. Durch Dunkelheit oder durch Abschirmung des Lichtes an der Photosynthese gehinderte Blätter haben ebenfalls keinen Zuckerexport. Sie sind daher auch nicht zur Verfrachtung phloemmobiler Wirkstoffe befähigt.

2.2.3 Wahl des Bekämpfungszeitpunktes

Einjährige Unkräuter müssen zur Zeit der Spritzung ein intensives Blatt- und Wurzelwachstum haben, damit der Wirkstoff mit dem beträchtlichen Kohlenhydratstrom in die Vegetationsbereiche, in die jungen Blättchen und auch in die Wurzeln kommt.

Immergrüne, verholzte Pflanzen werden sinnvoll im zeitigen Frühjahr vor Beginn des Sproßwachstums bekämpft. Laubabwerfende Sträucher spritzt man dagegen erst, wenn das Laubwerk gut entwickelt ist.
Bei mehrjährigen Unkräutern ist der richtige Bekämpfungszeitpunkt für

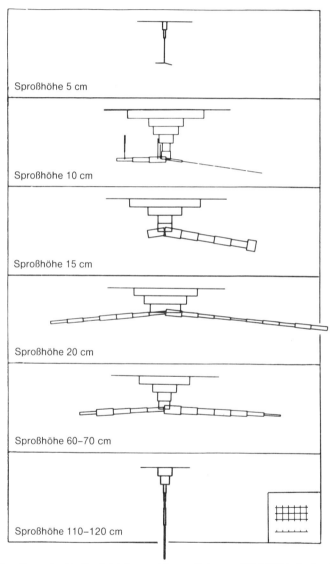

Abb. 23. Verteilung der Radioaktivität von blattappliziertem ^{14}C-MCPA in den Wurzeln von Cirsium arvense-Pflanzen verschiedener Entwicklungsstadien. Applizierte Substanz 3 µCi/Pflanze auf 2 basale Blätter; Einwirkungsdauer 2 Tage.
Maßstab: Ein Quadrat entspricht 1000 Imp./Min.; eine Längeneinheit beträgt 1 cm.

die Wirkung besonders wichtig. Pflanzen werden am effektivsten behandelt, wenn ihr Reservestoffvorrat erschöpft ist und die Speicherorgane starke „sink"-Funktion aufweisen. Ein intensives Wurzelwachstum verstärkt dies noch. Zum andern sollen gut assimilierende Blätter mit starkem „source"-Effekt vorhanden sein. Ein großer „from source to sink"-Gradient läßt viel Wirkstoff in die unterirdischen Teile gelangen. Für einen guten Bekämpfungserfolg ist bei mehrjährigen Unkräutern nämlich ein intensiver Transport des Wirkstoffs in die unterirdischen Pflanzenteile Voraussetzung. Die optimalen Bedingungen für die Aufnahme und Translokation des Wirkstoffs sind von Pflanzenart zu Pflanzenart verschieden, so daß eine genaue Kenntnis der entwicklungsphysiologischen Eigenarten der betreffenden Art bzw. Pflanzengruppe notwendig ist.

Durch Untersuchungen mit ^{14}C-MCPA und anderen phloemmobilen Herbiziden wurden bei zahlreichen Unkrautarten direkte Hinweise auf das Entwicklungsstadium mit der besten Wirkstofftranslokation in die Wurzeln bzw. Rhizome erhalten.

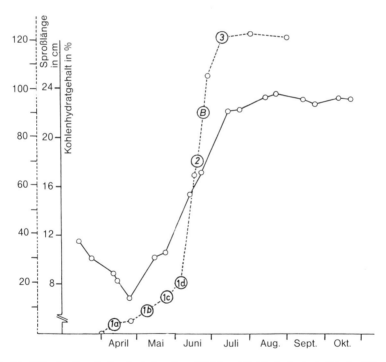

Abb. 24. Höhe der Sproßachse (unterbrochene Linie) und Kohlenhydratgehalt in den Wurzeln (durchgezogene Linie) von Cirsium arvense im Verlauf der Vegetationsperiode. ^{14}C-MCPA-Behandlungen in folgenden Entwicklungsstadien der Pflanzen: 1a = Sproßhöhe 5 cm, 1b = Sproßhöhe 10 cm, 1c = Sproßhöhe 15 cm, 1d = Sproßhöhe 20 cm, 2 = Sproßhöhe 60–70 cm, 3 = Sproßhöhe 110–120 cm; B = Blühbeginn (F. MÜLLER 1976).

Hierfür sollen Beispiele aufgeführt werden, die aus den Untersuchungen von mehr als 30 mehrjährigen Unkrautarten ausgewählt worden sind.

Bei *Cirsium arvense* wird am meisten MCPA bei einer Sproßhöhe von mindestens 10 cm in die Wurzeln transportiert. Bei einer Sproßhöhe von 5 cm ist der Transport in die Wurzeln nur sehr gering. Bei Behandlungen während der Blüte ist der basipetale Transport ebenfalls gut. Nach Applikation zur Zeit der Samenreife wird nur noch wenig MCPA in die Wurzeln verfrachtet.

Der Kohlenhydratgehalt in den Wurzeln von *Cirsium arvense* und die Intensität der Sproßachsenstreckung stehen in klarer Beziehung zur Intensität des Transportes in die Wurzeln. Pflanzen mit Sproßhöhen von erst 5 cm mobilisieren noch Reservestoffe aus den Wurzeln und transportieren diese in den Sproß (Auslagerungsphase von Kohlenhydraten, Verringerung des Koh-

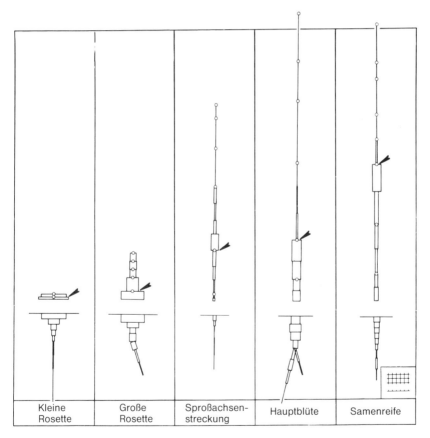

Abb. 25. Verteilung von ^{14}C-markiertem MCPA in verschiedenen Entwicklungsstadien von *Anthriscus sylvestris*. Applikation 3 µCi/Pflanze auf basales Blatt; Einwirkungsdauer 5 Tage. Markierung der Insertionsstelle des behandelten Blattes durch Pfeil.
Maßstab: Ein Quadrat entspricht 1000 Imp./Min., eine Längeneinheit bei der Sproßachse 2 cm, bei den Wurzeln 1 cm (F. MÜLLER 1976).

lenhydratgehaltes in den Wurzeln). Gegen diesen aufwärts gerichteten Phloemstrom gelangt praktisch kein Wirkstoff in die Wurzeln. Schon kurze Zeit später, ab Sproßhöhen von 10 cm bis zur Blüte, werden große Zuckermengen in die Wurzeln eingelagert (Einlagerungsphase, Erhöhung des Koh-

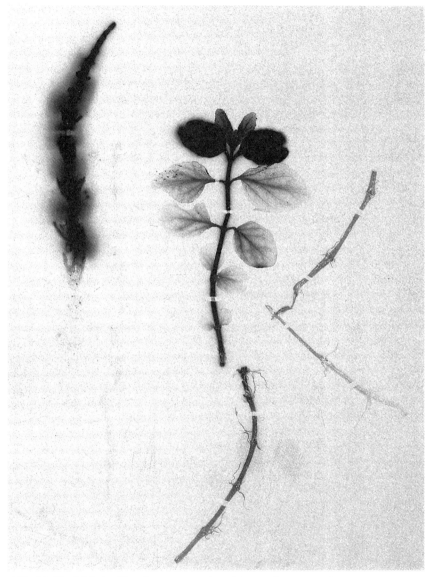

Abb. 26. Vergleich der Verteilung von sproßappliziertem ^{14}C-MCPA in Equisetum arvense und Mentha arvensis. Behandlung während der Sproßachsenstreckung mit 1 µCi/Pfl.; Einwirkungsdauer 2 Tage. Links Autoradiogramm, rechts Vergleichsphoto der Pflanzen (F. MÜLLER 1976).

lenhydratgehaltes in den Wurzeln). Mit dem basalwärts gerichteten Phloemstrom wird viel Wirkstoff in die Wurzeln verfrachtet. Während der Samenreife ist die Einlagerungskapazität der Wurzeln ausgeschöpft; ihr Kohlenhydratgehalt nimmt nicht mehr zu. Bei Behandlungen zu dieser Zeit gelangt aus dem Hauptsproß nur noch wenig Wirkstoff in die Wurzeln.

Bei *Anthriscus silvestris* sowie bei weiteren Pflanzenarten sieht die Jahresperiodizität der Translokation von MCPA in die unterirdischen Teile etwas anders aus: Im Stadium der großen Rosette sowie nach Beendigung der Sproßachsenstreckung unmittelbar vor Blühbeginn ist der Transport in die unterirdischen Teile sehr intensiv. In der Zeit während der Sproßachsenstreckung ist dagegen die basipetale Verfrachtung von MCPA minimal. Bei dieser Pflanzenart dürfte die Sproßachsenstreckung so rasch erfolgen, daß die hierfür erforderlichen Zucker nicht durch direkte Assimilation produziert werden können, sondern vor allem durch Mobilisierung von Reservekohlenhydraten aus den Speicherrüben herangeschafft werden müssen (Zwischenauslagerungsphase). Das erklärt den sehr geringen basipetalen Wirkstofftransport während der Sproßachsenstreckung.

Auch intensives Wurzelwachstum kann für einen starken basalwärts gerichteten Transport von MCPA verantwortlich sein, z.B. in bestimmten Entwicklungsstadien von *Mentha arvensis*.

Bei einigen Pflanzenarten, z.B. *Equisetum arvense* und *E. palustre*, ist die Einlagerung von Assimilaten während der ganzen Entwicklung äußerst gering. In keiner Entwicklungsphase wird genügend Wirkstoff in die Rhizome transportiert, um diese Arten mit Phenoxy-Verbindungen wirkungsvoll zu schädigen. Als Vergleich dient die MCPA-Verteilung mit einer geringen Lokomotion des Wirkstoffs in *Equisetum arvense* im Gegensatz zu *Mentha arvensis*.

Für einen sinnvollen Einsatz phloemmobiler Wirkstoffe muß man wissen, daß die verschiedenen Unkrautarten Unterschiede im Zeitpunkt und in der Intensität der besten Einlagerung in die unterirdischen Teile haben. Für die Intensität des Basaltransportes sind die Assimilationsintensität der Blätter, die Verteilungsrichtung überschüssiger Kohlenhydrate sowie die Auslagerungs- und Einlagerungsperioden der Kohlenhydrate in den Wurzeln von großer Bedeutung.

Der morphologische Aufbau der Pflanze, insbesondere der Speicherorgane, ist hier wichtig. Es gibt im wesentlichen zwei Typen:
(1) Pflanzen mit verdickten, senkrecht stehenden Speicherorganen (Wurzelrüben der verschiedensten Ausprägung), z.B. *Anthriscus sylvestris, Heracleum sphondylium, Daucus carota, Rumex*-Arten, *Cichorium intybus, Echium vulgare, Symphytum officinale*. Diese Pflanzen bilden Rosetten und haben gewöhnlich eine sehr rasche Sproßachsenstreckung. Sie zeigen eine starke Einlagerung phloemmobiler Wirkstoffe im Rosettenstadium und unmittelbar nach Beendigung der Sproßachsenstreckung zu Blühbeginn. Während der Sproßachsenstreckung selbst wird dagegen nur sehr wenig Wirkstoff in die unterirdischen Teile transportiert.
(2) Pflanzen mit langgestreckten, relativ dünnen Speicherorganen (Rhizomen bzw. Speicherwurzeln), z.B. *Cirsium arvense, Mentha arvensis, Aegopo-*

Tab. 4. Speicherorgane bzw. Wurzeln bei verschiedenen Pflanzen

Speicherorgane stehend, mehr oder weniger rübenförmig verdickt	Speicherorgane nicht verdickt, horizontal, langgestreckt
Pfahlwurzelpflanzen (FREIDENFELT 1902), Pfahlwurzeln u. rübenförmige Wurzeln (WEBER 1953)	Wurzelperenne Pfl. (FREIDENFELT 1902), Wurzel- und Rhizomgeophyten (RAUH 1950)
Rumex crispus *Rumex obtusifolius* *Rumex alpinus* *Cichorium intybus* *Anthriscus sylvestris* *Heracleum sphondylium* *Daucus carota* *Echium vulgare* *Hyoscyamus niger* *Symphytum officinale* *Urtica dioica*	*Cirsium arvense* *Cardaria draba* *Sonchus arvensis* *Convolvulus arvensis* *Calistegia sepium* *Aegopodium podagraria* *Mentha arvensis* *Tussilago farfara* *Petasites officinalis* *Equisetum arvense* *Equisetum palustre*

FREIDENFELT, T.: Studien über die Wurzeln krautiger Pflanzen. 1. Über die Formbildung der Wurzel vom biologischen Gesichtspunkt. Flora. 91, 115–208, 1902
RAUH, W.: Morphologie der Nutzpflanzen. Verlag Quelle und Mayer, Heidelberg 1950
WEBER, H.: Die Bewurzelungsverhältnisse der Pflanzen. Herder Verlag, Freiburg 1953

dium podagraria, Equisetum arvense und *E. palustre*, bei denen die Wiedereinlagerung von Kohlenhydraten bereits beginnt, wenn die Sprosse sich selbst mit direkt produzierten Kohlenhydraten versorgen. Die Einlagerung geht dann relativ lange kontinuierlich vor sich und wird während der Sproßachsenstreckung, die sich gewöhnlich über eine längere Zeit hinzieht, nicht unterbrochen.

Zu vermerken ist, daß die einzelnen Entwicklungsstadien nicht nur bei der Hauptvegetation durchlaufen werden. Nach Rückschnitt der Pflanzen, z. B. beim Abmähen von Grünlandbeständen oder nach Austrieb von Seitenknospen, z. B. bei manchen mehrjährigen Arten im Sommer und Frühherbst, haben die so gebildeten Triebe ähnliche Entwicklungsstadien wie vorher der Haupttrieb. Es kommt daher auch nach Abschluß der Entwicklung des Hauptsprosses aus diesen Seitentrieben zu einer Einlagerung überschüssiger Assimilate in die unterirdischen Speicherorgane. Das erklärt die in einigen Fällen gute Herbizidwirkung zu dieser Zeit.

Besondere Translokationsverhältnisse haben Arten mit zeitlich hintereinander ausgebildeten generativen und vegetativen Sprossen. *Tussilago*- und

Abb. 27. Verteilung von Metobromuron in Kartoffelpflanzen (Sorte Delos) nach Behandlung mit ^{14}C-markiertem Wirkstoff über das Wurzelsystem. Autoradiogramme von Pflanzen 6 Std., 1, 3 bzw. 6 Tage nach der Behandlung.

Petasites-Blütensprosse und generative Sprosse von *Equisetum*-Arten haben wegen des Fehlens von Chlorophyll keine ausreichende Photosynthesemöglichkeit. Sie exportieren daher keine Kohlenhydrate und auch keine Wirkstoffe. Aus den später sich entwickelnden vegetativen Sprossen erfolgt dagegen über längere Zeit eine Verfrachtung in die Rhizome.

2.2.4 Transport von Herbiziden nach Aufnahme über die Wurzel

Über dem Boden applizierte Wirkstoffe werden im allgemeinen von den Wurzeln aufgenommen. Die Substanzen werden dann entweder dort festgelegt und eventuell sogar akkumuliert, oder sie wandern ins Xylem und werden mit dem Transpirationsstrom in den Sproß transportiert. Die einzelnen Wirkstoffe sind sehr unterschiedlich befähigt, ins Xylem zu gelangen. Manche Substanzen, z.B. 2,4-D, kommen gar nicht oder nur in geringen Mengen ins Xylem, andere Stoffe, z.B. s-Triazine und Phenylharnstoffe, treten leicht in dieses System ein und werden rasch in den Sproß transportiert. Die Geschwindigkeit des Xylemtransportes hängt von der Intensität des Transpirationsstroms ab, der durch den Wasserbedarf im Sproß und vom Wasserangebot in den Wurzeln geregelt wird.

2.3 Translokation von Insektiziden

Über den Transport von Insektiziden in Pflanzen sind weniger Einzelheiten bekannt als von dem der Herbizide. Vielfach wurde lediglich eine systemische Wirkung, also eine Verteilung in der Pflanze, festgestellt und als Aufwärts- oder Abwärtstransport vermerkt ohne nähere Angaben, in welchem System der Transport erfolgt. Ältere Untersuchungen mit radioaktiv markierten Wirkstoffen geben oft nur die Radioaktivitätsverteilung an, die wegen der möglichen Bildung von Metaboliten nicht unbedingt mit der Wirkstoffverteilung identisch sein muß. Ebensowenig kann man aus der Abtötung von Schadinsekten an nicht direkt behandelten Stellen nicht ohne weiteres auf einen Insektizidtransport in der Pflanze schließen.

Die Insektizide lassen sich bezüglich ihrer Aufnahme und Translokation in der Pflanze in drei Gruppen einteilen.

Kontaktinsektizide verbleiben auf der Pflanzenoberfläche. Wegen ihrer geringen Wasserlöslichkeit werden sie von den Blättern kaum aufgenommen (Löslichkeit von DDT 0,0002 mg/l Wasser).

Insektizide mit Tiefenwirkung (z.B. Lindan, Aldrin, Endosulfan, Malathion, Parathion) dringen in geringem Umfang in die Pflanze ein, werden jedoch nicht in den Ferntransportbahnen transportiert.

Systemische Insektizide (z.B. Dimethoat, Carbaryl, Demeton, Schradan, usw.) werden von der Pflanze aufgenommen und im Xylem, z.T. auch im Phloem, verteilt. Sie wirken gegen fressende und auch Pflanzensaft saugende Insekten und gegen in Pflanzen minierende Insekten. Wenn die Stoffe wenigstens etwas im Phloem transportabel sind, so bieten sie auch für den Neuzu-

Tab. 5. Verteilung von systemischen Insektiziden

Transport im Xylem
Schradan, Disyston, Dimethoat, Zinophos, Zectran, Carbaryl

Gemischt syplasmatisch-apoplasmatischer Transport
Demeton, Dimefox

---

wachs einen gewissen Schutz. Die Wasserlöslichkeit der systemischen Verbindungen ist gewöhnlich höher als die der Kontaktinsektizide; z. B. ist die von Dimethoat 25 g/l, die von Demeton-S-methyl 3,3 g/l.

2.3.1 Translokation nach Aufnahme über die Wurzel

Zahlreiche Insektizide werden von den Wurzeln aufgenommen und im Transpirationsstrom sehr rasch in den Sproß transportiert. Auch Stoffe, die bei Behandlung von Blättern nur Kontakt- oder Tiefenwirkung haben, werden aus dem Boden oder gar aus Kulturlösungen aufgenommen (nach Zusatz von 10 mg/kg DDT zu Sandboden wurden z. B. nach 8 Wochen in Roggen 0,014 mg/kg, in Weizen 0,032 mg/kg, in Gerste 0,057 mg/kg nachgewiesen). Dadurch wird zwar keine Schutzwirkung erreicht; die Rückstände in den Ernteprodukten können jedoch relevant sein. Echt systemische Insektizide werden dagegen in therapeutischen Konzentrationen aus dem Boden aufgenommen und in den Sproß transportiert.

Beispiele für Insektizidverteilungen nach Wurzelaufnahme sind Demeton in Ackerbohne und *Salix viminalis*; Schradan in *Citrus*-Sämlingen; Demeton-S-methyl in *Citrus*; Disulfoton in Ananaspflanzen und Bluthirse; Carbaryl in Bohnen und Reben; die heterozyklische Thiophosphorverbindung Thioanzin (Zinophos) in Tabak; Mexacarbat (Zectran) in Bohnen.

Die Substanzmenge, die in den Sproß transportiert wird, hängt vom Stoff selbst, der spezifischen Pflanzenart sowie von der Temperatur, der Luftfeuchtigkeit und der Transpiration ab. Die Translokationsgeschwindigkeiten sind sehr unterschiedlich. Sie reichen von wenigen Zentimetern bis zu einigen Metern pro Stunde.

In den Blättern kumulieren die Stoffe in den stark transpirierenden Blattteilen, insbesondere an den Blatträndern, so daß diese zwar besonders gut vor Insekten geschützt sind, Überkonzentrierungen hier jedoch zu Phytotoxis führen können.

2.3.2 Translokation nach Aufnahme über das Blatt

Die Insektizid-Aufnahme über die Blätter erfolgt gewöhnlich viel langsamer als über die Wurzeln. Der Abtransport aus dem Behandlungsbereich ist meist nur sehr gering. Insgesamt spielt der Phloemtransport bei Insektiziden nur eine untergeordnete Rolle (Schradan wird in 17 Tagen zu nur 0,1 bis 1 %

in ein anderes Blatt transportiert; in Bohnen und Chrysanthemen sind es pro Tag nur 1%, in Apfelbäumchen bis zu 4%). Der Transport erfolgt hauptsächlich von ausgewachsenen zu jüngeren Blättern; in umgekehrter Richtung ist die Verlagerung phloemmobiler Substanzen nicht zu erwarten. In Apfelbäumchen und Chrysanthemen wird nur sehr wenig Schradan in die Blätter unterhalb des behandelten Bereichs transportiert; in Bohnen ist der Basaltransport etwas stärker, was auf ein Wachstum dieses Pflanzenbereichs hindeutet.

Nur bei ganz wenigen Insektiziden (z.B. Dimethoat, Demeton-S-methyl, Carbaryl sowie Carbofuran) ist das Verteilungsverhalten in der Pflanze eindeutig erforscht. Schradan wird vor allem im Xylem innerhalb des Blattes verteilt; daneben in geringem Umfang auch im Phloem. Carbaryl zeigt eine Verteilbarkeit ausschließlich im Xylem. Das gleiche gilt für Carbofuran. Dimethoat wird nach Untersuchungsergebnissen mit Bohnen und jungen *Citrus*-Bäumchen im Xylem verteilt. Nur außerordentlich wenig gelangt aus den behandelten Blättern heraus, wobei es sich um Metabolite handeln dürfte.

2.3.3 Translokation nach Aufnahme über den Samen

Insektizide werden auch von Samen aufgenommen, z.B. bei der Saatgutbeizung. Die Samenschale und die Kotyledonen sind zunächst Speicher für den Wirkstoff. Nach der Keimung erfolgt bei manchen Wirkstoffen, z.B. bei Carbofuran in Baumwolle, ein Transport in den Keimling. Durch die Beizung werden also nicht nur außen auf den Samen befindliche Organismen beseitigt, sondern man schützt dadurch die Keimlinge vor Schädlingen. Voraussetzung für eine gute Beizwirkung ist, daß das Mittel ausreichend in die Samen eindringt und später im Keimling systemisch wirkt. Samengröße, Menge an aufgenommener Substanz und Dauer der Schutzwirkung stehen in enger Beziehung zueinander.

Einige Wirkstoffe, z.B. Demeton-S-methyl, gelangen nach der Saatgutbehandlung auch in den umgebenden Boden und werden anschließend von den Wurzeln aufgenommen und im Sämling verteilt.

2.3.4 Aufnahme über verholzte Stämme

Im Forst, im Obstbau und in Plantagenkulturen sowie zum Schutz von hohen Allee- und Parkbäumen haben sich Insektizidbehandlungen über die Rinde und Borke der Stämme als günstig erwiesen. Auf diese Weise hat man mit Demeton, Phorat, Dimethoat, Dicrotophos, Amiton, Menazon, Phosphamidon, Dimefox usw. eine gute Schutzwirkung erzielt. Weitere Beispiele sind der Schutz von Balsamtannen gegen Balsamgallmücken mit Demeton und Dimefox; die Bekämpfung von saugenden Spinnmilben im Blattbereich von Bäumen mit Dimethoat; der Schutz von Koniferen mit Mexacarbat; die Behandlung von Kaffeebäumen mit Dimefox.

Insektizid-Spritzungen auf die Blätter hoher Bäume wären technisch schwierig wegen der notwendigen großen Spritzgestänge und wegen des hohen Spritzmittelaufwandes. Außerdem wäre eine Beeinträchtigung benachbarter Bäume nicht auszuschließen. Auch bei Behandlung über das Wurzelsystems müßten zu große Wirkstoffmengen auf große Bodenareale ausgebracht werden.

Bei der Aufnahme müssen die Wirkstoffe zunächst durch das abgestorbene Gewebe der Borke diffundieren und durch das Periderm des Stammes geleitet werden. Das Insektizid bewegt sich dann radial von Zelle zu Zelle ins Xylem oder ins Phloem. Die Penetration wird erleichtert, wenn die Borke vor der Behandlung ganz oder zumindest teilweise entfernt wird. Allerdings darf dabei das Leitungsgewebe nicht in Mitleidenschaft gezogen werden.

Der Wirkstoff bewegt sich zunächst lateral zu den Leitbündeln. Anschliessend erfolgt eine Verteilung im Xylem und z.T. in geringen Mengen auch im Phloem. Viele Stoffe wandern im Stamm vor allem aufwärts im Xylem und nur sehr wenig abwärts im Phloem. In *Citrus*-Bäumchen gelangt z.B. nur 3% des aufgebrachten Dimethoats in die Wurzeln; Schradan und Dimefox sowie Demeton-S-methyl wandern schnell in die Blätter, jedoch nur in geringem Umfang in die Wurzeln.

Stammbehandlungen haben gegenüber Spritzungen der Blätter oder der Anwendung von Bodeninsektiziden den Vorteil, daß Spritzungen einzelner Bäume ohne Beeinträchtigung der Nachbarbäume erfolgen können. Außerdem ist nur ein Bruchteil der für Blattbehandlungen erforderlichen Wirkstoffmenge notwendig ($1/5$ bis $1/10$), bzw. gegenüber Bodenbehandlung sogar noch weniger ($1/30$). Die Applikation ist zudem witterungsunabhängig und bei Verwendung besonderer Formulierungen auch witterungsbeständig. Je nach Baumgröße und -art sowie nach der Gestalt der Krone kann eine genaue Dosierung erfolgen. Allerdings dürfen im Bereich der Behandlungsstelle nicht zu hohe Wirkstoffkonzentrationen auftreten, da dadurch Schädigungen des sehr empfindlichen inneren Gewebes eintreten können (Anwendung verdünnter Lösungen).

Besondere Arten der Stammbehandlung sind die Applikation an der Stammbasis oder die Stammimplantation von Insektiziden (Anlegen eines Depots nach Öffnung der Rindenschicht).

Der Wirkstoff kann auch durch Injektion direkt in die Stammbasis verabreicht werden. Probleme bringt hier die richtige Wahl der Mittelmenge. Es muß gewährleistet sein, daß die Wirkstoffaufnahme über einen längeren Zeitraum kontinuierlich erfolgt, ohne daß an der Applikationsstelle Schädigungen durch zu hohe Konzentrationen eintreten. Es ist auch zu vermeiden, daß es bei ungünstiger Temperatur und Luftfeuchte zu einer starken Translokation und damit zu einer Überkonzentration und Nekrosenbildung an den Blättern kommt. Die Injektion kann auch unter Druck erfolgen. Oft wird jedoch ein äußeres Wirkstoffdepot an den Stämmen angesetzt, aus dem über einen längeren Zeitraum eine kontinuierliche Aufnahme möglich ist.

2.4 Translokation von Fungiziden

Pflanzenkrankheiten können einmal durch Verhinderung der Infektion prophylaktisch und zum andern durch Heilung und Beseitigung bereits erfolgter Infektionen eradikativ bekämpft werden.

Prophylaktische Substanzen verhindern das Etablieren eines Pathogens auf dem Wirtsorganismus, indem sie einen Schutzbelag auf der Pflanzenoberfläche bilden. Beim Wachstum der Pflanze oder infolge von Witterungseinflüssen muß dieser durch fortlaufende Spritzungen erneuert werden. **Eradikative Stoffe** sind dagegen echte Chemotherapeutika, die auch bereits im Wirtsorganismus etablierte Schaderreger beseitigen.

Bezüglich der Art der Verteilbarkeit auf und in der Pflanze lassen sich die Fungizide einteilen in solche, die auf der Oberfläche der Pflanze bleiben bzw. höchstens geringfügig eindringen (protektive Substanzen und Stoffe mit Tiefenwirkung), und solche, die von der Pflanze aufgenommen und in ihr in den Ferntransportbahnen verteilt werden (systemische Substanzen).

Protektive Fungizide bieten nur am Ort der Behandlung einen Schutz gegen Infektionen. Vor allem verhindern sie auf der Pflanzenoberfläche eine Keimung der Pathogene. Bereits ins Blattinnere eingedrungene Organismen werden dagegen hiermit nur unzureichend bekämpft. Hier wirken Stoffe, die eine Tiefenwirkung haben, bedeutend besser. Wichtig für die die protektiven Fungizide ist, daß ein möglichst lückenloser Belag die Pflanzenoberfläche bedeckt. Gegen saatgutpathogene Organismen schützt man das Saatgut durch Beizung. Dadurch wird der Samen nicht nur vor Pilzbefall bewahrt, sondern bei einigen Mitteln – wie bereits erwähnt – erfolgt ein Schutz des Keimlings und der jungen Pflanze. Wurzelpathogene Organismen lassen sich mit protektiven Mitteln nicht bekämpfen. Für derartige Behandlungen müßte im Boden eine Schutzschicht um die Wurzeln gelegt werden. Das wäre wegen des Wurzelwachstums nicht zu erreichen. Außerdem müßte mit zu hohen Aufwandmengen gearbeitet werden. Pathogene der Leitungsbahnen sind ebenfalls nicht zu bekämpfen.

Systemische Fungizide wirken zwar auch am Ort der Behandlung, nach Aufnahme und Translokation gelangt der Wirkstoff aber auch in weit von der Behandlungsstelle entfernt liegende Pflanzenteile bzw. nach Saatgutbehandlung erfolgt ein Schutz der Sämlinge. Es können Pathogene in den Blättern und Leitungsbahnen gut erreicht und bekämpft werden.

Die innertherapeutische Wirkung auf Pathogene der Leitungsbahnen und der Wurzeln bereitet noch Schwierigkeiten, da die meisten modernen systemischen Fungizide nur eine sehr unzureichende basipetale Verteilung haben.

Bei vielen Fungiziden erfolgt die Penetration und Aufnahme durch die Blatt- und Wurzelaußenwand. Es kommt dann zunächst zu einer Stoffverteilung durch den **Parenchymtransport** im apoplasmatischen oder im symplasmatischen Bereich des Gewebes. Auf diese Weise zeigen zahlreiche Substanzen eine Tiefenwirkung.

Viele Fungizide gelangen in die Leitbündel. Durch den **Ferntransport** werden sie vor allem im Xylem, in wenigen Fällen auch im Phloem, recht unterschiedlich schnell (reichend von beinahe völliger Unbeweglichkeit bis zu Geschwindigkeiten von mehreren m/Std.) von den Stellen der Aufnahme zu den Wirkorten transportiert.

Sehr viele systemische Fungizide werden im **Xylem** in der Pflanze mit dem Wasserstrom von den Wurzeln in den Sproß hinein und in die stark transpirierenden Blätter verteilt. Nach Blattbehandlung erfolgt dagegen lediglich ein Transport innerhalb der Blätter, da in diesem System kein Export aus dem behandelten Blatt möglich ist. Im Xylem werden viele Fungizide, z.B. Triadimefon, Fenarimol, Nuarimol, Fenapanil, Diclobutrazol, oder Propiconazol in die Sproßachsen und Blättern verfrachtet. Die Intensität der Verteilung ist dabei recht unterschiedlich gut, z.B. wird Triadimefon gut transportiert; das chemisch eng verwandte Biteranol verhält sich dagegen fast immobil.

Einige systemisch wirkenden Beizmittel penetrieren durch die Samenschale und werden dort sowie in den Kotyledonen angereichert. Man kann die Wirkstoffmenge in den Samen durch Verwendung von organischen Lösungsmitteln vergrößern (OSI-Methode z.B. bei der Beizung von Baumwollsamen mit Carbendazim oder von Getreide mit Triadimefon und Ethirimol).

Nur wenige systemische Wirkstoffe gelangen in therapeutischen Mengen ins **Phloem** und werden dann in der Pflanze verteilt. Der Phloemtransport von Fungiziden erfolgt zusammen mit den Assimilaten in der bereits bei der Herbizidtranslokation abgehandelten „from source to sink"-Verteilung der osmotisch wirksamen Kohlenhydrate.

Verschiedene systemische Fungizide werden im **Xylem und daneben** mehr oder weniger gut **im Phloem** transportiert. Aluminium-fosethyl wandert akropetal und basipetal bevorzugt mit abwärtsgerichteter Verteilung. Na-Ethylphosphit (wichtig für die Bekämpfung einer Wurzelkrankheit von Avocado), Furalaxyl, Metalaxyl und Milfuram werden ebenfalls im Phloem basalwärts transportiert. Procymidon hat zwar in Gurken seine Hauptverteilung innerhalb der Blätter im Xylem, es erfolgt jedoch nach Transport aus den Blättern auch eine gewisse Schutzwirkung in nicht direkt behandelten Pflanzenteilen. Bei den meisten systemischen Fungiziden ist der Phloemtransport außerordentlich gering. Carbendazim wandert in Gurken nur zu 0,1 bis 1,7% aus den behandelten Blättern. Von der in Weizenblätter eingedrungenen Triadimefon-Menge werden 28 bis 51% akropetal und nur 0,5 bis 2% basipetal transportiert.

Gute Translozierbarkeit, vor allem Phloemmobilität, ist ein Hauptziel der Entwicklung neuer systemischer Fungizide, da derartige Stoffe nach Spritzung auf Blätter geeignet wären, auch Infektionen an schwer zugänglichen Stellen wie Sproßbasis oder Wurzeln eradikativ zu beseitigen.

3
Abbau und Detoxifizierung von Pflanzenschutzmitteln (Metabolismus)

Chemische Pflanzenschutzmittel dürfen keine gesundheitlichen Gefahren für den Konsumenten der behandelten Nahrungsmittel bringen; außerdem sollen die Stoffe die Umwelt nicht belasten. Es ist daher wichtig zu wissen, wie sich die ausgebrachten Stoffe chemisch verhalten, d.h. wie sie nach dem Wirksamwerden abgebaut werden oder auf welche Weise sie aus der Kulturpflanze oder aus dem Tier verschwinden. Daneben sind Kenntnisse über den Abbau im Boden wegen eventueller Nachbauprobleme und Beeinträchtigungen der Bodenorganismen wichtig.

Die Wirkstoffe müssen einerseits eine gewisse Stabilität haben, damit sie in der notwendigen Menge und für eine bestimmte Zeit an den Wirkorten verbleiben. Andererseits ist ein rascher Abbau erwünscht, damit höchstens geringfügige, d.h. gesetzlich erlaubte Rückstände auf oder in den Kulturpflanzen verbleiben. Vor allem müssen Akkumulierungen der Wirkstoffe und nicht weiter abbaubare Zwischenprodukte (Endmetabolite) erkannt und vermieden werden.

Der Metabolismus hängt von der chemischen Struktur des Wirkstoffs ab. Der Abbau von Substanzen mit verwandter Grundstruktur ist daher ähnlich; trotzdem sind quantitative und auch qualitative Unterschiede beim Abbau auch ähnlich strukturierter Verbindungen durchaus möglich.

Art und Ausmaß des Abbaus hängen wesentlich auch von der Pflanzen- bzw. Tierart ab, wie vom notwendigen Gehalt an entsprechenden abbauenden Enzymen und an das Abbaugeschehen katalysierenden Substanzen. Pflanzen und Tiere müssen mit ihrer Enzymausstattung die endogenen Moleküle abbauen bzw. durch Umbaureaktionen detoxifizieren, z.B. durch Bildung von Konjugaten.

Durch die Metabolisierung wird die Toxizität von Insektiziden sowie die Phytotoxizität von Herbiziden gewöhnlich herabgesetzt. In einigen – allerdings wenigen – Fällen führt die Biotransformation auch zu einer gesteigerten Wirkung. Für die Aufnahme von Vorteil ist, daß viele Wirkstoffe als Ester appliziert werden. Derartige Stoffe werden erst in der Pflanze gespalten, so daß die freien Säuren als eigentliche Wirkstoffe frei werden.

Bekannte Beispiele für Aktivierungsreaktionen sind auch die Oxon-Bildung von Thiophosphorsäureestern oder die Bildung von Epoxiden bei verschiedenen Cyclodien-Verbindungen. Sonderfälle, bei denen Herbizide durch Metabolisierung zu stärker toxischen Verbindungen werden, sind z. B. Diuron mit einem LD_{50}-Wert von 700 mg/kg Ratte oral, während das daraus entstehende 3,4-Dichloranilin einen LD_{50}-Wert von 330 mg/kg Ratte hat. Ipazin geht z. B. in das stärker phytotoxische Atrazin über; 2,4-DB wird zum herbizidwirksamen 2,4-D abgebaut. Allerdings gehen diese Umwandlungen relativ langsam vor sich, so daß die Folgeprodukte nicht in bedenklich hohen Konzentrationen auftreten.

Pflanzenschutzmittel werden in Tieren, Pflanzen und auch in Mikroorganismen durch die Metabolisierung in Stoffe übergeführt, die den Organismus nicht mehr schädigen. Grundsätzlich erfolgt der Abbau gleich oder ähnlich. Gewöhnlich verläuft die Biotransformation in der Pflanze langsamer, sie geht jedoch weiter als im Tier, bei dem der Wirkstoff, die Abbauprodukte oder deren Konjugate zum Teil rasch ausgeschieden werden. Da der Pflanze ein Exkretionssystem fehlt, werden hier die mehr oder weniger weit metabolisierten Wirkstoffe oft in Konjugate umgewandelt und im Zytoplasma oder in den Vakuolen abgelagert.

3.1 Grundreaktionen beim Abbau von Pflanzenschutzmitteln

Wegen der sehr mannigfaltigen chemischen Strukturen der Pflanzenschutzmittel-Wirkstoffe ist der Metabolismus quantitativ und qualitativ im einzelnen außerordentlich verschiedenartig. Im Grunde werden die Pestizide jedoch nur durch wenige Grundreaktionen abgebaut. Diese Reaktionen sind oxidativer, hydrolytischer und reduktiver Art. Eine sehr wichtige Entgiftungsreaktion ist außerdem die Konjugate-Bildung, d. h. die Stoffe werden chemisch an pflanzeneigene Stoffe verschiedenster Art gebunden.

3.1.1 Oxidationen und Hydroxylierungen

Viele Abbaureaktionen von Pflanzenschutzmitteln sind oxidativer Art, bzw. es erfolgt eine hydrolytische Spaltung des Moleküls in zwei Teile, die dann weder phytotoxisch noch toxikologisch wirksam sind.

Ringhydroxylierung und Ringöffnung

Hydroxylierungen an aromatischen Ringen sind für den Abbau von Pflanzenschutzmitteln in Pflanzen und Tieren wichtige Reaktionen (z. B. bei Phenoxy-Verbindungen, Benzoesäuren). Die Einführung einer oxidierenden, elektronenfreisetzenden Gruppe ist auch der erste Schritt zur Spaltung von Phenylringen. Bei bestimmten Phenoxyfettsäure-Derivaten, z. B. 2,4-D, geht der Hydroxylierung vielfach eine Verschiebung des Cl-Substituenten am Ring voraus. Bei Gartenbohnen konnte die Bildung von 2,5-Cl-4-OH-Phenoxyessigsäure nachgewiesen werden. Beim Abbau von MCPA tritt die Ver-

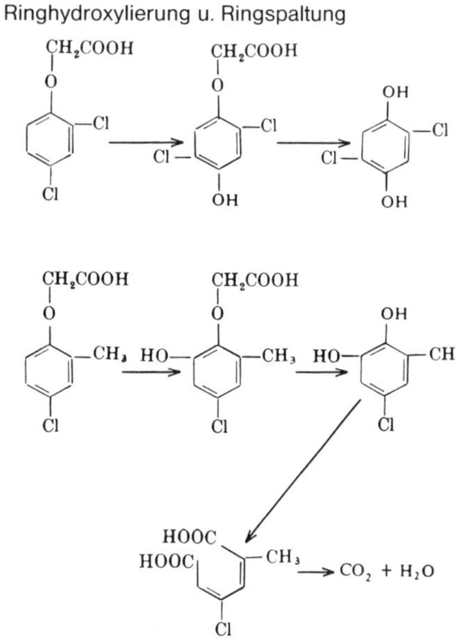

Abb. 28. Ringhydroxylierung und Ringspaltung als oxidative Reaktionen beim Pestizidabbau.

schiebung des Cl-Substituenten nicht ein. Es entsteht 2-Methyl-4-Cl-6-OH-Phenoxyessigsäure. Auch bei Benzoesäure-Derivaten erfolgt die Hydroxylierung ohne Verschiebung der Cl-Substituenten.

Die Ringhydroxylierung ist gewöhnlich der primäre Schritt zur Ringöffnung. Wenn zwei OH-Gruppen nebeneinander stehen, erfolgt eine Aufspaltung des Ringes unter Bildung von Muconsäure-Derivaten. Diese werden dann weiter bis zu CO_2 und H_2O abgebaut. Die Öffnung aromatischer und heterozyklischer Ringsysteme erfolgt in höheren Pflanzen nur sehr langsam. Heterozyklische Ringe, z.B. von s-Triazinen, können in der Pflanze nur in geringem Umfang – nach Ansicht einiger Fachleute sogar überhaupt nicht – abgebaut werden. Mit der Zeit werden lediglich die Substituenten von den Ringen abgelöst, während die Restmoleküle als indifferente Stoffe in der Pflanze, im Tier oder im Boden verbleiben bzw. für organismeneigene Synthesen verwandt oder ausgeschieden werden.

Oxidation der Seitenkette

Gute Beispiele für die drei verschiedenen Typen der Seitenketten-Oxidation finden sich bei den Phenoxyfettsäure-Derivaten.

Die **Decarboxylierung** spielt beim Seitenkettenabbau der Phenoxyverbindungen eine große Rolle.

Die **ß-Oxidation** längerkettiger Phenoxyfettsäuren führt – nach Aktivierung und Bindung an CoA und verschiedenen Reaktionen am ß-C-Atom der Seitenkette – zu einer schrittweisen Abspaltung von C_2-Bruchstücken als aktivierte Essigsäure. Durch diese Kettenverkürzung werden längerkettige Phenoxyfettsäuren mit einer ungeraden Anzahl an Methyl-Gruppen (z. B. 2,4-DB) in das herbizidwirksame 2,4-D übergeführt, während Phenoxyfettsäuren mit geraden Anzahlen von Methylen-Gruppen (z. B. n-2,4-DP) in herbizidunwirksames 2,4-Dichlorphenol umgebaut werden. Zur Abbaureaktion durch ß-Oxidation sind grundsätzlich alle Pflanzenarten befähigt. Bei *Cirsium arvense, Urtica dioica* und *Chenopodium album* usw. läuft der Abbau sehr rasch ab, so daß diese Arten durch 2,4-DB stark geschädigt werden. Bei Leguminosen erfolgt der Abbau nur geringfügig, so daß man 2,4-DB z. B. in Klee und Luzerne einsetzen kann. Einige Arten können die Phenoxyfettsäure-Seitenketten sogar nach dem Prinzip der Malonyl-Addition verlängern, was einen interessanten Entgiftungsmechanismus z. B. von 2,4-D in Luzerne darstellt.

Die ω-**Oxidation** von längerkettigen Phenoxy-Verbindungen entspricht einer Desalkylierung der Seitenkette. Durch Sprengung der Etherbindung wird die Seitenkette in einem Stück abgetrennt. Aus 2,4-Dichlorphenoxy-Verbindungen entstehen 2,4-Dichlorphenole und Fettsäuren.

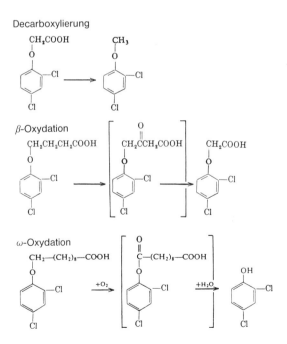

Abb. 29. Decarboxylierung, β-Oxidation und ω-Oxidation als oxidative Reaktionen beim Pestizidabbau.

Oxidation von Thioethern

Für die Biotransformation zahlreicher entsprechend gebauter Insektizide ist die Oxidation des Schwefels von Thioether-Gruppen zu Sulfoxiden und Sulfonen wichtig. Die Entstehung der Sulfoxidationsprodukte erfolgt in der Pflanze nur allmählich und über eine lange Zeit nach der Behandlung.

Bei den Insektiziden ist die Oxidation der Thioether eine Aktivierungsreaktion. Die entsprechenden Sulfoxide haben nämlich oft eine stärkere Cholinesterase-Aktivität. Sie sind auch stärker toxisch für Insekten.

Die Säugertoxizität der Sulfoxide ist meist höher als die der ursprünglichen Substanzen (LD_{50} 125 mg/kg Ratte oral von Fenthionsulfoxid gegenüber LD_{50} 250 mg/kg Ratte oral von Fenthion). Das später sich bildende Sulfon hat eine ähnliche Toxizität wie das Sulfoxid, jedoch eine geringere insektizide Wirkung. Es ist meist auch hydrophiler. Außerdem werden die Sulfoxide in der Pflanze leichter transportiert; sie wirken somit besser systemisch.

Carbamate mit Thioethern können ebenfalls am Schwefelatom metabolisiert werden, z. B. Aldicarb in Pflanzen, Tieren und im Boden. Das Sulfoxid ist auch hierbei wesentlich wasserlöslicher und hat eine 10- bis 20mal höhere Cholinesterase-Hemmung als die Thioether. Die durch diese Umsetzung entstandenen Substanzen sind oft stärker phytotoxisch und gegen einem hydrolytischen Abbau stärker persistent als die Ausgangsstoffe.

Epoxidbildung

Für den Abbau zahlreicher Wirkstoffe ist die Bildung von Epoxiden wichtig. Diese weitverbreitete Reaktion hat Bedeutung z. B. bei der Bildung von Dieldrin aus Aldrin sowie bei anderen Cyclodien-Verbindungen. Die Epoxide sind hoch persistente Verbindungen, deren insektizide Wirksamkeit ähnlich ist wie die der Ausgangssubstanzen; z. T. wirken sie sogar noch stärker.

O-Desalkylierung

O-Desalkylierungen laufen in Pflanzen und Tieren als Detoxifikationen gewöhnlich nur langsam ab. Sie sind jedoch beim Abbau bestimmter Phenylharnstoffe, z. B. Metoxuron, sowie vor allem bei den Phosphorsäureestern wichtig. Die Umwandlungsprodukte letzterer Verbindungen haben keine nennenswerte Cholinesterase-Hemmung mehr und sind nur noch gering warmblütlertoxisch. Ihre Wirkung auf Pflanzen ist auch nur sehr schwach.

N-Desalkylierung

Für Insekten, Pflanzen und Säuger hat die verbreitete Reaktion der N-Desalkylierung große Bedeutung. Die Reaktion ist wichtig für den Abbau der Phenylharnstoffe, der s-Triazine, der Amide und der Carbamate. Durch die N-Desalkylierung geht die Phytotoxizität der Wirkstoffe weitgehend verloren. Organophosphorsäure-Insektizide mit substituierten Amino-Gruppen

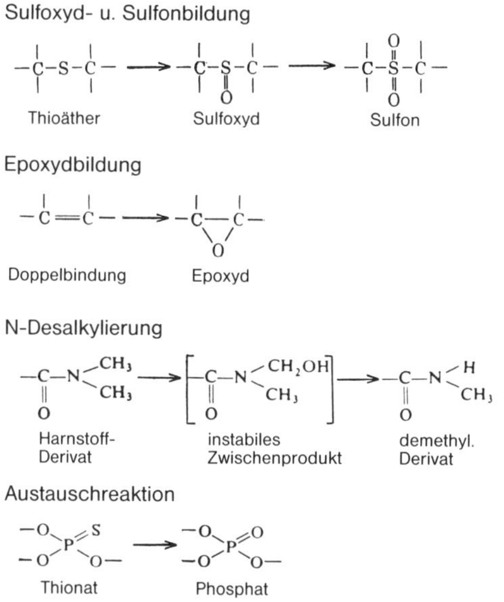

Abb. 30. Sulfoxid- und Sulfonbildung, Epoxidbildung, N-Desalkylierung und Austausch von Schwefel als Reaktionen beim Abbau von Pflanzenschutzmitteln.

unterliegen ebenfalls einer N-Desalkylierung, wobei allerdings die Cholinesterase-Aktivität etwas ansteigt. Beim Abbau der Phenylharnstoffe entstehen bei der N-Desalkylierung als instabile Zwischenprodukte N-Hydroxymethyl-Verbindungen. Diese können leicht an Zuckern zu Glucosiden gebunden werden, so daß die Wirkstoffmoleküle dauernd oder vorübergehend einem weiteren Abbau entzogen sind.

Desulfurierung (Austauschreaktionen von S gegen O)

Eine wichtige Oxidationsreaktion ist die auf der Pflanzenoberfläche photolytisch und enzymatisch in der Pflanze sowie im tierischen Organismus ablaufende Desulfurierung der Thiophosphorsäure-Verbindungen zu den entsprechenden Oxonen. Diese Stoffe haben gegenüber den Thion-Derivaten eine stärkere Cholinesterase-Aktivität und auch eine größere Säugertoxizität (LD_{50}-Werte: Parathion 6,4–15, Paraoxon 3; Dimethoat 215–267; Omethoat 50; Malathion 1200, Malaoxon 90 mg/kg Ratte oral).

3.1.2 Hydrolytische Reaktionen

Hydrolytische Spaltungen, also Reaktionen unter Beteiligung von Wasser, sind für den Abbau von Wirkstoffen in Pflanzen, Tieren und Mikroorganismen wichtig. Die Spaltprodukte haben gewöhnlich keine Toxizität für Säuger und keine biologische Wirksamkeit mehr.

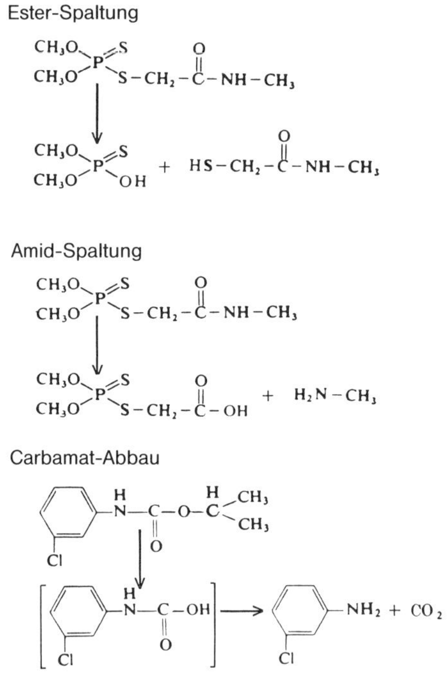

Ester-Spaltung

$$\begin{array}{c} CH_3O \\ CH_3O \end{array} \!\!\!P \!\!\begin{array}{c} \nearrow S \\ \searrow S-CH_2-\overset{O}{\underset{\|}{C}}-NH-CH_3 \end{array}$$

↓

$$\begin{array}{c} CH_3O \\ CH_3O \end{array} \!\!\!P \!\!\begin{array}{c} \nearrow S \\ \searrow OH \end{array} \;+\; HS-CH_2-\overset{O}{\underset{\|}{C}}-NH-CH_3$$

Amid-Spaltung

$$\begin{array}{c} CH_3O \\ CH_3O \end{array} \!\!\!P \!\!\begin{array}{c} \nearrow S \\ \searrow S-CH_2-\overset{O}{\underset{\|}{C}}-NH-CH_3 \end{array}$$

↓

$$\begin{array}{c} CH_3O \\ CH_3O \end{array} \!\!\!P \!\!\begin{array}{c} \nearrow S \\ \searrow S-CH_2-\overset{O}{\underset{\|}{C}}-OH \end{array} \;+\; H_2N-CH_3$$

Carbamat-Abbau

[Chlorphenyl-NH-C(=O)-O-CH(CH$_3$)$_2$]

↓

[Chlorphenyl-NH-C(=O)-OH] → Chlorphenyl-NH$_2$ + CO$_2$

Abb. 31. Hydrolytische Abbaureaktionen beim Pestizidmetabolismus: Esterspaltung, Amidspaltung, Carbamatabbau.

Aliphatische und aromatische Carboxylester, Amide, Nitrile und Carbonsäuren, wie sie z. B. in Phenylharnstoffen, Carbamaten, Thiocarbamaten, Phosphorsäureestern vorliegen, reagieren enzymatisch mit Wasser, wodurch eine Molekülspaltung in zwei relativ gleiche Teilstücke erfolgt. Die Teilstücke unterliegen dann gewöhnlich weiteren Metabolisierungen. Interessant ist, daß die gleichen Produkte auch in vitro bei saurer und basische Hydrolyse entstehen.

Spaltung von Estern

Esterspaltungen sind besonders für die insektiziden Phosphorsäureester wichtig. Die O-Atome der Phosphorsäuren bzw. die S-Atome der Thiophosphorsäuren sind mit verschiedenen Gruppen verestert, die dann gleichzeitig oder nacheinander abgespalten werden, wobei letztlich Phosphat bzw. Thiophosphat sowie verschiedene Alkohole entstehen. Dimethoat wird relativ rasch gespalten, so daß seine Wirkung höchstens 14 Tage anhält. Bei der Spaltung von Malathion entsteht im Insekt einerseits 0,0-Dimethylthiophosphorsäure bzw. Phosphorsäure, zum anderen Derivate der Bernsteinsäure und anderer Carbonsäuren. Im Warmblütler führt der Malathion-Abbau zu Monocarbonsäuren (Malathion-Säure).

Spaltung von Amiden

Bei der Spaltung von Amiden, z.B. von Dimethoat, wird eine Methylaminogruppe unter Bildung einer organischen Säure und Methylamin vom Wirkstoffmolekül abgetrennt.

Spaltung von Carbamaten

Carbamat-Wirkstoffe, z.B. Chlorpropham, zerfallen in der Pflanze und im Tier leicht durch Hydrolyse. Die entsprechenden Säuren werden zu CO_2 und einem Amin, z.B. Chloranilin, decarboxyliert. Außerdem wird Isopropylalkohol gebildet. Die Endprodukte des Abbaus sind CO_2 und Bruchstücke, die als Konjugate aus dem Tier ausgeschieden, bzw. in der Pflanze abgelagert werden.

3.1.3 Reduktionen

Reduktionen sind in Pflanzen weniger als im Tier oder in bestimmten Mikroorganismen verbreitet, da bei Pflanzen anaerobe Bedingungen kaum vorkommen. Trotzdem sind in Pflanzen einige reduktive Reaktionen wie Reduktion der Nitrogruppen, Hydrogenierungen und Dehalogenierungen als Entgiftungsreaktionen insbesondere von Insektiziden möglich.

Hydrogenierung

Hydrogenierungen werden als Reduktionsreaktionen bei vielen Metabolismusschritten vollführt, z.B. beim Auflösen von Doppelbindungen, wobei sich aus den Carboxylgruppen die entsprechenden Alkohole bilden.

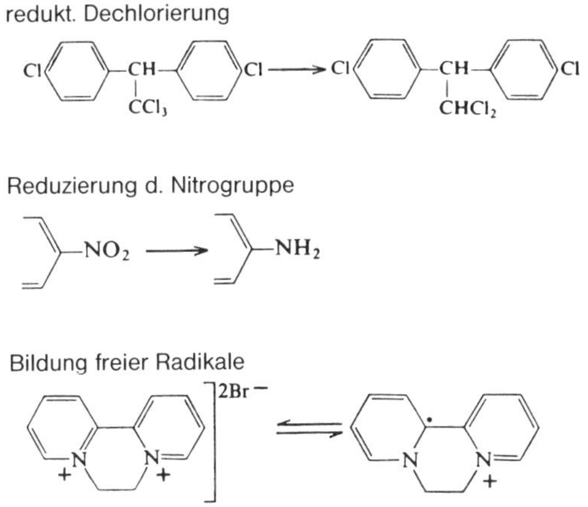

Abb. 32. Reduktionen als Reaktionen beim Pestizidabbau: Reduktive Dechlorierung, Reduzierung der Nitrogruppe, Bildung freier Radikale.

Dehalogenierung

Am bekanntesten ist die enzymatische Dehalogenierung des chlorierten Kohlenwasserstoffs DDT zu DDD in der Pflanze und im Tier. Bisher wurden Dehalogenierungen nur bei aliphatischen Cl-Atomen nachgewiesen, nicht jedoch bei Cl-Substituenten an aromatischen Ringen, wie bei chlorierten Phenoxyfettsäure-Verbindungen.

Reduktion der Nitrogruppe

Eine Reduktion der Nitrogruppe zum Amin ist beim Abbau zahlreicher Wirkstoffe wichtig. Zwischenprodukte sind dabei Nitrosoverbindungen. Reduzierungen von Nitrogruppen treten z.b. auch bei DNOC und anderen Dinitrophenolen, bei Parathion oder bei Trifluralin auf.

Bildung freier Radikale

Die Elektronenaufnahme aus dem Elektronenfluß der Photosynthese und damit die Bildung stabiler, freier Radikale ist eine essentielle Voraussetzung für das Wirksamwerden der Dipyridylium-Verbindungen.

Auch bei den Chinonen, z.b. bei Dichlone und Chloranil, entstehen die herbizidwirksamen Substanzen erst nach Reduktion der Stoffe in den Pflanzen.

3.1.4 Konjugate-Bildung

Pestizide Wirkstoffe, aber auch Substanzen nach den Abbaureaktionen an den reaktiven Gruppen, können weitere Biotransformationen durchführen. Sie bilden mit den Pflanzeninhaltsstoffen verschiedenste Arten von Konjugaten. Derartige Glucosidierungen, Methylierungen, Esterbildungen oder Aminosäure-Konjugationen verändern die Molekül-Eigenschaften vollständig. Meist entstehen sehr hydrophile, für den Transport aus dem Organismus oder für eine Ablagerung geeignete Verbindungen ohne biologische Wirkung.

Pflanzenschutzmittel können auch Reaktionen mit Proteinen eingehen. Es kann auch zu Einlagerungen in Struktur-Lignine kommen sowie zu Bindungen an Pektin-Substanzen.

In höheren Pflanzen ist die Glucosidierung die häufigste Konjugationsreaktion. Die Pflanze vermag offenbar viele Wirkstoffe genau wie pflanzeneigene Substanzen zu glucosidieren und zu verestern. Neuerdings wurden zahlreiche bei der Metabolisierung von Pflanzenschutzmitteln auftretende Zwischen- und Endprodukte als Konjugate erkannt. Wegen der unzulänglichen Reinigungs- und Charakterisierungsmöglichkeiten lassen sich die Stoffe chemisch meist nicht genau definieren. Es wurden jedoch Konjugate als O-, N- und S-Glucoside, Glucoseester, acylierte Glucoside und Gentiobioside sowie als Konjugate mit anderen Disacchariden nachgewiesen. Außerordentlich wichtig für die Detoxifizierung von Pflanzenschutzmitteln ist auch die Konjugation mit S-haltigen Aminosäuren, z.B. Gluthation, unter Einwirkung

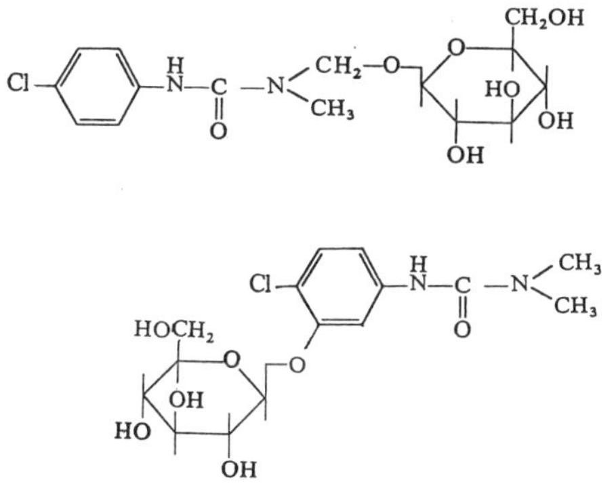

Abb. 33. Bildung von Konjugaten beim Abbau von Pflanzenschutzmitteln (β-D-Glucoside von Monuron bzw. 3-Hydroxy-Monuron).

der Glutathion-S-Transferase. Bezüglich der Komplexbildung bestehen zwischen tierischen und pflanzlichen Organismen grundsätzliche Unterschiede: Die Pflanze bildet meist Glucosidkonjugate, während im Tier hauptsächlich Glucuronsäurekonjugate und Sulfatester entstehen.

Charakteristisch für Konjugate ist, daß sie in In-vitro-Versuchen durch milde Hydrolyse gespalten werden können. Je nach Art der Konjugation entsteht dabei wieder die ursprüngliche Substanz, z.B. bei Ester-Konjugaten, oder es entstehen Metabolite des Wirkstoffs, z.B. bei den Phenylharnstoffen. Die leichte Spaltbarkeit der Konjugate erklärt auch die Schwierigkeit ihres Nachweises, weil sie bei der Extraktion und bei der Aufreinigung oft schon Spaltungen unterliegen.

3.2 Metabolismus von Herbiziden

Herbizide dienen dazu, Unkräuter abzutöten und damit die Konkurrenzverhältnisse in den Kulturpflanzenbeständen zugunsten der Nutzpflanzen zu verschieben. Außerdem sind unkrautarme oder sogar unkrautfreie Kulturpflanzenbestände vorteilhaft zur Erleichterung von Erntemaßnahmen.

Die chemische Unkrautbekämpfung geht gewöhnlich mit einer Mechanisierung in der Landwirtschaft einher, d.h. bei einem gewissen Stand der Intensivierung und Mechanisierung der Landwirtschaft kann die Beseitigung der Unkräuter nicht mehr von Hand erfolgen, sondern muß durch mechanische Maßnahmen und gleichzeitig mit chemischen Unkrautbekämpfungsmitteln erfolgen.

Die Herbizide gehören zahlreichen chemischen Verbindungsklassen an. Wichtig sind die Phenoxyalkansäure-Verbindungen, die substituierten Phenylharnstoffe und die s-Triazine. Daneben gibt es jedoch eine ganze Reihe weiterer Verbindungsgruppen; gegenwärtig gewinnen einige neue Verbindungsklassen an Bedeutung für den praktischen Pflanzenschutz.

3.2.1 Phenoxyalkansäuren (Wuchsstoffherbizide)

Die substituierten **Phenoxyessigsäuren** 2,4-D und MCPA wurden am Ende des 2. Weltkrieges als selektive Stoffe in den Pflanzenschutz eingeführt. Sie wirken nur gegen dikotyle Arten, nicht jedoch gegen Ungräser. Ihre Hauptbedeutung liegt daher in der Unkrautbekämpfung im Getreide, auf Weiden und bei vielen speziellen Anwendungen.

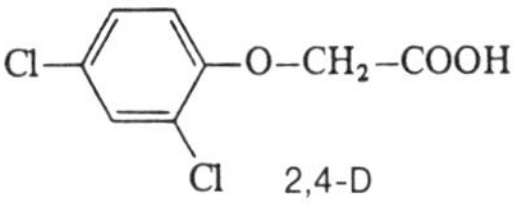

[Strukturformeln: 2,4-D, MCPA, 2,4-DP, CMPP, MCPB, 2,4,5-T, 2,4-DB]

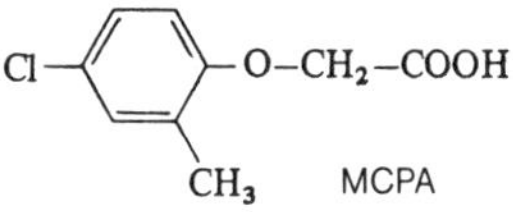

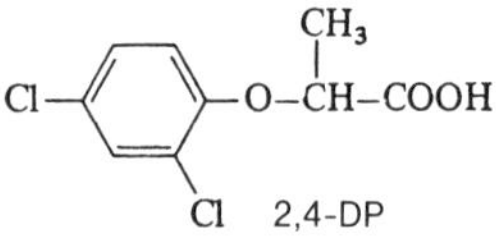

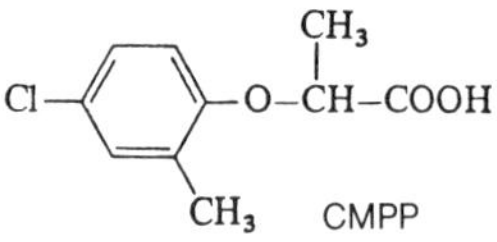

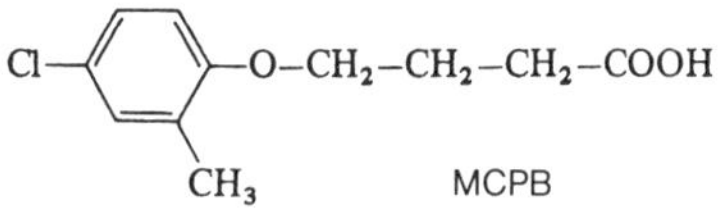

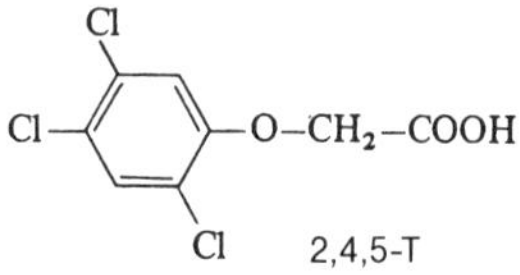

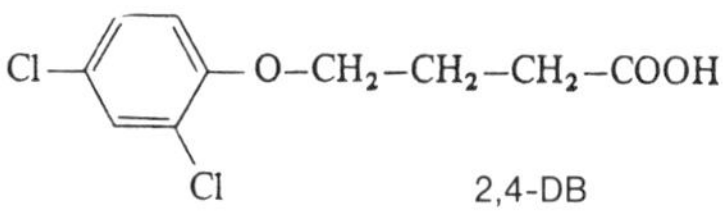

2,4,5-T wurde zur Beseitigung von strauchartigen, verholzten Schadpflanzen und schwer bekämpfbaren mehrjährigen Unkräutern im Ackerland, auf Weiden und in Nichtkulturland eingesetzt. Es wirkt gegen Sträucher und Holzgewächse erfolgreich (ausgenommen *Calluna vulgaris*, die schon mit 2,4-D bekämpfbar ist). Außerdem ist 2,4,5-T wirkungsvoll gegen *Anthriscus silvestris* und *Heracleum sphondylium*. Seit 1. 10. 1985 ist die 2,4,5-T-Anwendung nicht mehr möglich, da es wegen der (äußerst geringfügigen) Verunreinigung mit Dioxin unter die Dioxin-Transport-Verordnung fällt.

Die substituierten **Phenoxy-isopropionsäuren** 2,4-DP und MCPP erfassen viele mit Essigsäure-Derivaten nicht abtötbare Unkräuter. Sie wirken somit – u.a. als Mischungspartner von Kombinationsmitteln – gegen schwer bekämpfbare annuelle Unkräuter und gegen eine ganze Reihe mehrjähriger Unkrautarten.

Die substituierten **Phenoxybuttersäuren** 2,4-DB und MCPB sind per se nicht phytotoxisch. Sie werden in der Pflanze durch β-Oxidation zu den

Essigsäure-Derivaten 2,4-D und MCPA umgewandelt. Dieser Prozeß läuft bei einigen Pflanzenarten rasch ab und führt zur Schädigung, bei einigen Pflanzenarten entsteht kein herbizidwirksames 2,4-D, so daß die betreffende Pflanze nicht geschädigt wird. Die hervorragende selektive Wirkung der Buttersäure-Derivate in Leguminosen-Kulturen macht die Substanzen für den praktischen Pflanzenschutz wertvoll.

Die einzelnen Phenoxyalkansäure-Verbindungen lassen sich – insbesondere beim Einsatz in Grünland – in eine Wirkungsreihe von milder bis zu harter Wirkung einordnen: MCPB < 2,4-DB < MCPA < 2,4-D < CMPP < 2,4-DP < 2,4,5-T. MCPB und 2,4-DB wirken ausgesprochen mild. Sie sind sehr Klee-schonend.

CMPP und 2,4-DP sind wirksam gegen schwer bekämpfbare Unkräuter und gegen mehrjährige Unkräuter (z. B. *Tussilago farfara*, *Urtica dioica*, *Polygonum bistorta*, *Achillea millefolium* usw.); ebenso gegen *Anthriscus sylvestris* und *Heracleum sphondylium*. Ähnlich wirksam sind CMPP und 2,4-DP gegen *Stellaria media*. Dagegen wirkt CMPP gegen *Polygonum* spec. schlecht, 2,4-DP dagegen gut.

Die Phenoxy-Verbindungen gehören zu den leicht metabolisierbaren Herbiziden. Sie werden in Pflanzen, Tieren und Mikroorganismen rasch abgebaut. Toxikologische Probleme wirft lediglich 2,4,5-T auf, woran nicht der Wirkstoff selbst schuld trägt, sondern die Tatsache, daß produktionstechnisch bedingte Verunreinigungen embryotoxikologische und teratogene Probleme hervorrufen. Ein hochgiftiger Stoff ist 2,3,7,8-Tetrachlor-benzo-p-dioxin (TCDD) mit einem LD_{50}-Wert von 0,02–0,05 mg/kg Ratte oral. Der LD_{50}-Wert für das inzwischen verbotene 2,4,5-T ist dagegen 330 mg/kg. Der Dioxingehalt in 2,4,5-T ist je nach Reaktionstemperatur während der Produktion zwischen 0,1–30 ppm. In der Bundesrepublik angewandtes 2,4,5-T hat unter 0,1 ppm; in Vietnam zur Entlaubung eingesetztes 2,4,5-T hatte über 30 ppm; gesetzlich erlaubt sind 0,1 mg/kg. Seit 1. 10. 1985 ist der Transport Dioxin-haltiger Verbindungen durch Gesetz eingeschränkt, so daß eine Anwendung von 2,4,5-T bei uns praktisch nicht mehr möglich ist.

Über die Metabolisierung der Phenoxy-Verbindungen gibt es zahlreiche Untersuchungen, allerdings wurden dabei die Abbauprodukte in den seltensten Fällen eindeutig identifiziert. Die Metabolite erwiesen sich meist als ziemlich polar. Außerdem treten sie oft nicht frei auf, sondern bilden Aminosäure- und Kohlenhydrat-Konjugate. Bei diesen sehr wasserlöslichen Verbindungen ist nach Extraktion und Aufreinigung die Identifizierung nur außerordentlich schwierig. Sie war vor wenigen Jahren überhaupt noch nicht möglich. Daher beruhen ältere Abbauschemen meist nur auf „angenommenen Abbauwegen". Der Abbau von 2,4-D und MCPA läßt nur vage Schlüsse auf die Art des Abbaus anderer Verbindungen der Gruppe zu, spezifische Untersuchungen – insbesondere über den Abbau von 2,4-DP, CMPP und 2,4,5-T – sind daher dringend erforderlich.

Die Gruppe der Phenoxy-Verbindungen zeigt eine sehr differenzierte Wirkung auf Unkräuter, die auf geringfügige Unterschiede in der Substitution des Phenylrings und der Länge der Seitenketten zurückgehen. So sind Unkräuter wie *Spergula arvensis* gegen MCPA, nicht gegen 2,4-D empfindlich;

Flachs, *Trifolium pratense, Polygonum aviculare* reagieren umgekehrt empfindlicher auf 2,4-D als auf MCPA; *Daucus carota* wird von MCPA und 2,4-D gleich stark geschädigt; Mais ist wiederum empfindlicher gegen MCPA als gegen 2,4-D. In unseren Klimaten ist die Anwendung von MCPA in Weizen, Gerste, Hafer und Flachs wirkungsvoller als die von 2,4-D. In südlicheren Gebieten ist die Wirkung von 2,4-D dominierender.

Auch bei den Phenoxypropionsäuren gibt es Unterschiede in der Wirkung je nach dem Substituenten am Phenylring (2,4-DP bzw. CMPP). Beide Verbindungen eignen sich gleich gut zur Bekämpfung von *Stellaria media*; gegen *Polygonum*-Arten wirkt jedoch 2,4-DP merklich besser.

3.2.1.1 Abbau von Phenoxyessigsäure-Verbindungen

Der Abbau der substituierten Phenyloxyalkan-Derivate erfolgt folgendermaßen: durch Seitenkettenabbau (Decarboxylierung, β-Oxidation, ω-Oxidation), Ringhydroxylierung, Ringspaltung, bzw. durch Bildung von Konjugaten verschiedenster Art.

Seitenketten-Metabolismus

Der Seitenkettenabbau kann als Decarboxylierung, als β-Oxidation und als ω-Oxidation, d.h. durch Abspaltung aller Methylengruppen der Seitenkette erfolgen (siehe Abb. 29).

Die Decarboxylierung ist eine in der Pflanze und im Tier verbreitete Abbaureaktion. Die Geschwindigkeit dieser Reaktion sowie des Abbaus der Methylengruppen ist für die Empfindlichkeit bzw. Toleranz verschiedener Pflanzenarten verantwortlich. Rote Johannisbeere, einige Apfelsorten, Erdbeersorten oder Flieder bauen schnell ab, sind daher unempfindlich; Schwarze Johannisbeere baut 2,4-D und MCPA langsam ab, ist daher empfindlich.

Die Beziehung zwischen Abbaugeschwindigkeit und Empfindlichkeit ist aber viel komplexer. Es spielen nämlich die Aufnahme und Translokation der Wirkstoffe in die Pflanze eine Rolle. Zudem sind einige substituierte Phenole noch herbizidwirksam. Aus diesem Grunde ist Rote Johannisbeere gegen 2,4,5-T empfindlich, obwohl eine schnelle Decarboxylierung des Moleküls erfolgt, das entstehende 2,4-5-Trichlorphenol ist aber noch herbizidwirksam. Auch in Schwarzer Johannisbeere und in Erdbeeren werden MCPA und 4-Chlorphenoxyessigsäure zu herbizidwirksamen substituierten Phenolen abgebaut.

Die Abbau-Intensität ist in den verschiedenen Pflanzenteilen unterschiedlich. In Ahorn wird 2,4-D vor allem in den Wurzeln abgebaut, weniger in den Sproßteilen und Blättern. Zudem findet in dieser Art nur eine geringe Translokation aus den Wurzeln in den Sproß statt. Daher werden durch Blattbehandlungen mit 2,4-D nur die Sproßspitzen geschädigt, nicht jedoch die Wurzeln. Ein Wiederaustrieb macht die Bekämpfungsmaßnahme wirkungslos.

Der Abbau der Carboxyl-Gruppe erfolgt oft rascher als der Abbau der

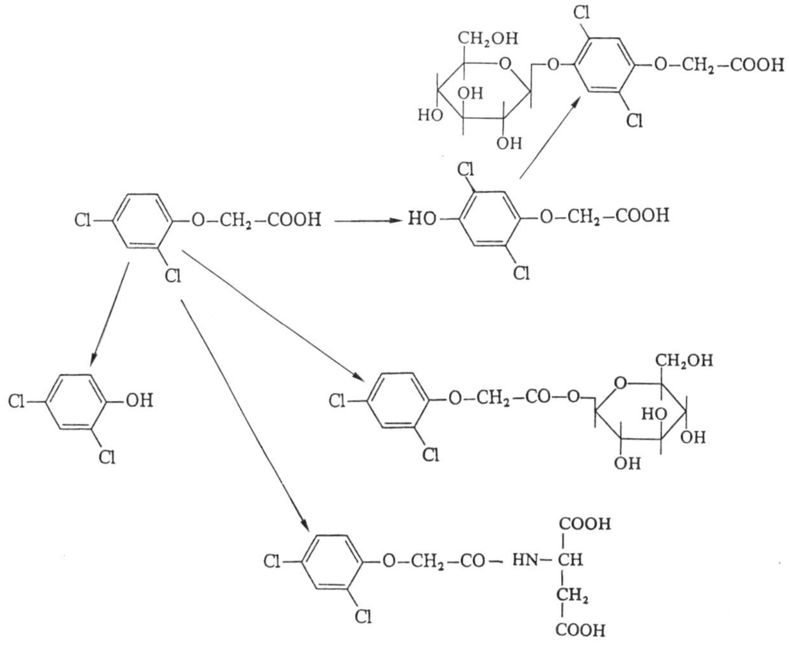

Abb. 34. Metabolismus von 2,4-D.

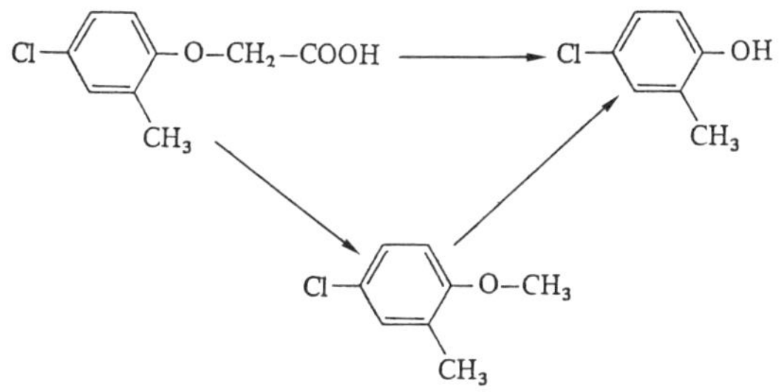

Abb. 35. Seitenkettenabbau von MCPA.

daran anschließenden Methylen-Gruppe. Der MCPA-Abbau in Ackerbohnen und *Galium aparine* erfolgt als Abspaltung der gesamten Seitenkette, also als ω-Oxidation. In Gartenbohne, Roter Johannisbeere, Erdbeere, Baumwolle und *Sorghum* spec. erfolgt dagegen ein schrittweiser Abbau; also zunächst eine Decarboxylierung zu 2,4-Dichloranisol und später eine Demethylierung durch Spaltung der Etherbrücke.

Seitenkettenverlängerung

Eine Seitenkettenverlängerung entsprechend der Malonyl-Addition in der Fettsäurebiosynthese wird ebenfalls als Metabolisierungsreaktion angenommen. Dabei entsteht beispielsweise in Luzerne aus 2,4-D oder aus 2,4-DB die 6-(2,4-Dichlorphenoxy)-capronsäure und eventuell sogar noch längerkettige Verbindungen.

Ringhydroxylierung

Die Ringhydroxylierung, also die Anlagerung einer oder mehrerer OH-Gruppen an den Phenylring der Phenoxyalkan-Derivate, ist ein gut belegter Abbauschritt von Phenoxy-Verbindungen durch Bakterien und in höheren Pflanzen (z. B. in Hafer, Weizen, Erbsen usw.).

4-Hydroxy-Verbindungen werden aus in der 4-Position nicht substituierten Verbindungen gebildet. Diese Stoffe werden dann rasch zu 4-O-β-D-Glucosiden konjugiert.

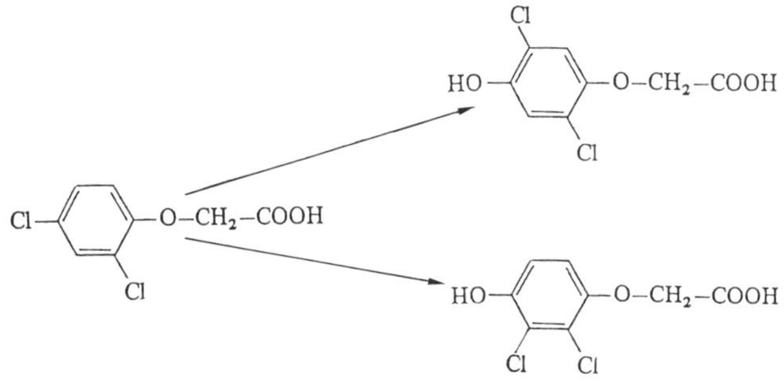

Abb. 36. Ringhydroxylierung von 2,4-D.

Bei der Hydroxylierung von 2,4-D wird das Cl-Atom der 4-Position in die 5-Position verschoben, in geringem Umfang erfolgt auch ein Shift in die 3-Position. In der 4-Position wird auf jeden Fall eine OH-Gruppe eingeführt. Es entstehen 2,5-Dichlor-4-hydroxy- bzw. 2,3-Dichlor-4-hydroxy-Verbindungen. Gewöhnlich bilden sich anschließend Konjugate.

Ringhydroxylierungen wurden als Abbaureaktionen in verschiedenen Pflanzenarten nachgewiesen (z. B. in Bohnen, Soja, Weizen, Gerste, Hafer, verschiedenen Grasarten, *Polygonum convolvulus, Euphorbia esula, Setaria glauca*; in geringem Umfang dagegen bei *Sinapis arvensis* und *Sonchus arvensis*, aber nicht in *Fagopyron esculentum*).

Hydroxylierung der Methylgruppe von MCPA

Die 2-Methylgruppe von MCPA wird in verschiedenen Pflanzenarten (z. B. Erbse, Raps, *Melandrium rubrum*) hydroxyliert, wobei 4-Chlor-2-hydroxymethyl-phenoxyessigsäure entsteht. Der Metabolit bildet dann ein Glucosid (4-Chlor-2-(β-D-glucopyranosidomethyl)-phenoxyessigsäure).

Ringspaltung

Für eine Ringspaltung von Phenoxy-Verbindungen müssen zwei benachbarte Hydroxygruppen vorhanden sein. In der für Aromate üblichen Weise entstehen dabei Muconsäurederivate. Genaue Hinweise für das Auftreten von Ringspaltungen gibt es nicht. Man weiß jedoch wegen der $^{14}CO_2$-Freisetzung aus ringmarkierten Wirkstoffen, daß die Reaktionskette auf diese Weise ablaufen muß (z. B. wurde in der Kulturgurke ein Abbau von 2,4-D zu Monochloressigsäure gefunden, was eine Ringspaltung und den Abbau der Spaltungsprodukte belegt).

Konjugate mit Kohlenhydraten

Die Anlagerung von Kohlenhydraten an die ursprünglichen Wirkstoffe sowie an verschiedene Metabolite ist sehr verbreitet. Die Zuckeranlagerung kann auf ganz verschiedene Art erfolgen, so daß ganz verschieden strukturierte Konjugate entstehen.

Substanzen ohne Hydroxyl-Gruppen bilden Esterverbindungen mit Glucose (z. B. mit 2,4-D-Metaboliten in Zellkulturen von Weizen und Soja). In Hafer wird 2,4-D zu einem β-D-Glucoseester konjugiert. Raps wandelt MCPA ebenfalls in einen β-Glucoseester um (vorläufige Identifizierung als 4-Chlor-2-methyl-phenoxyacetyl-β-D-glucose). Hydroxyverbindungen der Phenoxyverbindungen werden durch O-Glucosidierung zu den entsprechenden Glucosiden umgewandelt. Insgesamt scheint die Konjugatebildung bei den Phenoxy-Verbindungen eine sehr wichtige Reaktion zu sein, denn Glucoside sind in einer Vielzahl in den behandelten Pflanzen zu finden.

Konjugate mit Aminosäuren

Verschiedene Pflanzenarten bilden mit Phenoxy-Verbindungen oder deren Metaboliten Aminosäure-Konjugate (z. B. 2,4-Dichlorphenoxy-acetylasparaginsäure in Weizen, Erbsen, Schwarzer Johannisbeere und wahrscheinlich im Wilden und im Kultur-Kürbis). In verschiedenen Pflanzenarten (Erbse, Raps, *Melandrium rubrum*) wurde nach MCPA-Behandlung das Asparaginsäure-Konjugat nachgewiesen (N-(4-Chlor-2-metyhlphenoxy-acetyl)-L-asparaginsäure)). In Kallusgeweben von Sojabohnen wurde nach 2,4-D-Behandlung die Bildung verschiedener Konjugate mit Aminosäuren (Glutaminsäure, Asparaginsäure, Alanin, Valin usw.) gefunden.

Konjugate mit höhermolekularen Stoffen

Nach Ansicht einiger Forscher treten in Pflanzen nach 2,4-D-Applikation Protein-Konjugate auf. Nach Hydrolyse wurden mindestens 12 Aminosäuren identifiziert. Trotzdem ist die Polypeptidstruktur dieser Anlagerungsprodukte fraglich. Nach Behandlung von Pflanzen mit Phenoxy-Verbindungen konnten daneben nach Aufarbeitung im Pflanzenmaterial auch Pektin-Konjugate gefunden werden.

3.2.1.2 Metabolismus höherer Phenoxyalkansäuren

Alle Substanzen mit längeren Seitenketten sind – außer den Phenoxy-isopropionsäure-Herbiziden nicht wirksam. Sie werden erst durch den Abbau nach β-Oxidation zu herbizidwirksamen Essigsäure-Derivaten.

Phenoxy-isopropionsäure-Verbindungen

Die Phenoxy-isopropionsäure-Derivate wirken insgesamt effektvoller als die entsprechenden Essigsäure-Derivate, d.h. sie töten Unkräuter ab, die mit den Phenoxyessigsäuren nicht erfaßbar sind (z.B. *Stellaria media* in Getreide). Die Ursache für die stärkere Wirkung ist nicht bekannt. Die Stoffe dürften in der Pflanze weniger schnell abgebaut werden als die Essigsäure-Derivate (in *Galium aparine* wird MCPA rasch abgebaut; daher wird es schnell unwirksam; CMPP bleibt dagegen länger erhalten und führt zu Unkraut-Schädigungen). Die biochemischen Ursachen der größeren Stabilität von Phenoxy-isopropionsäure-Verbindungen in der Pflanze ist bisher nicht untersucht. Der Seitenkettenabbau dürfte durch das Vorhandensein der α-Methyl-Gruppe sterisch blockiert werden.

Phenoxybuttersäure-Verbindungen

Die Phenoxybuttersäure-Derivate haben per se keine phytotoxische Wirkung, sondern solche Verbindungen wie 2,4-DB und MCPB werden erst durch β-Oxidation in die unkrautwirksamen Stoffe 2,4-D bzw. MCPA umgewandelt.

Durch β-Oxidation werden aus längerkettigen Phenoxy-Verbindungen mit ungerader Anzahl an Methylengruppen (gerade Anzahl von C-Atomen) die entsprechenden herbizidwirksamen Phenoxyessigsäuren gebildet. Aus Stoffen mit gerader Anzahl von Methylengruppen (ungerade Anzahl von C-Atomen) entstehen dagegen herbizidunwirksame Phenoxycarbonsäuren, die zu Dichlorphenol und CO_2 zerfallen. Auch bei längerkettigen ω-(2,4-Dichlorphenoxy-)alkyl-carbonsäuren wie Valeriansäure, Capronsäure, Heptansäure, Octansäure ist ein Abbau der Seitenkette – zumindest bis zur Stufe der Buttersäure – möglich. Je nach Anzahl der C-Atome der Kette entstehen entweder entsprechende Phenoxyessigsäuren oder chlorierte Phenole, die meist jedoch nicht mehr herbizidwirksam sind.

Die **β-Oxidation** der Fettsäure-Derivate ist eine Folge von enzymatischen Reaktionen (Dehydrierungen, Hydratisierungen, Dehydrogenierungen am β-C-Atom), durch die nach Überführung der Substanz in Thiolester des CoA die Fettsäurekette um zwei Glieder verkürzt wird. Diese im Tier- und im Pflanzenreich übliche Reaktion läuft auch mit exogenen Substanzen ab.

Ob eine Kettenverkürzung erfolgt oder nicht, hängt von der Pflanzenart ab. Bei einigen Arten ist das Gleichgewicht der Reaktion gegenüber der Malonyl-Addition gebremst. Es kommt sogar zu einer Verlängerung der Seitenkette (z.B. wird in Luzerne 2,4-D in 2,4-DB umgewandelt; bzw. 2,4-DB in die längerkettigen Capronsäure- bzw. Heptansäurederivate).

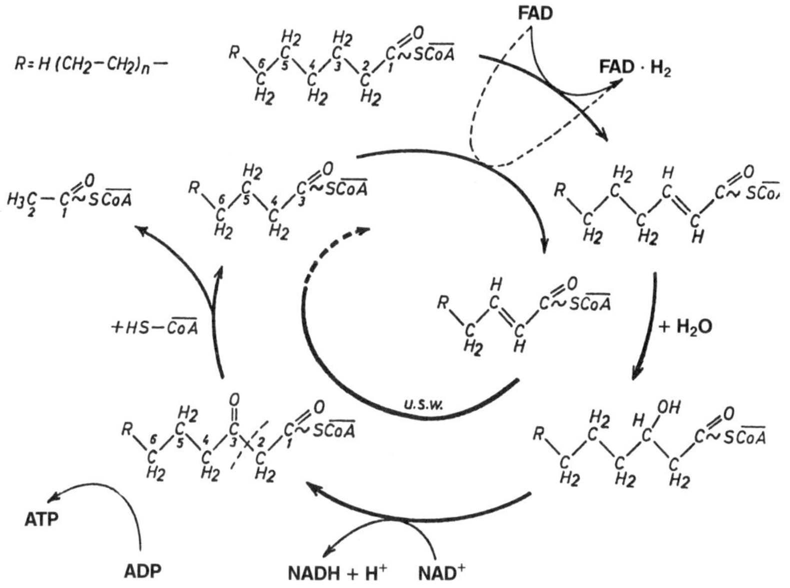

Abb. 37. **Abbau längerkettiger Fettsäuren durch β-Oxidation** (KARLSON 1970).

Die **Malonyl-Addition** ist nicht genau die Umkehrung der β-Oxidation. Bei Überangebot an reduzierenden Coenzymen und ATP bzw. Acetylthioestern führt der Aufbauweg auf etwas veränderter Bahn zu längerkettigen Fettsäuren. Acetyl-CoA lagert unter Wirkung eines spezifischen Enzyms CO_2 an. Es entsteht Malonyl-CoA, dessen besonders reaktive Gruppe leicht mit Acetyl-CoA oder Fettsäure-CoA reagiert, wobei unter CO_2-Abspaltung eine β-Ketosäure entsteht. Diese wird dann in Form der umgekehrten β-Oxidation in eine freie Fettsäure transformiert.

Bei einigen Pflanzenarten (*Chenopodium album, Urtica urens, Sinapis arvensis* usw.) läuft der Prozeß der β-Oxidation von Buttersäure-Derivaten in die Phenoxyessigsäuren sehr rasch ab, so daß es zu einer Wirkung kommt; bei anderen Arten, *Trifolium* spec., Luzerne, Sellerie, *Agrostemma githago*, ist der Abbau dagegen so minimal, daß keine Schädigung der Pflanzen eintritt.

Die Hauptbedeutung für den selektiven Einsatz der Phenoxy-Buttersäure-Derivate beruht auf der Unempfindlichkeit der Leguminosen. Die ausgesprochene den Klee schonende Wirkung ermöglicht eine Unkrautbekämpfung in Getreide bei Kleeuntersaaten. Weiter können Buttersäure-Verbindungen in Leguminosenkulturen, z.B. in Erbsen und Bohnen, eingesetzt werden. Die Buttersäuren sind Getreide-verträglicher als 2,4-D und MCPA. Ein Einsatz im Getreide kann bereits vor dem 4-Blattstadium erfolgen, während MCPA erst nach dem 4- bis 6-Blattstadium eingesetzt werden darf, wenn man Ähren-Deformationen vermeiden will.

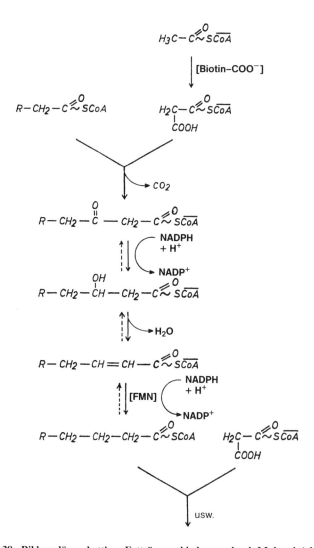

Abb. 38. **Bildung längerkettiger Fettsäureverbindungen durch Malonyl-Addition.**

Bei substituierten Phenoxybuttersäuren benötigt man eine etwas größere Wirkstoffmenge als bei den entsprechenden Phenoxyessigsäuren. Ihre Herbizidwirkung erfolgt allmählich (mildere Wirkung!).

Da der Abbau enzymatisch erfolgt, ist die Wirkung der Buttersäuren bei älteren Pflanzen nicht ganz so intensiv. Die Wirkung ist auch temperaturabhängig. Sie verlangsamt sich bei niedrigen Temperaturen.

3.2.1.3 Einlagerung in die Vakuole

Phenoxy-Verbindungen können in der Pflanze durch Einlagerung der Wirkstoffe selbst oder deren Metabolite und Konjugate vorübergehend oder dauernd in die Vakuole abgelagert werden. Sie sind damit dem Stoffwechsel der Pflanze entzogen und üben auch keine Wirkung mehr aus.

3.2.1.4 Ausscheidung aus den Wurzeln

Der Gehalt an Phenoxy-Verbindungen in der Pflanze und damit auch ihre Phytotoxizität kann sich verringern, weil eine Ausscheidung der Substanzen durch die Wurzeln an das umgebende Medium erfolgt, was bei *Galium aparine* und *Datura stramonium* nachgewiesen werden konnte.

3.2.1.5 Grundlagen der Selektivität

Die Wirkung der Phenoxy-Verbindungen in der Pflanze kann sich verringern, weil die Wirkstoffmenge durch die Intensität des Metabolismus in Form des Seitenkettenabbaus (Decarboxylierung, β-Oxidation, ω-Oxidation) sowie durch das Ausmaß der Bildung von Hydroxyverbindungen herabgesetzt wird. Gleiche Prozesse laufen auch für das Tier und in modifizierter Form auch für den Abbau im Boden durch Mikroorganismen ab.

Phenoxy-Verbindungen mit längeren Seitenketten, insbesondere 2,4-DB und MCPB, können durch β-Oxidation in die entsprechenden Essigsäure-Derivate überführt werden. Sie werden dadurch herbizidwirksam. 2,4,5-T und die Isopropionsäuren wirken intensiver, da sie langsamer abgebaut werden.

Die anschließenden Metabolisierungsschritte, z.B. die wohl nur in geringem Ausmaß erfolgende Ringöffnung sowie die weitverbreitete Bildung von Konjugaten verschiedenster Art haben keinen Einfluß auf die Selektivität. Sie tragen jedoch dazu bei, daß die Substanzen in einem gewissen Umfang mineralisiert, d.h. total abgebaut oder in eine Form gebracht werden, in der sie in der Pflanze abgelagert bzw. aus dem Tier ausgeschieden werden können.

3.2.2 Substituierte Phenylharnstoffe

Die Phenylharnstoff-Herbizide wurden ab 1950 als Verbindungen wie Monuron, Diuron usw. in den Pflanzenschutz eingeführt. Seitdem wurden zahlreiche herbizide Stoffe aus dieser Klasse entwickelt, wofür tausende von Stoffen auf ihre biologische Wirkung untersucht wurden. Zunächst waren Substanzen mit starker Wirkung und hoher Persistenz als Mittel für die Totalbekämpfung gefragt. Später wurden dann auch Verbindungen mit guter selektiver Wirkung in die Landwirtschaft eingeführt. Das Ziel der Entwicklung neuer Wirkstoffe ist eine größere Wirksamkeit, was geringere Aufwandmengen ermöglicht, leichtere Abbaubarkeit, eine bessere Selektivität und somit eine bessere Wirkung auch bei sich ändernder Unkrautpopulation.

Monuron

Diuron

Monolinuron

Linuron

Chlortoluron

Metoxuron

Isoproturon

Chloroxuron

Metobromuron

Methabenzthiazuron

Methazol

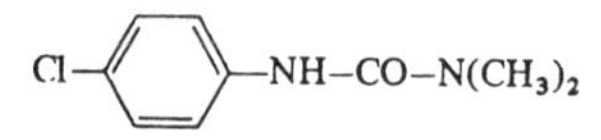

Die größte Gruppe unter den substituierten Harnstoffen sind die Phenylharnstoffe. Diese sollen im folgenden näher betrachtet werden. Die Harnstoffstruktur ist dabei einerseits mit einer substituierten Phenylgruppe verbunden, andererseits mit Methyl- bzw. Methoxyl-Substituenten. Neben den Phenylharnstoffen gibt es hydroaromatische Verbindungen mit heterozyklischen Kohlenstoffringen (z.B. Cycluron) und heterozyklische Harnstoffe (z.B. Benzthiazuron mit selektiver Wirkung in Karotten oder Methabenzthiazuron zur Unkrautbekämpfung in Getreide).

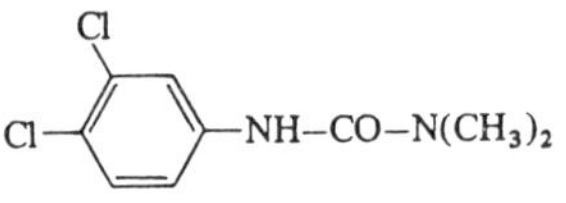

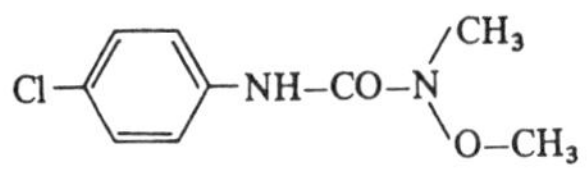

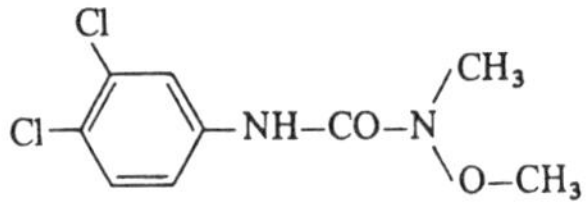

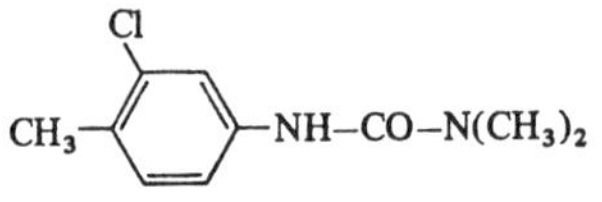

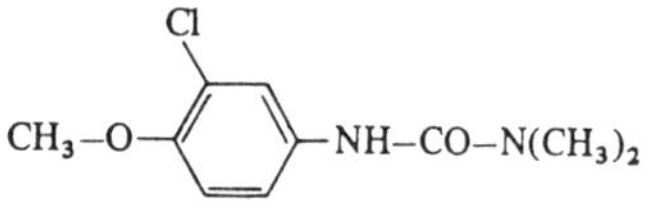

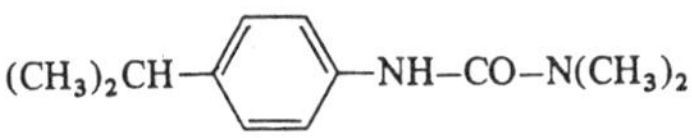

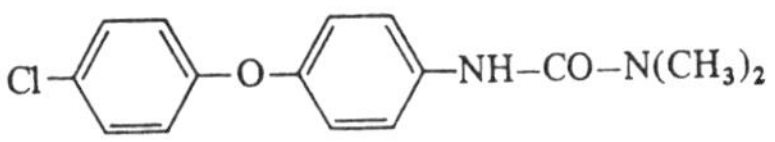

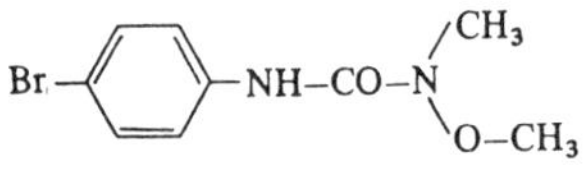

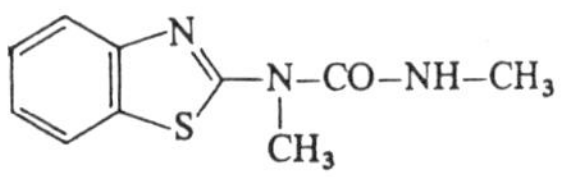

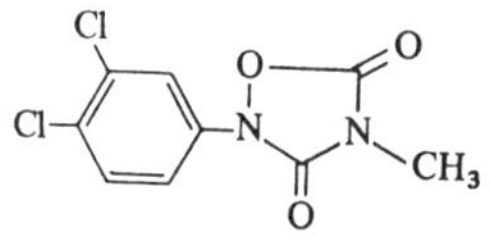

Einfache, chlorierte Phenyl-Verbindungen, z.B. Monuron und Diuron, sind Totalmittel ohne nennenswerte Selektivität und mit einer relativ hohen Persistenz im Boden.

Abgeleitete Phenylharnstoffe, z. B. Metoxuron, Chlortoluron und Isoproturon, haben dagegen eine etwas geringere biologische Aktivität, jedoch gute selektive Eigenschaften, zudem ist ihre Persistenz im Boden nicht so groß. Aber auch die Substitution am N-Atom hat einen Einfluß auf die biologische Wirkung und Selektivität. Daher sind dimethyl-substituierte Verbindungen, z. B. Monuron und Diuron, wenig selektiv und im Boden persistenter, wohingegen Methoxymethyl-substituierte Verbindungen, wie Monolinuron, Linuron, Metobromuron und Chlorbromuron, stärker selektiv und weniger persistent im Boden wirken.

3.2.2.1 Abbau von Phenylharnstoffen

Untersuchungen über den Abbau der substituierten Harnstoffe beschränken sich – von Methabenzthiazuron abgesehen – auf Phenylharnstoffherbizide. Ihr Abbau in der Pflanze, im Tier und in gewissem Maße durch Mikroorganismen im Boden ist ähnlich, so daß eine integrierte Darstellung erfolgen kann.

Die Abbaureaktionen sind oxidativer, hydrolytischer und in einzelnen Fällen auch reduktiver Art.

Zunächst laufen Reaktionen ab wie N-Demethylierungen, N-Demethoxylierungen, Ringhydroxylierungen, Oxidationen von Ring-Substituenten, Hydrolyse des Moleküls unter Bildung von Anilin. In jeweils anschließenden Reaktionen werden die gebildeten Metaboliten gebunden, z. B. durch Acylierung von Anilinen, Glucosid-Konjugation, Glucuronid-Konjugation, Bindung an Stoffe unbekannter Natur.

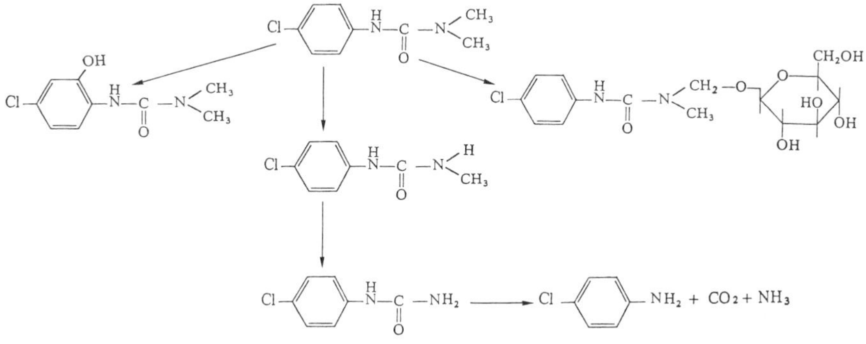

Abb. 39. Metabolismus von Monuron.

N-Desalkylierung, N-Desalkoxylierung

Der Metabolismus von Phenylharnstoffen beginnt gewöhnlich als Desalkylierung bzw. Desalkoxylierung. Entsprechende Dimethylphenylharnstoffe, z. B. Monuron, Diuron, Metoxuron, Chlortoluron, werden in höheren Pflanzen, im Tier und auch im Boden durch eine schrittweise Desalkylierung zu monomethylierten bzw. völlig demethylierten Verbindungen abgebaut. Bei Methylmethoxyl-Verbindungen (z.B. Metobromuron) erfolgt ebenfalls Desalkylierung bzw. Desalkoxylierung, wobei der erste Schritt theoretisch sowohl die Desalkoxylierung als auch die Demethoxylierung sein kann. Nach Untersuchungen mit Linuron, Chlorbromuron sowie Metobromuron scheint die Demethoxylierung die bevorzugte Reaktion zu sein.

Die Desalkylierung bedeutet einen allmählichen Verlust der Phytotoxizität (I_{50}-Werte für Metobromuron 0,3 mg/kg, für die Methyl-Verbindung 0,4 mg/kg, für die Methoxy-Verbindung 3,0 mg/kg und für die desalkylierte Verbindung 5,0 mg/kg Ratte, oral).

In einigen Pflanzenarten läuft die Desalkylierung nicht bis zur demethylierten Verbindung ab, sondern nur bis zur Monomethylstufe (z.B. beim Metoxuron-Abbau in Kümmel).

Bei der Desalkylierung entstehen als instabile Zwischenprodukte N-Hydroxymethyl-Derivate, die leicht konjugiert werden. Die Intensität der Desalkylierung ist in den einzelnen Pflanzenarten verschieden stark, was einen selektiven Einsatz der Phenylharnstoff-Verbindungen ermöglicht. In Sojabohne, Hafer, Mais baut sich Monuron nur bis zu den Monomethyl-Verbindungen ab. Das gleiche ist in Kümmel und in geringerem Ausmaß in Petersilie für den Metoxuron-Abbau festzustellen. Baumwolle und Wegerich bauen Monuron dagegen bis zur Demethyl-Verbindung ab. Beim Monuron-Abbau in Mais und beim Abbau von Fluometuron in Baumwolle sowie beim Metoxuron-Abbau in Kartoffeln und Reis sind dagegen überhaupt keine Monomethyl- und Demethyl-Verbindungen nachzuweisen, sondern hauptsächlich Konjugate.

Die Selektivität der Phenylharnstoffe ist nur relativ. Das Ausmaß des Abbaus beruht auf einer ganzen Reihe von Faktoren in einer komplexen Ereigniskette. Nach allgemeiner Ansicht ist ein unterschiedlich intensiver Metabolismus für die Selektivität verantwortlich: Die resistenten Arten

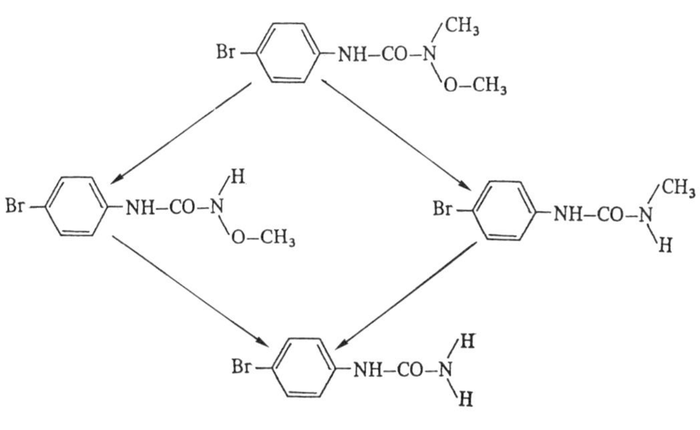

Abb. 40. N-Desalkylierung von Metobromuron.

Baumwolle und Wegerich bauen Monuron sowie Diuron und Fluometuron schnell zu Chloranilinen ab, empfindliche Arten wie Mais, wo allerdings eine Bildung von Konjugaten erfolgt, Hafer und Hirse dagegen nicht.

Resistente und mäßig tolerante Pflanzen haben offenbar infolge ihres Gehaltes an entsprechenden Hydrolasen die Fähigkeit zum Abbau der Harnstoffe durch N-Demethylierung bzw. N-Demethoxylierung. Neben den freien Metaboliten werden polare, wasserlösliche Konjugate gebildet. Empfindliche Pflanzen sind zu derartigen Reaktionen weniger befähigt. Die herbiziden Substanzen bleiben in ihnen länger erhalten und damit länger wirksam.

Zur Phytotoxizität der Metaboliten ist zu bemerken, daß die Demethyl-Verbindungen nicht mehr phytotoxisch sind. Die Monomethyl-Verbindungen haben dagegen noch eine geringe Phytotoxizität (Monomethyl-Metoxuron hat nur etwa $1/10$ der Phytotoxizität von Metoxuron). Einzelne Pflanzenarten reagieren unterschiedlich stark auf die Monomethyl-Verbindungen (Monomethyl-Fluometuron ist stärker phytotoxisch gegenüber *Amaranthus retroflexus* als gegen Baumwolle. Die N-Methyl- und N-Methoxyl-Derivate von Linuron wirken stärker in *Ambrosia artimisiifolia* als in Karotten).

Ringhydroxylierung

Im tierischen Organismus lassen sich nach Verabreichung von Phenylharnstoffen ring-hydroxylierte Verbindungen finden. Sie werden z. T. als Glucurronide und Sulfatester ausgeschieden. Aus Monochlorphenylharnstoffen entstehen vor allem 2- und seltener 3-Hydroxy-Verbindungen. Aus Dichlor-Verbindungen bilden sich bevorzugt 6-Hydroxy-Verbindungen; Ringhydroxylierungen wurden auch für Fluometuron, Metobromuron und Chlorbromuron nachgewiesen (Abb. 33).

Verschiedenes deutet darauf hin, daß Ringhydroxylierungen auch von Mikroorganismen durchgeführt werden können. Allerdings dürfte der Prozeß im Boden nur eine untergeordnete Bedeutung haben.

Es gibt Hinweise, daß Ringhydroxylierungen auch in Pflanzen ablaufen können. Aus Fluometuron entsteht ein Metabolit, der eine 6-Hydroxy-Verbindung sein könnte. In Bohnen- und Maisblättern soll aus Monuron eine 2-Hydroxy-Verbindung entstehen. Sie wurde als β-D-Glucosid isoliert, allerdings ist ihre genaue Struktur noch nicht entgültig bekannt.

O-Desalkylierung

Bisher gibt es keine Hinweise für eine Abspaltung der Cl- bzw. Br-Substituenten durch Dehalogenierungsmechanismen.

Durch photolytische Prozesse und z.T. durch anaerobe Bedingungen werden jedoch Halogene in 4-Stellung durch OH-Gruppen ersetzt.

Die 3-Trichlorfluormethyl-Gruppe von Fluometuron wird durch biochemische Prozesse im Boden angegriffen und abgespalten. Das Ausmaß der Reaktion ist allerdings so gering, daß es sich hier höchstens um einen Nebenabbauweg handeln dürfte.

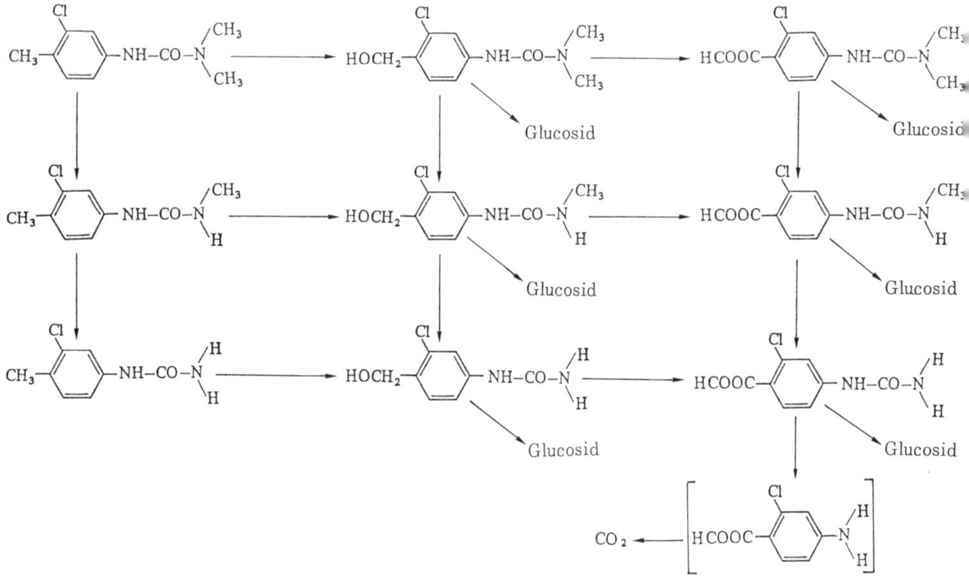

Abb. 41. Metabolismus von Chlortoluron in der Pflanze, im Tier und im Boden.

Alkyl- und Alkoxyl-ringsubstituierte Harnstoffe (z. B. Chlortoluron, Metoxuron, Isoproturon, Difenoxuron) sind an den Alkyl- und Alkoxyl-Substitutionsstellen durch biochemische Oxidationsprozesse metabolisierbar.

Bei Chlortoluron erfolgt im Tier (Ratte), in der Pflanze (Weizen) und im Boden eine schrittweise Oxidation zur Hydroxymethyl- und später zur Carboxyl-Verbindung. In der Pflanze wird der Hauptteil der Hydroxymethyl-Verbindung als wasserlösliches Konjugat gebunden. Eine weitere Oxidation erfolgt erst in einem späteren Stadium des Pflanzenwachstums.

Bei Metoxuron erfolgt ebenfalls eine Oxidation der Methoxy-Gruppe. Schließlich kommt es zur Abspaltung des Kohlenstoffs dieser Gruppe, was sich bei entsprechend markiertem Wirkstoff als $^{14}CO_2$-Freisetzung zeigt und z. B. nach Einbau des ^{14}-C-Liganden in den Pflanzen in hohem Prozentsatz als nicht extrahierbare radioaktive Substanz verbleibt, ebenso wie in der Metoxuron-toleranten Winterweizensorte Jubilar im Gegensatz zur empfindlichen Weizensorte Heines VII; sowie in den Metoxuron-toleranten Arten Pastinake und Möhren.

Die O-Demethylierung dürfte für die unterschiedliche Metoxuron-Empfindlichkeit verschiedener Winterweizensorten verantwortlich sein: Tolerante Arten u. Sorten bauen das Molekül durch O-Demethylierung rasch ab, andere Sorten können dies nicht. Sie werden daher durch den sich anhäufenden Wirkstoff geschädigt.

Ähnlich verhält sich Metoxuron auch bei den diversen Unkrautarten mit einer unterschiedlichen Empfindlichkeit gegen Metoxuron und deren Abhängigkeit von der Abbauintensität des Wirkstoffs am p-Phenyl-Substituenten.

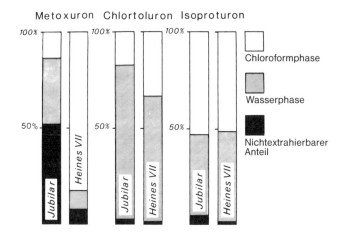

Abb. 42. Unterschiedliche Intensität der Metabolisierung in Blättern der Weizensorten Jubilar und Heines VII nach Behandlung mit ^{14}C-markiertem Metoxuron, Chlortoluron bzw. Isoproturon. Einwirkung 6 Tage; Fraktionierung des Methanolextraktes zwischen Chloroform und Wasser; Metoxuron befindet sich in der Chloroformfraktion.

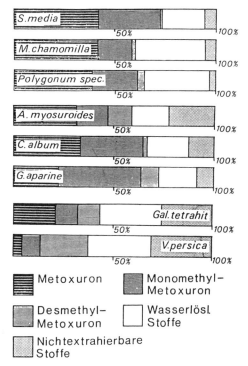

Abb. 43. Verteilung der radioaktiven Metaboliten in Blättern verschiedener Unkrautarten nach Behandlung mit ^{14}C-markiertem Metoxuron über das Wurzelsystem. Einwirkung 6 Tage.

Hydrolytische Spaltung

Nach schrittweiser Demethylierung und Demethoxylierung erfolgt eine hydrolytische Aufspaltung der Phenylharnstoff-Moleküle unter Bildung von substituierten Anilinen. Dieser Schritt ist logisch und bei Wirkstoffen vieler Herbizidklassen als Abbaureaktion in Pflanzen und Tieren vielfach belegt. Bei den Phenylharnstoffen ist die Bildung substituierter Aniline jedoch durchaus nicht eindeutig nachgewiesen.

In Pflanzen sind Aniline als Abbauprodukte nur in außerordentlich geringen Mengen nachzuweisen (unter 5%). In einigen Untersuchungen konnte überhaupt kein Anilin gefunden werden. Die hydrolytische Spaltung der substituierten Phenylharnstoffe dürfte demnach in der Pflanze nur ein untergeordneter Abbauschritt sein.

Auch im Tier entstehen beim Phenylharnstoff-Abbau Aniline in nur geringen Mengen (bei Chloroxuron und Chlorbromuron nur 0,1 bis 2%).

Dagegen dürfte der hydrolytische Abbau von Phenylharnstoffen im Boden leicht ablaufen. Es bilden sich prozentual hohe Anteile an Anilinen (bis zu 50% der Anilin enthaltenden Rückstände).

Umwandlung der Aniline

Eventuell gebildete Aniline könnten in biologischen Systemen auf verschiedene Weise rasch weiter umgewandelt werden, so daß sie sich dem direkten Nachweis entziehen. Das wäre ein Grund dafür, daß substituierte Aniline nicht oder nur in geringen Mengen gefunden werden. Als Umwandlungsreaktion ist an eine Bildung von Nitrobenzolen zu denken. Das wurde nachgewiesen beim Zusatz von Diuron zu Maissämlingen als 3,4-Dichlornitrobenzol neben 3,4-Dichloranilin. Diese Reaktion war mit anderen Stoffen nicht vollziehbar. Im Boden und in Mikroorganismen wurde nach Metobromuron-Behandlung 4-Bromacetanilid festgestellt. Die Acetylierung der Aniline läuft in Erdproben auch mit anderen Phenylharnstoff-Herbiziden ab. Ein weiterer Umwandlungsweg von Anilinen in Böden wäre die Bildung von 3,4-Dichlorformylanilid aus 3,4-Dichloranilin. Vielfach hat man auch eine Zusammenlagerung von Anilinen zu Azobenzolen angenommen. Diese Reaktion dürfte jedoch nur bei sehr hohen Anilin-Konzentrationen ablaufen, die unter praktischen Bedingungen selbst bei wiederholter Phenylharnstoff-Anwendung im Boden nicht zu erreichen sind. Weiter wäre denkbar, daß die eventuell entstehenden Aniline an Bodenbestandteile, z.B. an Huminsäure-Fraktionen, gebunden werden, so daß sie dem direkten Nachweis entzogen sind.

Konjugate- und Komplex-Bildung

Phenylharnstoffe sowie ihre teilweise oder völlig desalkylierten und hydroxylierten Metaboliten bilden Konjugate mit pflanzeneigenen Kohlenhydraten und Aminosäuren. Im Boden und unter Einwirkung von Mikroorganismen wurden Konjugate bisher nicht nachgewiesen. Im tierischen Organismus fehlt ebenfalls die Bildung von Konjugaten als Glucoside; hier entstehen Glucuronsäure-Verbindungen.

Protein- und Peptid-Komplexe werden in Pflanzen häufig gebildet, wobei durch saure Hydrolyse der ursprüngliche Wirkstoff wieder freigesetzt werden kann, z. B. in Mais und Bohnen nach Monuron-Behandlung. Auch Monomethyl-Verbindungen von Monuron bilden Polypeptid-Verbindungen, was im einzelnen allerdings noch geklärt werden muß. Aus Hydrolyse-Untersuchungen hat man auch Hinweise auf eine Bindung von Phenylharnstoffen an Proteinen erhalten, z. B. in Mais nach Linuron- bzw. Chlorbromuron-Behandlung.

Kohlenhydrat-Konjugate wurden in Pflanzen vielfach nachgewiesen. Es handelt sich dabei um Glucoside von Hydroxymethyl-Verbindungen, die als instabile Zwischenprodukte bei der Desalkylierung entstehen (z. B. β-D-Glucoside von Fluometuron und Monuron). Die Bildung dieser Konjugate dürfte von einer Glucosyl-Transferase bewirkt werden, mit der bei der Desalkylierung die instabilen 1-Methyl-1-hydroxy-methyl- oder 1-Hydroxy-ethyl-Zwischenprodukte reagieren.

Beim Abbau von Phenylharnstoffen im tierischen Organismus werden ebenfalls Konjugate gebildet, und zwar mit ring-hydroxylierten Verbindungen und mit Metaboliten der Desalkylierung. Es entstehen β-D-Glucoside oder Sulfatester. Die genaue Struktur und die Eigenschaften dieser Verbindungen sind bisher nicht eindeutig geklärt.

3.2.2.2 Ursachen der Selektivität

Für die selektive Wirkung der Phenylharnstoff-Herbizide spielt die Geschwindigkeit des Abbaus zur Monomethyl-Verbindung, die nur noch gering phytotoxisch ist, und weiter zur nicht mehr phytotoxischen Verbindung eine entscheidende Rolle.

Wirkstoffe mit Alkyl- und Alkoxyl-Substituenten in p-Position des Phenylrings werden in bestimmten Pflanzenarten an dieser Stelle metabolisiert, was zum Verlust der Phytotoxizität und damit zur Unempfindlichkeit der betreffenden Art führt.

Ringhydroxylierungen und hydrolytische Spaltungen des Moleküls, die nach der Desalkylierung wahrscheinlich nur in geringem Umfang ablaufen, sind für die selektive Wirkung nicht mehr relevant. Das gleiche gilt für die weitere Umwandlung eventuell entstehender substituierter Aniline.

Sowohl in der Pflanze als auch im Tier, nicht jedoch im Boden, wird der Wirkstoff selbst, vor allem seine teilweise oder vollständig desalkylierten Verbindungen sowie die hydroxylierten Verbindungen, in Konjugate verschiedenster Art umgewandelt. Diese kommen zur Ablagerung in der Pflanze als unwirksame Substanzen oder zur Ausscheidung im Tier.

3.2.3 s-Triazine

Die herbizide Wirkung der s-Triazine wurde 1954 bei der Firma Geigy in Basel entdeckt. Seitdem wurden dort und bei verschiedenen anderen Firmen unzählige Substanzen aus dieser Stoffklasse auf ihre biologische Wirkung und ihre Einsatzmöglichkeiten als Pestizide untersucht, so daß Vertreter dieser Gruppe zu den wichtigsten Herbiziden gehören. Weitere Verbindungen von Interesse sind Ipazin, Procyazin, Simeton, Ametryn und Propazin.

Atrazin

Simazin

Cyanazin

Terbuthylazin

Trietazin

Terbuton

Atraton

Terbutryn

Desmethryn

Prometryn

Methoprometryn

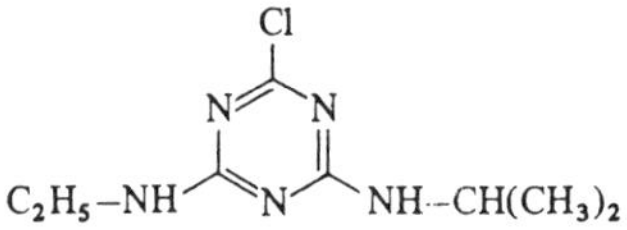

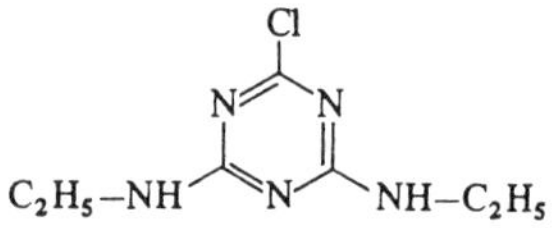

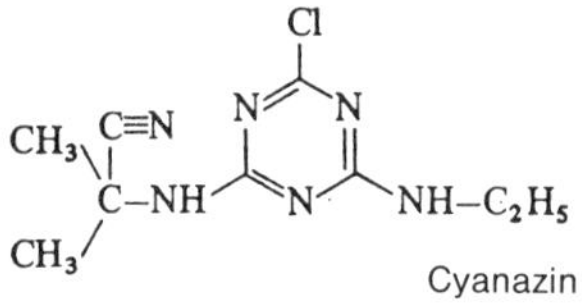

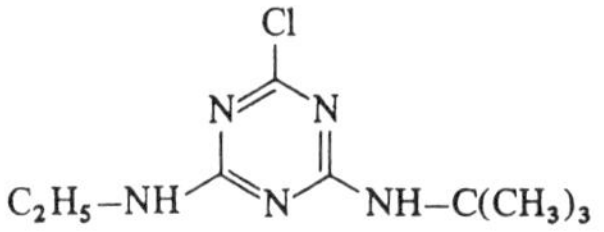

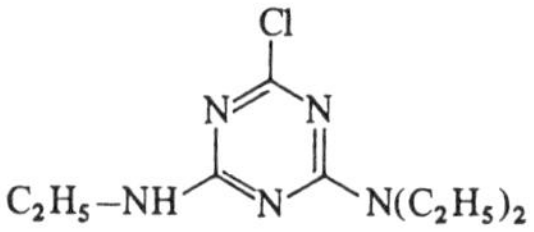

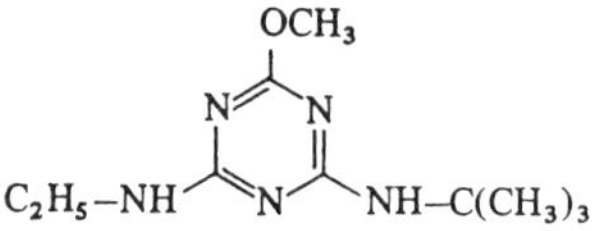

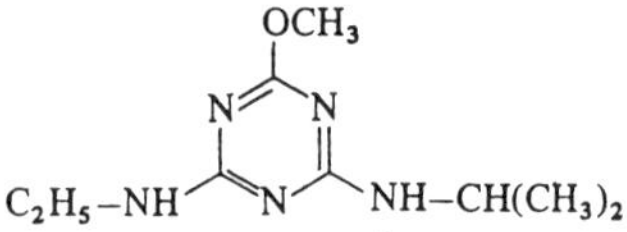

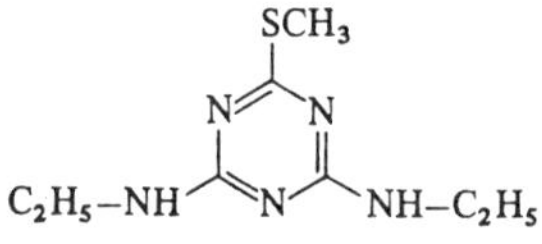

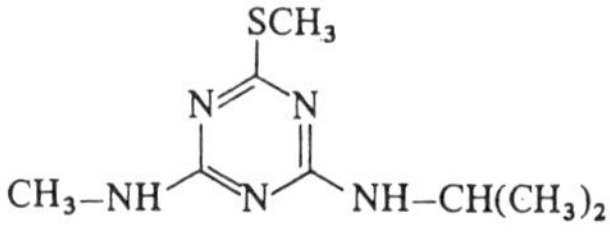

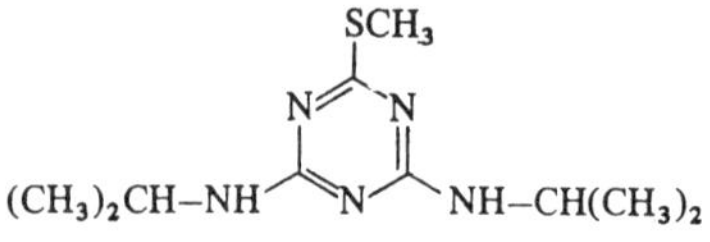

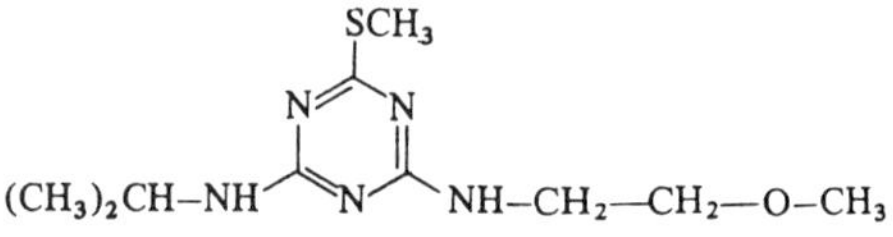

Die s-Triazine haben ihre Hauptbedeutung bei der Unkrautbekämpfung in Mais. Sie sind aber auch als Boden- und Blattherbizide in zahlreichen anderen Kulturen einsetzbar. Es handelt sich zum Teil um ziemlich persistente Stoffe ohne allzugroße Selektivität; z. T. haben wir jedoch auch selektiv wirkende Mittel vor uns, die im Boden relativ gut abgebaut werden.

Die im praktischen Pflanzenschutz wichtigen s-Triazine haben in der 4- und 6-Position des symmetrischen Triazinringes substituierte Amino-Gruppen. Sie sind in 2-Position mit Cl-Substituenten (Triazine), Methoxyl-Substituenten (Triatone) bzw. mit Methylmercapto-Substituenten (Triatryne) versehen.

Die Wasserlöslichkeit ist insbesondere bei den Cl-Triazinen sehr gering im Gegensatz zu den Methoxyl- und Methylmercapto-Triazinen. Auf die Wasserlöslichkeit haben nicht nur die Art der Substituenten an der 2-Position einen Einfluß, sondern auch die weiteren Substituenten an den Aminogruppen in der 4- und 6-Position des Triazinringes. Stoffe mit asymmetrischen Amino-Substituenten sind weniger wasserlöslich als Substanzen mit symmetrischen (z. B. ist Atrazin weniger wasserlöslich als Simazin).

Triazinstruktur mit asymmetrischer Verteilung der Stickstoffatome im heterozyklischen Kern haben die **Triazinone**. Hier sind zu nennen Isomethiozin, Metribuzin sowie Metamitron. Außerdem ist hier Hexazinon anzuschließen.

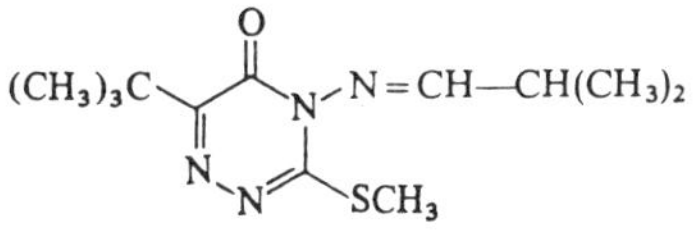

Isomethiozin

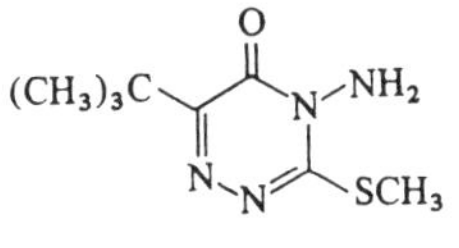

Metribuzin

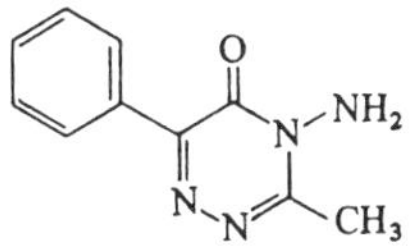

Metamitron

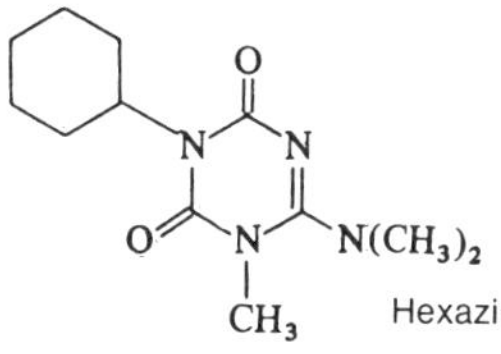

Hexazinon

Für die Wirkung der s-Triazine spielen die Aufnahme, die Translokation, vor allem aber die Geschwindigkeit und Art der Metabolisierung eine große Rolle.

3.2.3.1 Abbau von s-Triazinen

Unsere Kenntnis über den Triazin-Abbau beruht jedoch hauptsächlich auf Untersuchungen mit Chlortriazinen (Simazin, Atrazin, Cyanazin usw.), während man über die Methoxy-Triazine und die Methylmercapto-Triazine bedeutend weniger weiß (abgesehen von Prometryn und Terbutryn).

Für den Abbau der s-Triazine in höheren Pflanzen, im Boden, in Tieren und in Mikroorganismen gibt es mehrere Möglichkeiten: Reaktionen am C-2-Substituenten, Konjugationen, N-Desalkylierungen, Seitenkettenabbau, Desaminierung und Ringspaltung.

Reaktionen am C-2-Substituenten

Chlor-, Methoxy- und Methylmercapto-Verbindungen werden durch Eliminieren des C_2-Substituenten am Triazinring zu Hydroxyverbindungen umgewandelt. Die Reaktion ist nichtenzymatisch und erfolgt unter Vermittlung eines Katalysators (2,4-Dihydroxy-7-methoxy-1,4(2H-benzoxazin-3(4H)-on, DIMBOA, in der Pflanze als β-D-Glucopyranosid vorliegend). Die Hydroxylierung am 2-Substituenten dürfte auf Benzoxanzinon-enthaltende Pflanzenarten beschränkt sein. Sie läuft z.B. in Maiswurzeln ab, wodurch die Pflanzenart Triazin-unempfindlich wird. DIMBOA ist jedoch auch in empfindlichen Pflanzenarten festzustellen (z.B. in Weizen und Roggen). Einige Pflanzenarten bilden keine 2-Hydroxy-Triazine (z.B. die Triazin-unempfindliche Hirse, die verhältnismäßig unempfindliche Erbse und Baumwolle, sowie empfindliche Arten wie Hafer, Gerste und Sojabohnen), weil sie kein DIMBOA enthalten.

Der Abbau von Methoxytriazinen ist nur wenig bekannt. Man nimmt hier ebenfalls eine Bildung von Hydroxy-Verbindungen an, jedoch in vermindertem Umfang im Vergleich zu den Chlortriazinen (z.B. in Luzerne und in Zuckerrübe). Im tierischen Organismus wurden die Hydroxylierung der Methoxygruppe sowie die Decarboxylierung als sehr rasch ablaufende Abbaureaktionen erkannt.

Methylmercapto-Verbindungen werden durch das DIMBOA-System nicht abgebaut. Trotzdem werden Hydroxy-Verbindungen gebildet (z.B. in Baumwolle, Sojabohnen, Erdnuß, Karotten, Zuckerrohr, Bananen-Pflanzen mit Prometryn bzw. Ametryn sowie nach Anwendung von Methoprotryn und Terbutryn in Weizen und Hirse).

Ein möglicher Abbauweg von Terbutryn ist eine schrittweise Oxidation der Methylmercapto-Gruppe zum Sulfoxid und Sulfon. Anschließend erfolgt eine hydrolytische Abspaltung unter Bildung eines 2-Hydroxy-Triazin-Derivates. Die Sulfon-Derivate und die N-Desalkyl-Produkte konnten nach Behandlung von Erbsen mit Terbutryn sowie von Bohnen, Senf, Erbsen, Karotten und verschiedenen Holzpflanzen mit Prometryn nachgewiesen werden.

Konjugate-Bildung

Bei der gegen Atrazin hochresistenten Hirse konnte keine Hydroxylierung zu OH-Atrazin nachgewiesen werden. Vielmehr hat man stark wasserlösliche Verbindungen gefunden. Zwei davon wurden als Atrazin-Glutathion-Verbindung und als Glutamylcystein-Atrazin-Verbindung identifiziert. Die Bildung dieser Atrazin-Konjugate erfolgt sehr rasch (in Hirse nach 7 Stunden Umwandlung von 62% des aufgenommenen Atrazins in wasserlösliche Konjugate). Im Tier ist die Konjugate-Bildung ebenfalls eine verbreitete Reaktion.

Die Konjugate-Bildung mit Glutathion ist für die Detoxifizierung von Cl-Triazinen in Pflanzen wie Mais, Hirse, Zuckerrohr sowie einigen Gräsern *(Digitaria sanguinalis, Panicum dichotomifolium, Setaria italica)* außerordentlich wichtig. Durch diese Abbaumöglichkeit sind diese Pflanzenarten unempfindlich gegen s-Triazine. Empfindliche Pflanzenarten, z. B. Hafer und

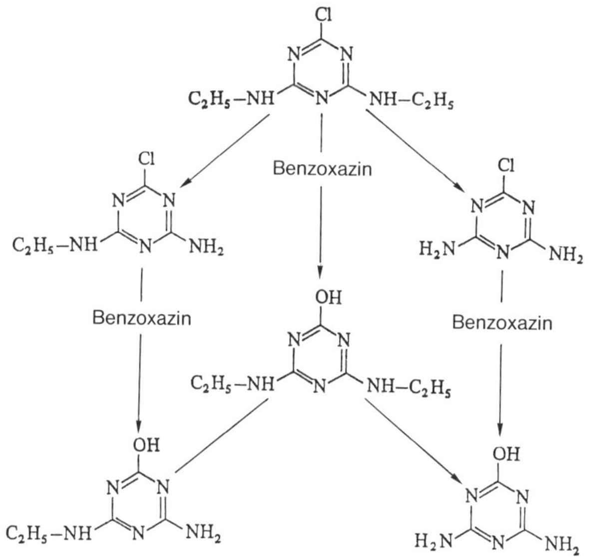

Abb. 44. Schematischer Abbau von s-Triazinen in Pflanzen: Nichtenzymatische Hydrolyse durch Benzoxazin und schrittweise N-Desalkylierung der substituierten Aminogruppen.

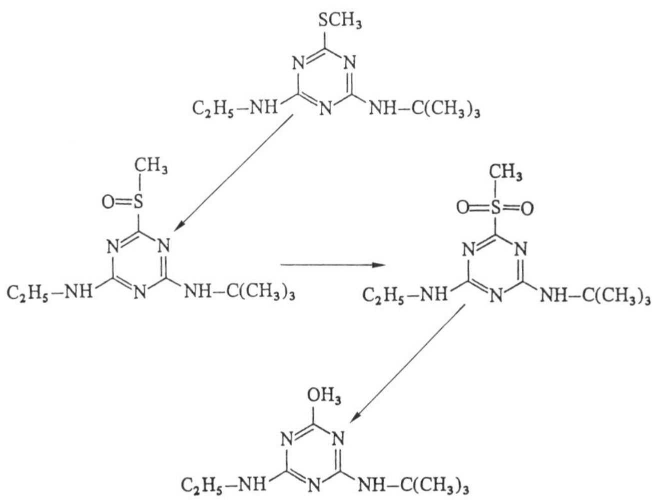

Abb. 45. Abbau des Methylmercapto-Triazins Prometryn.

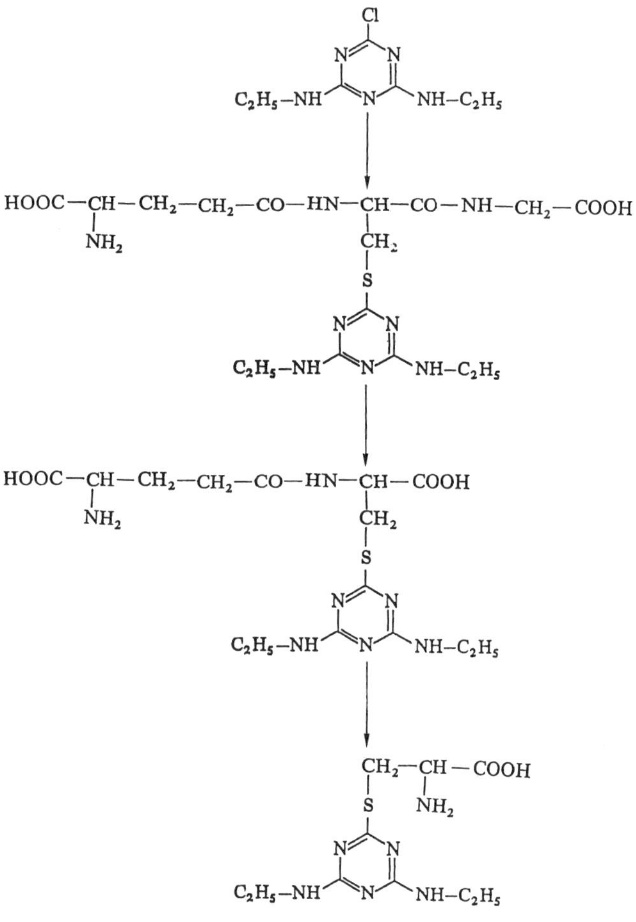

Abb. 46. Detoxifizierung von Simazin durch Konjugation mit Glutathion sowie Bildung von Glutamyl-Cystein- und Cystein-s-Triazin-Verbindungen.

Weizen, können keine Konjugate bilden, Gerste ist nur in geringem Maße zur Konjugatebildung befähigt. Konjugate mit Glutathion weisen überhaupt keine Phytotoxizität auf.

Glutathion-Konjugate können nur von Cl-Triazinen gebildet werden. Die Bildung von Glutathion-Konjugaten wird durch die Glutathion-S-Transferase bewirkt, die z. B. in Mais, Hirse, Zuckerrohr, *Sorghum halepense* zu finden ist; in empfindlichen Arten wie Erbse, Hafer, Gerste und *Chenopodium album* dagegen nicht.

Der Reaktionsschritt mit Glutathion führt – wie bereits erwähnt – zur vollständigen Detoxifizierung der Chlortriazine. Weitere Umwandlungen des Konjugats über die Glutamylcysteinyl- bis zur Cystein-Verbindung sind

für die Selektivität nicht mehr relevant. Das Auftreten des Lanthionin-Derivates in der Pflanze ist noch nicht schlüssig bewiesen.
Die Konjugatbildung unter Beteiligung des Enzyms Glutathion-S-Transferase läuft nur mit intaken Cl-Triazinen ab. Methoxy- und Methylmercaptoverbindungen sowie monodesalkylierte Triazine können keine Konjugate mehr bilden. Derartig veränderte Stoffe müssen auf hydrolytischem und oxydativem Wege abgebaut werden.

N-Desalkylierung

Die oxidative N-Desalkylierung der Aminoseitenketten führt schrittweise zu völlig desalkylierten Aminogruppen in 4- und 6-Position, die dann einem weiteren Abbau unterliegen.

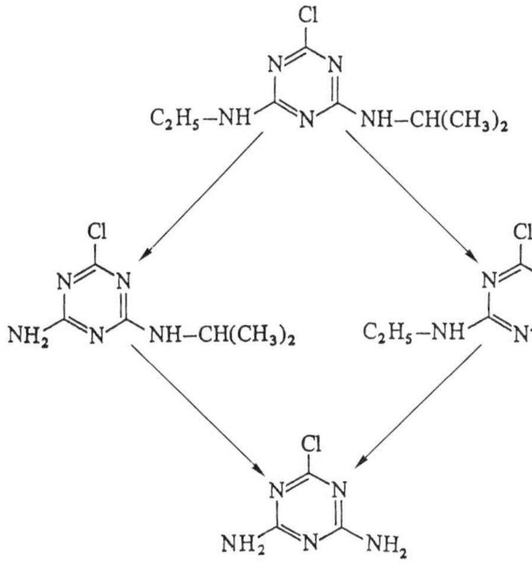

Abb. 47. N-Desalkylierung von Atrazin.

Der Seitenkettenabbau erfolgt in allen Pflanzenarten, sowohl in Triazin-unempfindlichen als auch Triazin-empfindlichen Arten. Zum Teil läuft er sehr rasch ab, bei manchen Arten auch nur in einem geringen Ausmaß (z. B. in Mais, Baumwolle und Soja). In Triazin-empfindlichen Erbsen wird z. B. aus Simazin 2-Chlor-4-amino-6-isopropyl-triazin gebildet.

Oxidative Abbauschritte, wie die N-Desalkylierung, spielen im s-Triazin-Abbau eine signifikante Rolle. Bei den mittelmäßig empfindlichen Arten wie Erbse und Baumwolle sind sie besonders wichtig. Die Reaktion trägt zudem zusätzlich zur raschen Inaktivierung des Wirkstoffs in den unempfindlichen Arten bei (z. B. Mais, Hirse und Zuckerrohr). Die entstehenden Metabolite sind nämlich weniger phytotoxisch als die ursprünglichen Wirkstoffe. Die Metabolite können dann weiter abgebaut werden. Wenn das in bestimmten

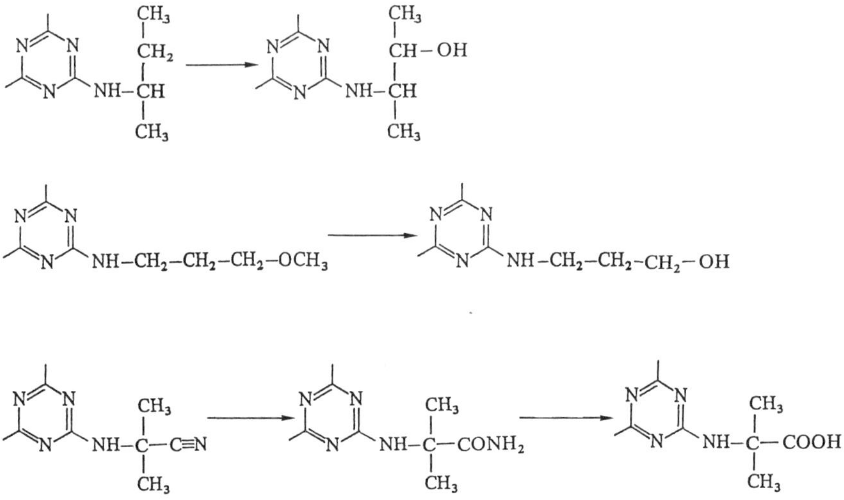

Abb. 48. Metabolische Modifikationen der Seitenketten durch Hydroxylierung, Desalkylierung bzw. Oxidation von Seitenkettensubstituenten.

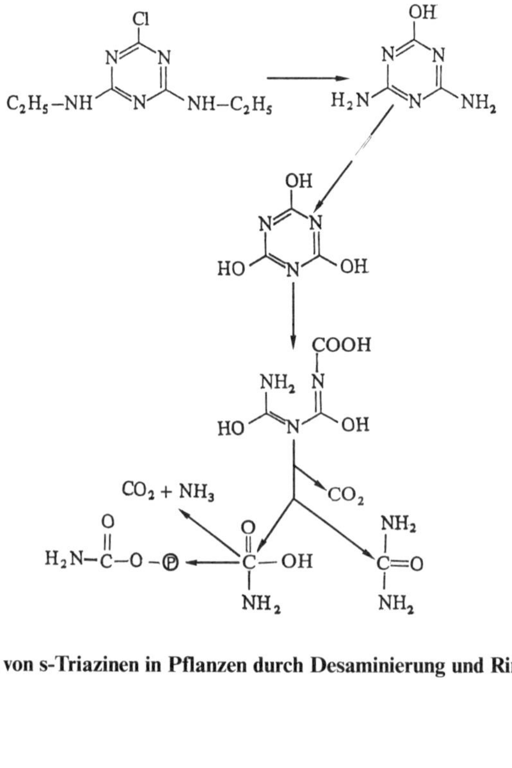

Abb. 49. Abbau von s-Triazinen in Pflanzen durch Desaminierung und Ringspaltung.

Pflanzen nicht schnell genug geht, dann werden die Monoalkyl-Verbindungen vorübergehend akkumuliert, was den Pflanzen nur eine mittelmäßige Toleranz verleiht.

Desalkylierungen werden nicht nur bei unverändertem Wirkstoff mit der unveränderten Substituierung in der 2-Position ausgeführt, sondern auch von Hydroxy-Verbindungen, wie es z. B. in Mais und Baumwolle nach Simazin-Behandlung nachweisbar ist.

Modifizierung der Seitenketten

Die Substituenten der Amino-Gruppen der s-Triazine können je nach ihrer chemischen Struktur auf verschiedene Weise oxidativ modifiziert werden.

Hydroxylierungen der Seitenketten erfolgen z. b. durch Umwandlung einer sekundären Butyl-Gruppe in einen Alkohol wie beim ehemaligen Versuchsherbizid GS-14253.

Auch Desalkylierungen von Methoxylgruppen in der Seitenkette zu primären Alkoholen können z. b. nach Behandlung von Weizenpflanzen mit Methoprometryn auftreten.

Außerdem hat man in Maispflanzen gefunden, daß eine Umwandlung der Cyano-Gruppe in eine Amid-Gruppe und schließlich in eine Carboxyl-Gruppe erfolgt; wobei parallel zur letzten Reaktion eine Hydroxy-Verbindung entsteht.

Desaminierung

Nach der Desalkylierung und nach der Bildung der Hydroxy-Verbindung (Ammelin, 2-Hydroxy-4,6-amino-s-triazin) erfolgt eine schrittweise Desaminierung der beiden Aminogruppen. Als Produkte treten die Verbindungen Ammelid (2,4-Dihydroxy-6-amino-s-triazin) und schließlich Cyanursäure (2,4,6-Trihydroxy-s-triazin) auf, die sich insbesondere im Boden ansammeln. Weil dort keine Ringspaltung erfolgt, muß nach langjähriger Anwendung hoher Triazin-Mengen mit dem Auftreten von Cyanursäure im Boden gerechnet werden.

Ringspaltung

Die Ringspaltung ist der letzte Schritt im Triazin-Metabolismus in der Pflanze. Sie führt von der Cyanursäure zu CO_2, Ammoniak und Wasser. Man nimmt an, daß das Molekül unter CO_2-Abspaltung in Harnstoff und Carbamidsäure gespalten wird. Die instabile Carbamidsäure zerfällt entweder zu CO_2 und Ammoniak, oder sie wird durch ATP in Carbamidsäurephosphat umgewandelt.

Die Ringspaltung verläuft in Pflanzen nur sehr langsam. Beim Einsatz von ringmarkierten Triazin-Verbindungen wird die $^{14}CO_2$-Freisetzung als Maßstab für die Ringöffnung angesehen. In Kurzzeitversuchen bauen Kürbis, Luzerne und Mais ringmarkiertes Simazin bzw. Atrazin nur zu 0,1 bis 2,6% zu $^{14}CO_2$ ab. Auch die Spaltung des Ringes von Propazin in Hirse, von Simazin in Baumwolle, von Prometryn in Erbsen erfolgt sehr langsam.

3.2.3.2 Ursachen der Selektivität

Die phytotoxische Wirkung der Triazine beschränkt sich im wesentlichen auf das unveränderte Molekül.

Eine Hydroxylierung in der 2-Position des s-Triazin-Ringes ist ein schnell ablaufender und wirkungsvoller Entgiftungsmechanismus. Die dabei entstehenden 2-Hydroxy-Verbindungen sind nicht mehr phytotoxisch. Die Reaktion wird bewirkt durch eine katalysierende Substanz (DIMBOA) und läuft in zahlreichen Pflanzenarten ab.

Eine zweite Möglichkeit einer sofortigen Detoxifizierung des Triazin-Moleküls ist die Bildung von Glutathion-Konjugaten. Das hängt vom Gehalt an Glutathion-S-Transferase in den Pflanzen ab, dieses Enzym tritt nur in Pflanzenarten auf, die dadurch Triazin-unempfindlich werden.

Als dritte Möglichkeit haben alle Pflanzen die Fähigkeit zur Desalkylierung der Amino-Substituenten. Die Bildung von desalkylierten Triazinen verringert die Phytotoxizität etwas, ohne sie ganz zu beseitigen.

Für die Toleranz einer Pflanzenart gegenüber s-Triazinen ist die Fähigkeit zur Bildung von Hydroxy-Triazinen und von Glutathion-Konjugaten wichtig, während die Desalkylierung des Moleküls so uneffektiv ist, daß bei Fehlen der anderen Abbaumöglichkeiten die Pflanzen geschädigt werden.

Tab. 6. Reaktion verschiedener Pflanzen auf Atrazin

Pflanzenart		Reaktion auf Atrazin	Hydroxylierung	Glutathion-Konjugation	Desalkylierung
Mais	gesamt	unempfindlich	+	+ + +	+
	Sproß		+	+ + +	+
	Wurzel		+ + +	+	+
Hirse	gesamt	unempfindlich	–	+ + +	+ +
	Sproß		–	+ + +	+ +
	Wurzel		–	+	+ +
Erbse	gesamt	mäßig	–	+	+ + +
	Sproß	empfindlich	–	+	+ + +
	Wurzel		–	+	+ + +
Baumwolle		mäßig empfindlich	–	+	+ + +
Sojabohne		empfindlich	–	+	+ +
Weizen		empfindlich	+	+	+

Der weitere Abbau der s-Triazin-Wirkstoffe durch Desaminierung und Ringöffnung, der nur in geringem Ausmaß abläuft, trägt lediglich dazu bei, das Triazin-Gerüst zu beseitigen. Für die Selektivität haben die Prozesse keine Bedeutung.

3.2.4 2,4-Dinitrophenole

Die 2,4-Dinitrophenole gehören zu den ältesten Pflanzenschutzmitteln. Sie wurden bereits im vorigen Jahrhundert als Insektizide angewandt, allerdings konnten sie sich wegen ihrer zu starken Phytotoxizität nicht durchsetzen. DNOC war eines der ersten organischen Herbizide für die selektive Unkrautbekämpfung, insbesondere im Getreide. Dinoseb (= DNBP) ist ein weiterer Stoff dieser chemischen Gruppe.

Dinosebacetat wird in Getreide, Erbsen und Ackerbohnen eingesetzt. Dinoterb findet Anwendung in Getreide, Medinoterbacetat in Rüben.

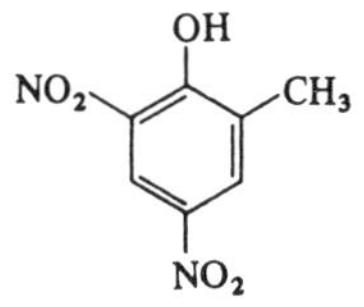

DNOC

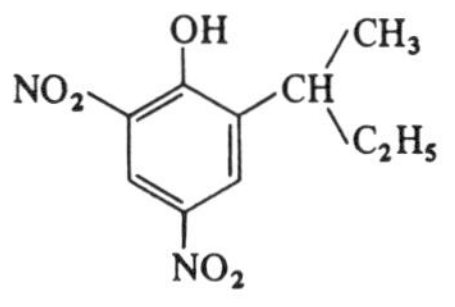

Dinoseb

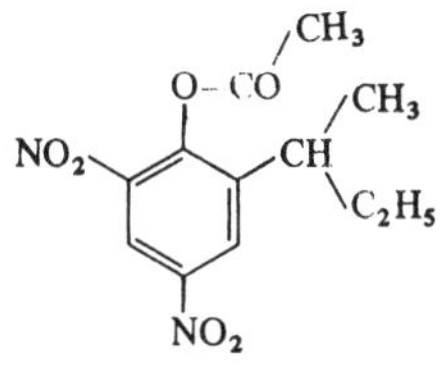

Dinosebacetat

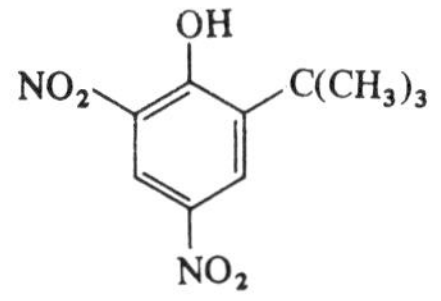

Dinoterb

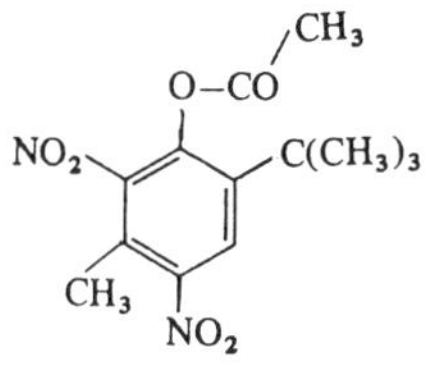

Medinoterbacetat

Der Abbau der Phenolherbizide ist eingehend untersucht. Es werden im wesentlichen die Nitrogruppen reduziert, wobei Aminoverbindungen entstehen. Dagegen kommt es nicht zu Desalkylierungen oder zu Oxidationen an sec-Butylgruppen. Im Falle von Dinoseb entstehen durch Reduktion an der sec-Butylgruppe unbekannte, wasserlösliche Metabolite sowie 6-Amino- 4-nitro- und 4-Amino-6-nitro-2-sec-butylphenol.

Das Verhalten der Phenol-Herbizide im Tier unterscheidet sich sehr von dem anderer Herbizide. Gewöhnlich werden die Wirkstoffe relativ rasch aus dem Tier ausgeschieden. Die Phenole verbleiben dagegen lange im tierischen Körper und werden nur in sehr geringen Mengen unverändert ausgeschieden. Im Tier erfolgt der Abbau auf zwei Arten: einmal werden Glucuronsäure-Konjugate mit vorher hydroxylierten Wirkstoffen gebildet, zum andern entstehen Konjugate in Form von Ethersulfaten oder Schwefelsäureestern. Weiter laufen im Tier zusätzliche Reaktionen ab, die zu weiteren Metaboliten führen. Von untergeordneter Bedeutung sind Hydroxylierungen des aromatischen Ringes unter Bildung von Katecholen und Chinonen. Methylierungen der Phenol-Gruppen sind auf wenige Phenole beschränkt, wogegen Reduktionen und Acylierungen im Tier häufig auftreten.

Die Reduktion wenigstens einer Nitrogruppe zum Amin wurde bei DNOC, Dinoseb, 2,4-Dinitrophenol festgestellt. Darauf folgt die Acylierung dieser Aminogruppe. Auch die Oxidation des Alkylsubstituenten wurde festgestellt.

An der Verminderung der Phenol-Herbizide im Boden sind mehrere Prozesse beteiligt. Die Flüchtigkeit der Stoffe sowie „leaching"-Effekte im Boden sind hier zu nennen. Es kommt unter bestimmten pH-Bedingungen auch zu einer starken Sorption an Bodenbestandteile. Ein photolytischer Abbau ist dagegen, z. B. bei DNOC, insbesondere im sauren Milieu gering.

Der mikrobielle Abbau von DNOC erfolgt durch bestimmte Boden-Mikroorganismen und zwar als eine Reduktion der Nitrogruppen. Daran schließt sich eine oxidative Eliminierung der Aminogruppen sowie ein weiterer Abbau unter Ringspaltung an.

3.2.5 Halogenierte Phenole

Ioxynil und Bromoxynil sind wichtig für die Nachauflaufbekämpfung von dikotylen Unkräutern in Getreide, wenn die gewöhnlich eingesetzten Dinitrophenole und Dichlorphenoxy-Verbindungen nicht mehr genügend wirken. Bromfenoxim ist ein weiterer Stoff dieser Gruppe.

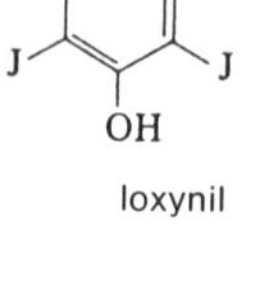

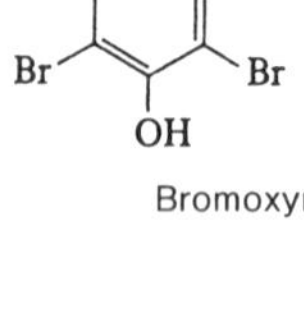

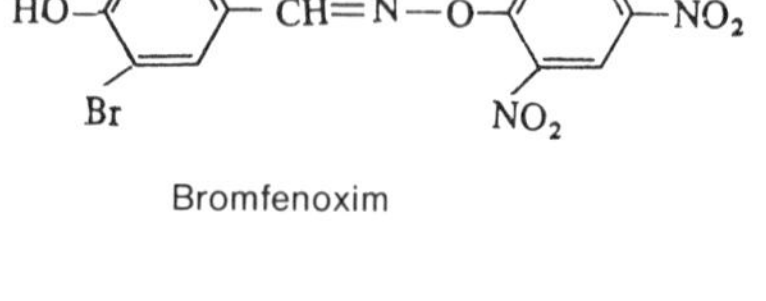

Über den Abbau von **Ioxynil** und **Bromoxynil** in der Pflanze ist nur wenig bekannt. Es erfolgt eine Abspaltung von Jod bzw. Brom. Die Nitril-Gruppe wird langsam zu den entsprechenden Benzamiden und Benzoesäure-Derivaten abgebaut. Weiter kann eine Decarboxylierung und Konjugate-Bildung an der Benzoylbindung des aromatischen Ringes erfolgen. Diese Reaktionen laufen gewöhnlich rascher ab als die hydrolytische Spaltung.

Der Abbau im Boden erfolgt relativ rasch durch Mikroorganismen zu entsprechenden Benzamiden und Benzoesäure-Derivaten.

Im Tier entstehen nach Verabreichung von Ioxynil unbekannte Metabolite. Im Urin war nur das Konjugat des dejodierten 3-Jod-4-hydroxybenzonitrils zu identifizieren.

Die selektive Wirkung von Bromoxynil und Ioxynil dürfte auf Unterschiede in Retention, Penetration, Translokation, Abbau und spezieller Empfindlichkeit des aktiven Zentrums beruhen. Morphologische Unterschiede zwischen Getreidearten und breitblättrigen Unkräutern dürften hierbei auch von Bedeutung sein.

3.2.6 Diphenylether

Die Diphenylether sind eine vor allem in Japan, sowie in den USA und Europa entwickelte Herbizid-Gruppe hauptsächlich für die Unkrautbekämpfung in Reis sowie in weiteren Kulturen. Aufzuführen sind Nitrofen, Fluorodifen und Oxyfluorofen.

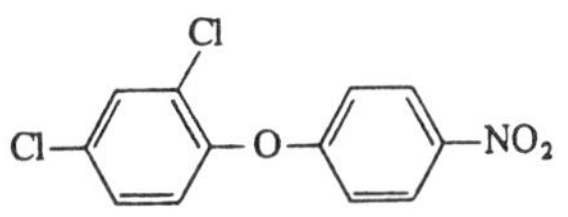

Nitrofen

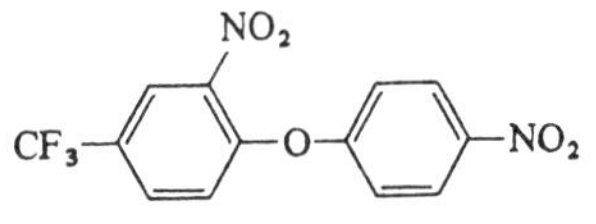

Fluorodifen

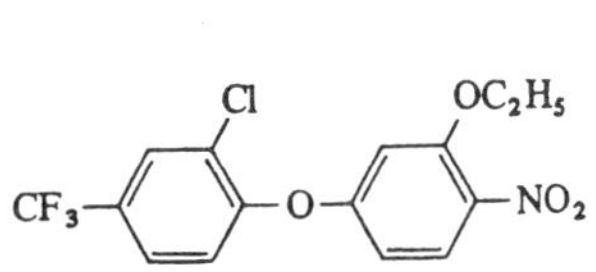

Oxyfluorofen

Beim Abbau von **Fluorodifen** entsteht in Pflanzenarten wie Erdnuß, Sojabohnen und Gurken sehr rasch durch Reduktion 2-Amino-Fluorodifen. Anschließend bildet sich nach Sprengung der Etherbindung p-Nitrophenol und 2-Amino-4-fluoro-methylphenol. Diese Stoffe werden in einem gewissen Ausmaß in wasserlösliche Konjugate umgewandelt. Daneben entstehen beim Fluorodifen-Abbau in geringem Umfang p-Amino-Fluorodifen und p-Amino-2-amino-Fluorodifen sowie Konjugate von unbekannten Metaboliten.

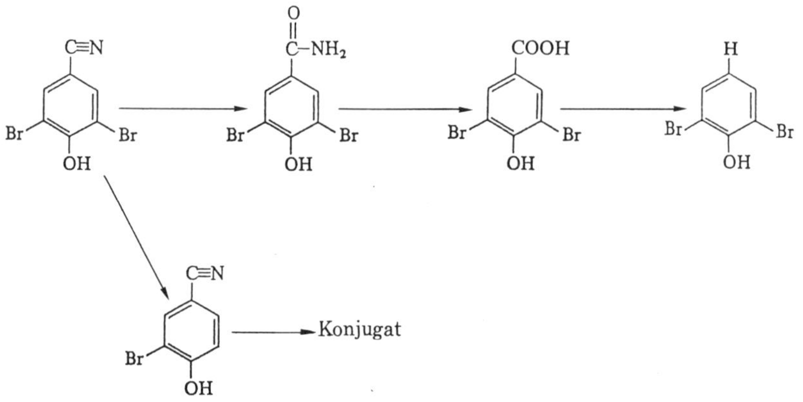

Abb. 50. Metabolismus von Bromoxynil.

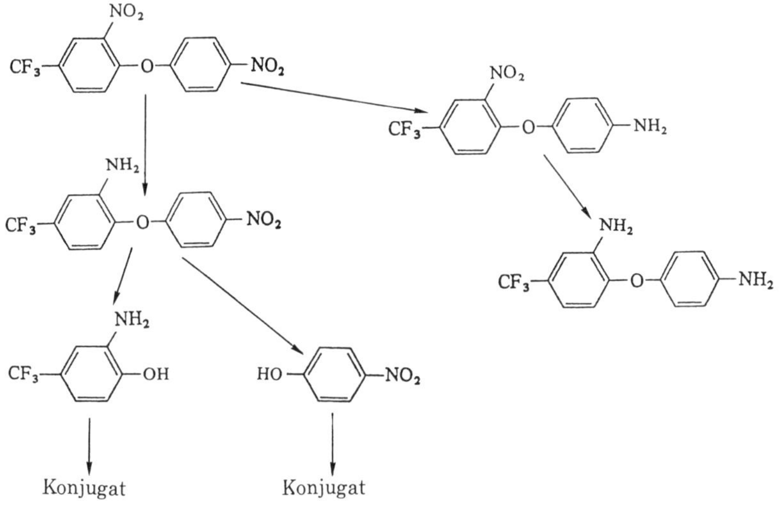

Abb. 51. Metabolismus von Fluorodifen.

Beim Abbau von **Nitrofen** bilden sich zahlreiche bisher unbekannte Metabolite, darunter sind einige Konjugate.

Der Abbau von Nitrofen im Boden erfolgt nur langsam. Besonders in trockenen Böden (upland rice) verbleibt der Stoff unverändert, wogegen in feuchten Böden (paddy field rice) ein gewisser Abbau zu p-Amino-Nitrofen und weiteren Metaboliten erfolgt.

Der Hauptmetabolit des Abbaus im Tier dürfte der 4-Hydroxy-diphenylether sein, der beim Kaninchen als Glucuronid ausgeschieden wird, was übrigens auch in geringem Umfang mit dem gebildeten 4,4′-Dihydroxydiphenylether sowie mit Aminophenyl-Verbindungen geschieht.

Über die Mechanismen der Selektivität der Phenylether weiß man wenig. Bei Nitrofen dürfte die Retention und die Penetration, z. B. bei Raps und *Setaria viridis* und *Amaranthus retroflexus*, maßgebend sein. Bei vielen anderen Arten und empfindlichen Ungräsern tritt eine Zerstörung der meisten Zellen ein, während die Zellen von Raps durch die gleichen Konzentrationen nur wenig in Mitleidenschaft gezogen werden. Von den Reiswurzeln wird Nitrofen nicht aufgenommen, so daß keine Beeinträchtigung der Pflanzen eintritt.

Bei Fluorodifen dürfte die geringe Translokation in die Sprosse von Sojabohnen der Hauptgrund für die relative Unempfindlichkeit dieser Art bei Behandlung im Vorauflauf-Verfahren sein.

3.2.7 N-Methyl-Carbamate

Bei den N-Alkyl-Carbamaten sind einige Stoffe, z. B. Dichlormat, Terbutol oder Karbutilat, brauchbare Bodenherbizide.

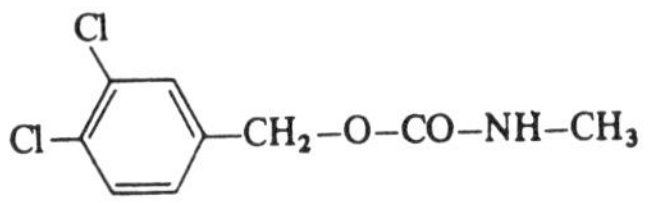

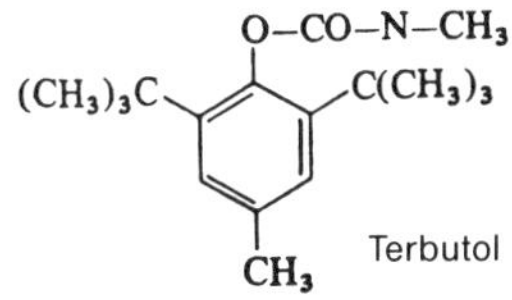

Aus **Dichlormat** entstehen in Pflanzen rasch hydrophobe und auch wasserlösliche Stoffe. Die Substanz wird zur entsprechenden Methoxyl-Verbindung oxidiert, die direkt oder nach Abbau zum Desalkyl-Derivat wasserlösliche Konjugate ergibt. Außerdem entsteht durch Desaminierung der entsprechende Alkohol und daraus die Säure. Beide Stoffe wurden frei in der Pflanze noch nicht nachgewiesen, sondern nur in konjugierter Form.

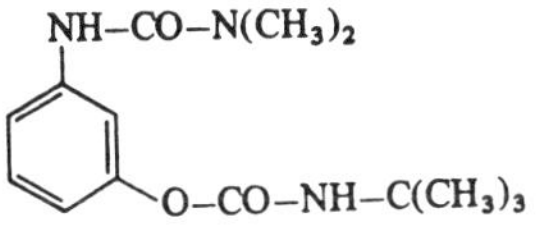

Das Verschwinden der Methyl-Carbamate im Boden wird bestimmt durch Verdünnung infolge der Flüchtigkeit der Substanzen. Eine Auswaschung aus dem Boden ist dagegen ohne Bedeutung.

Die Dichlormat-Selektivität geht darauf zurück, daß bei empfindlichen Arten in starkem Maße weder Hydrolyse noch Desalkylierung eintritt.

3.2.8 Acyl-Carbamate

Die Carbanilide sind gewöhnlich Bodenherbizide, z. T. kommen sie auch im Nachauflauf zur Anwendung. Bedeutung haben Propham und Chlorpropham. Außerdem war Barban als *Avena fatua*-Mittel wichtig. Phenmedipham und Desmedipham sind hervorragende Stoffe für den Einsatz in Zuckerrüben. Asulam ist ein Spezialmittel für die Ampfer-Bekämpfung in Grünland. Als weitere Stoffe sind Chlorbufam und Carbetamid zu nennen.

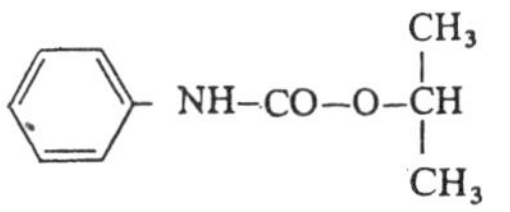

Propham

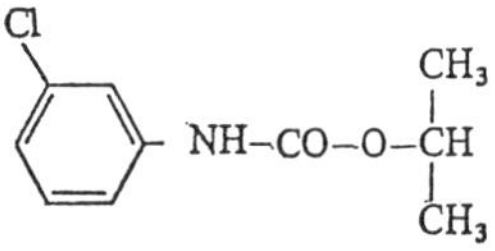

Chlorpropham

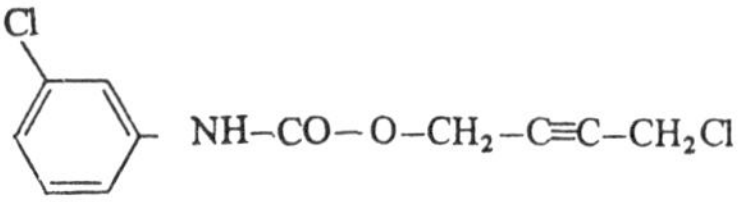

Barban

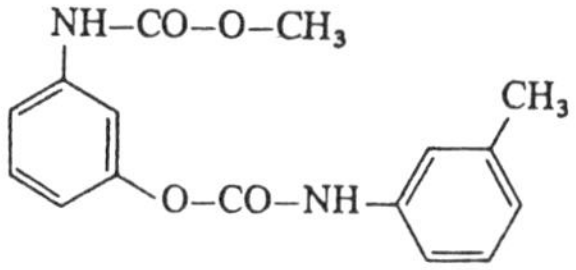

Phenmedipham

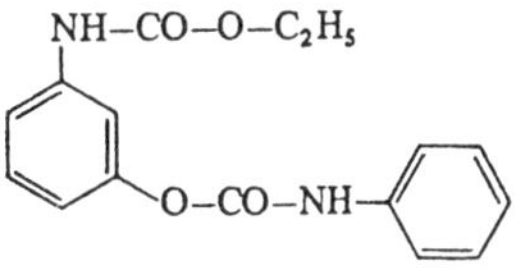

Desmedipham

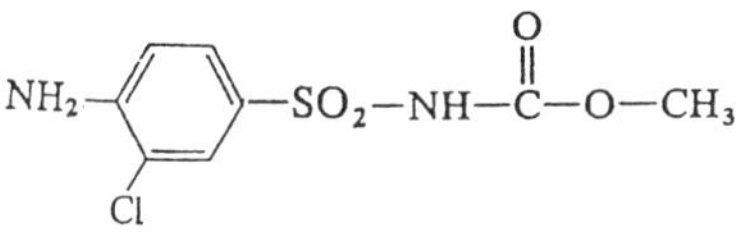

Asulam

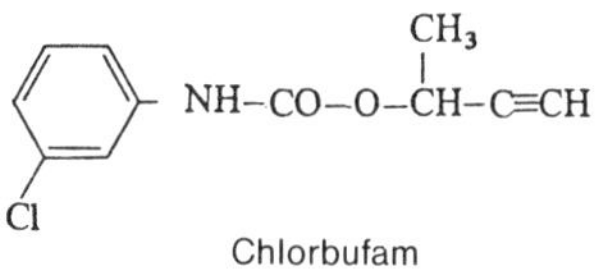

Chlorbufam

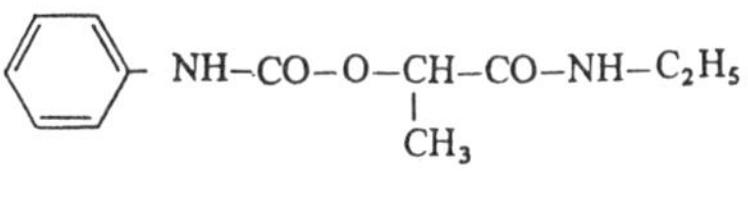

Carbetamid

Chlorpropham wird im Sproß von Pflanzen durch Ester-Spaltung, durch Desamidierung sowie durch Ringhydroxylierung in polare Stoffe umgewandelt. Die polaren Metabolite werden zu wasserlöslichen O-Glucosiden von 2-

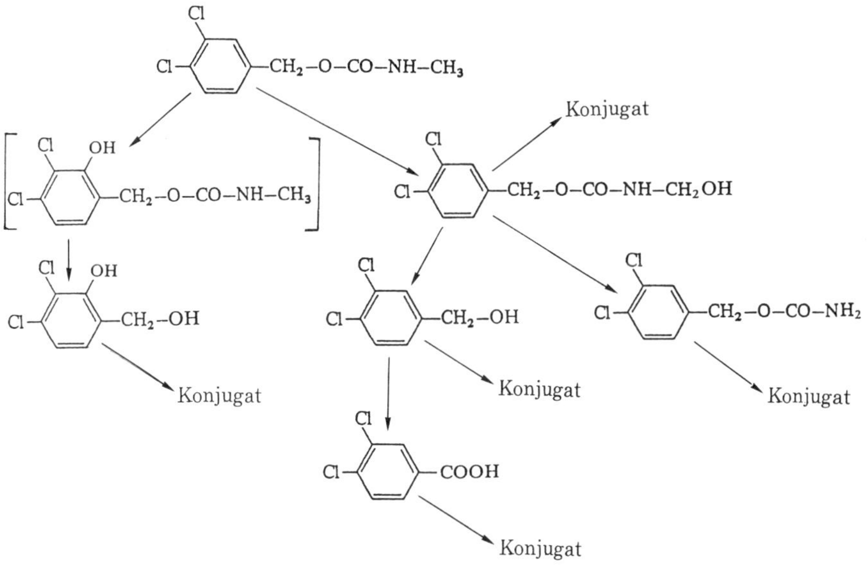

Abb. 52. Metabolismus von Dichlormat.

Hydroxy- und 4-Hydroxy-Chlorpropham konjugiert. Weiter treten in geringem Umfang unlösliche Verbindungen auf.

In den Wurzeln von Pflanzen entsteht das wasserlösliche O-Glucosid von 2-Hydroxy-Chlorpropham als hauptsächlicher Metabolit. Außerdem bilden sich vor allem unlösliche Stoffe und wasserlösliche Produkte, bei denen weder die Propylester- noch die Carbamat-Bindung verändert ist.

Aus dem Tier wird Chlorpropham zum größten Teil rasch als unveränderter Wirkstoff mit dem Urin ausgeschieden. Außerdem erfolgt eine Ausscheidung von 4-Hydroxy-Chlorpropham, daneben von 3-Chlor-4-hydroxyacetanilid und 5-Chlor-2-hydroxyacetanilid. Die Phenole und Acetanilide liegen im Urin als Sulfatester und Glucuronsäure-Konjugate vor.

Im Boden wird eine Verdünnung der Carbanilide durch Verflüchtigung bewirkt. Außerdem ist ein Verschwinden aus dem Boden durch „leaching" für einige Stoffe von ausschlaggebender Bedeutung, für andere Stoffe, z.B. Chlorpropham, spielt das eine geringere Rolle. Der rasche Abbau im Boden dürfte jedoch vor allem auf mikrobielle Prozesse zurückgehen, wobei 3-Chloranilin entsteht. Außerdem nimmt man eine Ringhydroxylierung und -spaltung an.

Von **Propham** ist ein rascher Abbau in der Pflanze bekannt, der zum größten Teil innerhalb einer Woche nach der Behandlung erfolgt. Wahrscheinlich entsteht dabei das N-Hydroxy-Derivat. In Wurzeln und Blättern von Propham-behandelten Pflanzen sind mehrere Metabolite und Konjugate sowie nichtextrahierbare Stoffe zu finden.

Im Boden erfolgt der Abbau von Propham so rasch, daß man bisher keine Abbauprodukte erfassen konnte.

Aus dem Tier wird Propham vor allem als Sulfatester von N-p-Hydroxy-Propham mit dem Urin ausgeschieden. Außerdem entsteht 4-Hydroxyacetanilid-glucuronid sowie weitere Verbindungen.

Barban wird in Pflanzen zu einem unbekannten wasserlöslichen Stoff metabolisiert, der durch Hydrolyse 3-Chloranilin ergibt. Im Sproß von Getreidepflanzen entstehen polare Metabolite, während in den Wurzeln neben wasserlöslichen Rückständen auch unlösliche Produkte auftreten. Es entsteht auch ein Barban-Glutathion-Konjugat.

Im Boden wird Barban durch Mikroorganismen mit Hilfe einer Amidase zu 3-Chloranilin abgebaut.

Über den Abbau von **Phenmedipham** ist nur wenig publiziert. Man nimmt eine direkte Bindung an Pflanzeninhaltsstoffe an, oder eine Inaktivierung der Substanz selbst.

Chemisch analog zu Phenmedipham ist **Desmedipham** gebaut, das in Pflanzen hauptsächlich zu Ethyl-3-hydroxycarbanilate metabolisiert wird. In geringem Umfang entsteht 3-Aminophenol, von dem nicht bekannt ist, ob es in Pflanzen frei oder gebunden vorliegt.

Phenmedipham und Desmedipham werden in Tieren (z.B. in Ratten) rasch zu 3-Hydroxycarbamat bzw. Methyl-3-hydroxy-carbanilate metabolisiert und im Urin ausgeschieden. Diese Metabolite werden zu 3-Aminophenolen gespalten, die später Acetyl-Verbindungen ergeben. Verschiedene Stoffe dürften als β-Glucoside und Arylsulfatester vorliegen.

Phenmedipham wird in alkalischen Böden durch Hydrolyse über Methyl-(3-hydroxyphenyl)-carbamat zu 3-Aminophenol hydrolysiert, das dann im Boden gebunden wird, eventuell als Humus-3-Aminophenol-Komplex.

Zur Selektivität von Verbindungen dieser Gruppe ist festzustellen: Chlorpropham dürfte in empfindlichen und unempfindlichen Arten unterschiedlich abgebaut werden. In empfindlichen Arten bleibt das Carbamat intakt, während es in empfindlichen Pflanzen abgebaut wird. In Sojabohnen entstehen z.B. Glucoside von 2-Hydroxy- und 4-Hydroxy-Chlorpropham, in Gurken und Luzerne bilden sich dagegen hydroxylierte und konjugierte Metabolite und unlösliche Verbindungen.

Bei Propham geht die unterschiedliche Toxizität zwischen toleranten und empfindlichen Arten, z.B. Sonnenblumen (tolerant) und Hafer (empfindlich) auf eine verschieden starke Metabolisierung des Wirkstoffs zurück. Für die Toleranz von Sojabohnen gegenüber Propham ist der rasche Abbau verantwortlich. Alle Metabolite von Propham haben nämlich im Vergleich zum ursprünglichen Wirkstoff nur noch eine geringe Phytotoxizität.

3.2.9 Thiocarbamate

Das Thiocarbamat EPTC wurde bereits 1956 in den Pflanzenschutz eingeführt. Weitere Verbindungen sind: Butylat, Cycloat, Diallat (inzwischen bei uns nicht mehr zugelassen), Triallat, Monilat sowie Sulfallat. In den USA sind weitere Verbindungen dieser Gruppe auf dem Markt.

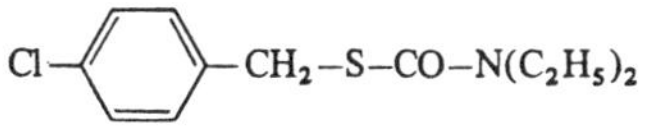

$Cl-\langle\underline{}\rangle-CH_2-S-CO-N(C_2H_5)_2$ $C_2H_5-S-CO-N(CH_2-CH_2-CH_3)_2$

Benthiocarb   EPTC

$HCCl=CCl-CH_2-S-CO-N[CH(CH_3)_2]_2$ $Cl_2C=CCl-CH_2-S-CO-N[CH(CH_3)_2]_2$

Diallat   Triallat

$C_2H_5-S-CO-N[CH_2-CH(CH_3)_2]_2$ $CH_3-CH_2-CH_2-S-CO-N-nC_4H_9$
                                                              $|$
                                                              C_2H_5

Butylat   Pebulate

$C_2H_5-S-CO-N-\langle\underline{}\rangle$ $C_2H_5-S-CO-N\langle\rangle$
$\quad\quad\quad|$
$\quad\quad\;C_2H_5$

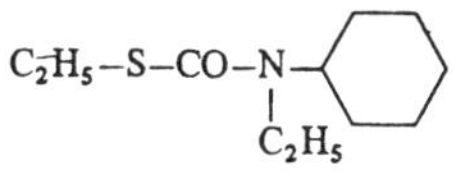

Cycloat 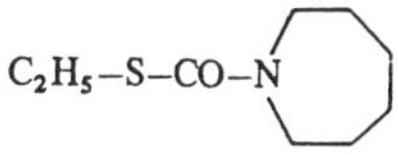   Monilat

$CH_2=CCl-CH_2-S-CS-N(C_2H_5)_2$

Sulfallat

Einige Herbizide aus der Gruppe der Thiocarbamate (EPTC, Diallat, Triallat, Monilat) sowie einige Chloracetamide (Alachlor, Butachlor, Metolachlor), aber auch Stoffe aus anderen Gruppen (Perfluidon, Chlorflurenol, Diclofop-methyl) werden kulturverträglicher, wenn sie zusammen mit sogenannten **Herbizid-Antidots** („safener") eingesetzt werden. Dabei kann die „safener"-Anwendung vor, zusammen oder nach der Herbizid-Spritzung erfolgen. Als Herbizid-Antidots sind 1,8-Naphthalsäureanhydrid (NA), N,N-Diethyl-2,2-dichlor-acetamid (R-25788) und Oxim-Verbindungen wie Cyometrinil (α-(Cyanomethoxy)-imino-benzacetonitril), CGA-92194 (α-(1,3-dioxolan-2-yl-methoxy)-imino-benzacetonitril), PA-PE (2 Pyridin-dioxim-0-phenylether), PA-B (2 Pyridin-dioxim-0-benzylether). Weitere Stoffe wie Flurazol, Fenclorim, DKA-24 (N,N-Diallyl-N-dichloracetyl-glycinamid) usw. werden noch geprüft. Die Bedeutung der Herbizid-Antidots besteht darin, daß bewährte Wirkstoffe mit größerer Sicherheit eingesetzt werden können und daß auch eine Anwendung in bisher empfindlichen Kulturen möglich ist.

Der Abbau von **EPTC** erfolgt insbesondere in der höheren Pflanze durch hydrolytische Spaltung des Moleküls, wobei der Thiolrest abgetrennt wird und Mercaptan, CO_2 und Dialkylamin entstehen. Durch Transthiolierung

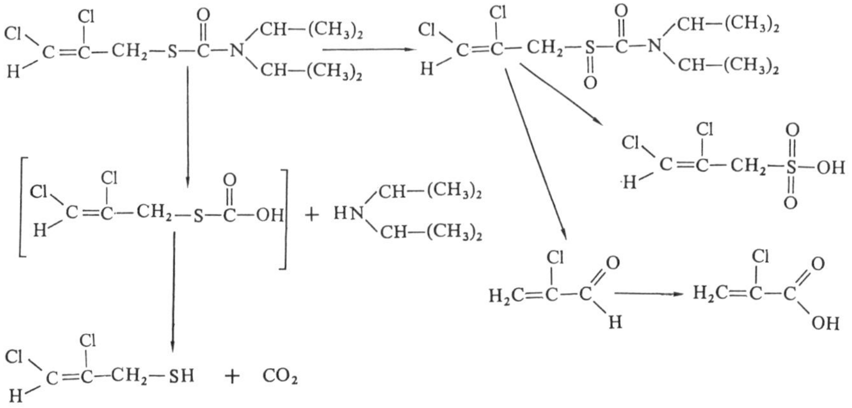

Abb. 53. Metabolismus von Diallat.

erfolgt eine Abtrennung des Schwefels vom Mercaptan und ein Einbau des Schwefels in S-haltige Aminosäuren. Der Schwefel kann aber auch am Molekül bleiben und zum Sulfoxid und Sulfon aufoxidiert werden. Der bei der Transthiolierung gebildete Alkohol wird zu einer Carbonsäure oxidiert und CO_2 wird abgespalten. Auf der Stufe des Acetyl-CoA wird die Carbonsäure schließlich in den Citronensäurezyklus eingeschleust. EPTC wird in Pflanzen völlig abgebaut, wobei Molekülteile in den pflanzlichen Stoffwechsel einbezogen werden.

Auch **Diallat** und **Triallat** werden rasch hydrolytisch gespalten. Außerdem bilden sich nicht erfaßbare Sulfoxide als deren Zersetzungsprodukte im Falle von Diallat das mutagene 2-Chloracreolin entsteht, das weiter zu 2-Chloracrylsäure abgebaut wird, außerdem bildet sich direkt 2-Chlorallylsulfonsäure. Aus Triallat entstehen das sehr kurzlebige Triallat-Sulfoxid und später 2-Chloracrylchlorid und weitere Verbindungen (eventuell 2-Chloracrylsäure), außerdem kann aus dem Sulfoxid 2,3,3,-Trichlorallylsulfonsäure gebildet werden.

Über die Ursachen der selektiven Wirkung der Thiocarbamate ist wenig bekannt. Bei Diallat dürfte in *Echinochloa crus-galli* und *Sorghum* spec. (empfindlich) die Stärke der Aufnahme der Grund für die unterschiedliche Empfindlichkeit sein, wogegen bei Diallat in *Avena fatua* oder bei Weizen und Bohnen die Abbaugeschwindigkeit für die Empfindlichkeit verantwortlich ist: Wird durch raschen Abbau die Wirkstoffkonzentration niedrig gehalten, so ist die betreffende Art unempfindlich. In bestimmten Fällen dürfte auch die Sorption der Wirkstoffe an Bodenteilchen einen Bodenschutzeffekt ergeben, z. B. ist dies bei Getreide und *Avena fatua* ein wichtiger Selektivitätsfaktor.

3.2.10 Aliphatische Verbindungen

Verschiedene aliphatische Stoffe werden seit vielen Jahren im Pflanzenschutz angewendet. TCA als Ammoniumsalz wurde bereits 1944 gegen *Agropyron repens* propagiert. Als Na-Salz wirkt es gut gegen monokotyle Arten, insbesondere gegen *A. repens* in Rüben, Raps und im Ackerbau. Für Dalapon bestand bereits 1957 ein Patent. Es wirkt gegen Ungräser im Grünland und im Ackerbau.

Cl_3C—COONa CH_3—CCl_2—COONa

TCA   Dalapon

TCA wird in höheren Pflanzen nicht sehr stark metabolisiert. Bei Abbauversuchen mit ^{14}C-Wirkstoff konnte bisher immer nur der Wirkstoff selbst nachgewiesen werden; nach neueren Untersuchungen treten jedoch auch Stoffe auf, die sich im DC-und HPLC-Verhalten deutlich von TCA und NaTA unterscheiden.

Dalapon bleibt in Pflanzen weitgehend als ursprüngliche Substanz erhalten. In Baumwolle und Weizen wird es über die Samen von einer Generation in die andere überführt; in Weizen sogar bis ins dritte Glied. Kurz nach der Behandlung von Baumwolle und Hirse ist in der Pflanze nur der Wirkstoff selbst, jedoch sind keine Metaboliten zu finden. Wenn die Wirkstoffmenge später abnimmt, dann geht das vor allem auf Verluste durch die Wurzeln und auf das Pflanzenwachstum zurück. Nach längerer Zeit wird jedoch viel Substanz in unlöslicher Form festgelegt. Man muß also einen geringen Abbau annehmen. Er dürfte vor allem in einer Dehalogenierung des Moleküls bestehen, dem eine normale oder abgewandelte Propionat-Oxidation folgt.

Im Tier ist der Abbau ähnlich gering wie in der Pflanze. Unverändertes Dalapon wird in großen Mengen ausgeschieden.

Im Gegensatz zu Pflanze und Tier können offensichtlich bestimmte Bodenmikroorganismen TCA und Dalapon bis zu CO_2 abbauen. TCA wird dabei langsamer metabolisiert als Dalapon.

3.2.11 Benzoesäure-Verbindungen

Von den Benzoesäuren wurde Dicamba bereits in den 60iger Jahren zur selektiven Bekämpfung eingesetzt; 2,3,6-TBA wirkt selektiv und als Totalmittel; Dichlobenil und Chlorthiamid werden bereits seit mehr als 25 Jahren gegen keimende Samen und gegen junge Sämlinge sowie gegen Rhizomunkräuter eingesetzt.

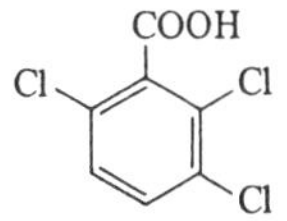

2,3,6-TBA 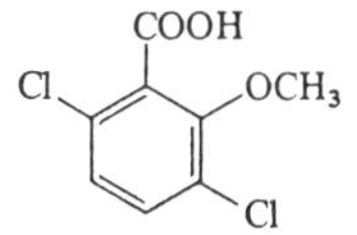   Dicamba

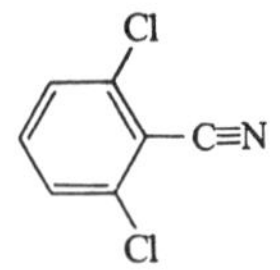

118 Abbau und Detoxifizierung von Pflanzenschutzmitteln

Dichlobenil

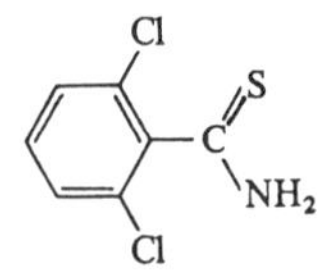

Chlorthiamid

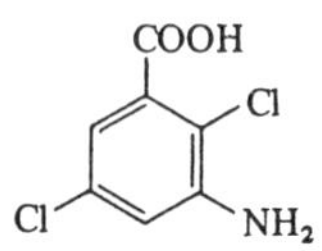

Chloramben

2,3,6-TBA wird in der Pflanze kaum abgebaut, so daß nach der Ernte meist der unveränderte bzw. an Proteine gebundene Wirkstoff vorliegt.

Der Abbau von **Dicamba** in Pflanzen verläuft je nach Pflanzenart unterschiedlich rasch. Nach einer Ringhydroxylierung an der 5-Position entstehen polare, säurelabile Konjugate, wahrscheinlich O-Glucoside. Weniger wichtig dürfte die Demethylierung zu 3,6-Dichlor-1-hydroxy-benzoesäure und 3,6-Dichlor-1,5-dihydroxy-benzoesäure sein, die auch glykosidisch gebunden werden. Auch Dicamba selbst wird zu Konjugaten unbekannter Struktur gebunden. Decarboxylierungen finden in der Pflanze nur in geringem Ausmaß statt.

Im Boden wird Dicamba vor allem mikrobiell zu bisher nicht identifizierten Metaboliten abgebaut, wobei Desalkylierung eintritt. Im Tier wird Dicamba nur wenig metabolisiert; jedoch rasch als unveränderter Wirkstoff oder als Glucuronsäure-Konjugat ausgeschieden.

Dichlobenil und **Chlorthiamid** (wobei letzteres in Tier und Pflanze rasch zu Dichlobenil abgebaut wird) werden in Pflanzen durch Ringhydroxylierung zu 3- und 4-Hydroxychlorbenzoenitrilen abgebaut, woraus dann β-Glucoside entstehen. Außerdem dürfte beim Abbau von Chlorthiamid 2,6-Dichlorbenzamid auftreten, das hydroxyliert bzw. zu 2,6-Dichlorbenzoesäure oxidiert wird. Auch hier erfolgt eine Bildung von Konjugaten.

Als Abbauprodukt von Chlorthiamid im Boden entsteht hauptsächlich Dichlobenil, das vor allem durch Verdampfen aus dem Boden entweicht. Daneben entsteht mikrobiell das ziemlich stabile 2,6-Dichlorbenzamid, das als ein Endprodukt des Abbaus im Boden gelten kann.

Der Abbau von Chlorthiamid in Tieren erfolgt rasch zu Dichlobenil, das vor allem mit dem Urin ausgeschieden wird. Des weiteren sind – ähnlich wie in der Pflanze und im Boden – Hydroxy-Verbindungen sowie freie und konjugierte Phenole zu finden, hauptsächlich 2,6-Dichlor-3-hydroxybenzoenitril.

Daneben treten in geringen Mengen auch Hydroxy-Analoge von Chlorthiamid und die direkten hydroxylierten Verbindungen auf. Im Urin von Chlorthiamid- und Dichlobenil-behandelten Tieren wurden Mercaptursäure- und Premercaptursäure-Konjugate nachgewiesen.

Die Selektivität von Dicamba in Pflanzen beruht auf der Geschwindigkeit des Abbaus.
Die Breitbandherbizide Chlorthiamid und Dichlobenil zeigen geringe selektive Wirkungen, die hauptsächlich auf einen Bodenschutzeffekt zurückzuführen sind.

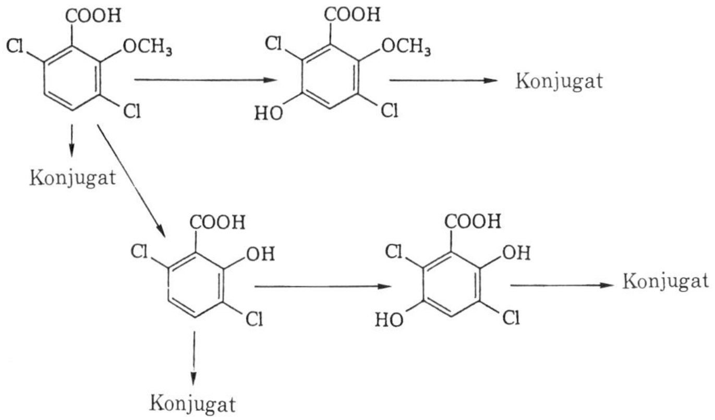

Abb. 55. Metabolismus von Dichlobenil.

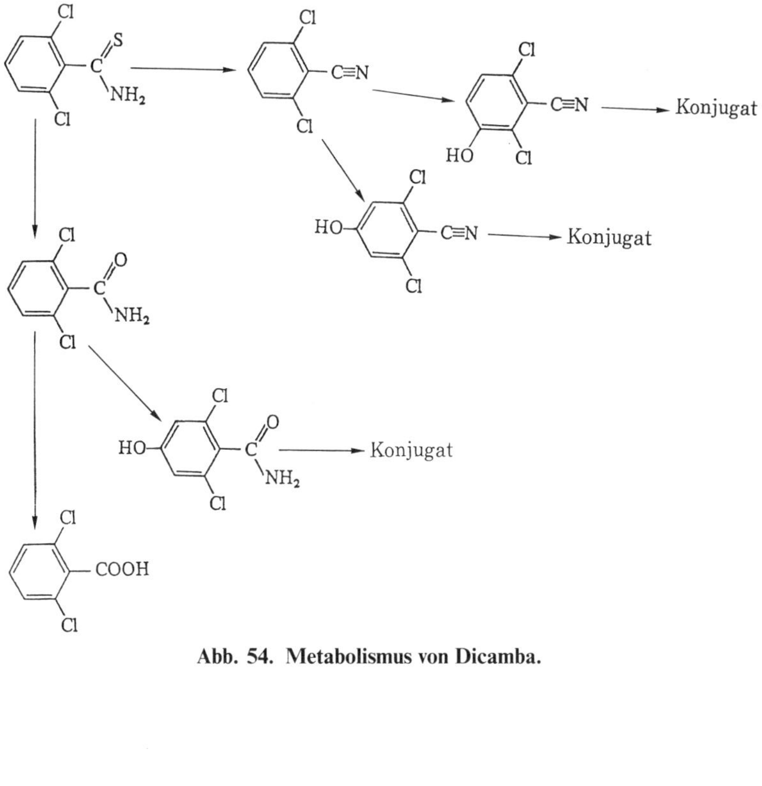

Abb. 54. Metabolismus von Dicamba.

3.2.12 Aminosäure-Verbindungen

Als einziger Vertreter dieser Gruppe hat Chloramben praktische Bedeutung zur Bekämpfung von dikotylen und monokotylen Unkräutern in zahlreichen Kulturen, u. a. Getreide.

Chloramben wird in der Pflanze zu N-(3-Carboxy-2,4-dichlorphenyl)-glucosylamin abgebaut. Außerdem entsteht ein bisher nicht charakterisiertes Chloramben-Konjugat.

Im Boden erfolgt ein photolytischer Abbau an der Bodenoberfläche; ausserdem sehr rasch im Boden selbst eine von Mikroben verursachte Decarboxylierung. Zudem entsteht im Boden eine Verdünnung durch „leaching" in tiefere Bodenschichten.

Über den Abbau von Chloramben im tierischen Organismus ist nur wenig bekannt.

Die Selektivität von Chloramben beruht auf der unterschiedlichen Fähigkeit der Pflanzenarten, den Wirkstoff zu detoxifizieren und festzulegen, und zwar als lösliche Konjugate oder als gebundene Komplexe.

3.2.13 Acyl-Anilide (Carbonsäure-Amide)

Zu dieser Gruppe sind Propanil, Pentanochlor und Monalid zu zählen. Diese Wirkstoffe von Pflanzenschutzmitteln haben für die Unkrautbekämpfung im Gemüsebau große Bedeutung.

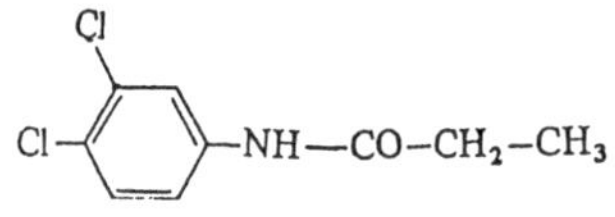

Propanil

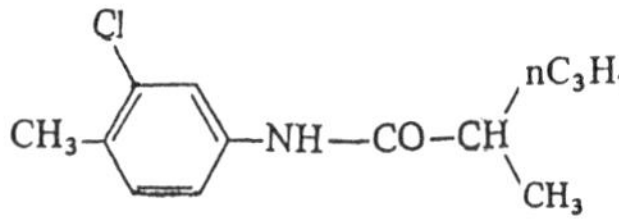

Pentanochlor

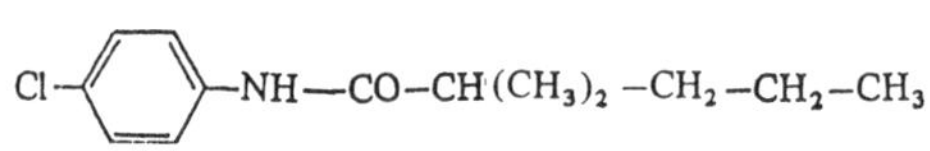

Monalide

Das Carbonsäureamid **Propanil** wird in Pflanzen über nichtstabile Zwischenprodukte zu 3,4-Dichloranilin und Propionsäure metabolisiert. Der Abbau dürfte keine direkte hydrolytische Spaltung sein, sondern auf einer Oxidation des Zwischenproduktes 3,4-Chloracetanilid beruhen. Dieser Stoff wird in toleranten Arten wie Reis weiter metabolisiert, während er in empfindlichen Arten als phytotoxischer Endmetabolit erhalten bleibt. 3,4-Dichloranilin kann an Lignin gebunden werden und auch zu Glucosamin- und anderen Konjugaten verbunden werden.

Propanil wird im Boden durch Spaltung der Anilid-Bindung zu 3,4-Dichloranilin und Propionsäure abgebaut. Das 3,4-Dichloranilin wird noch

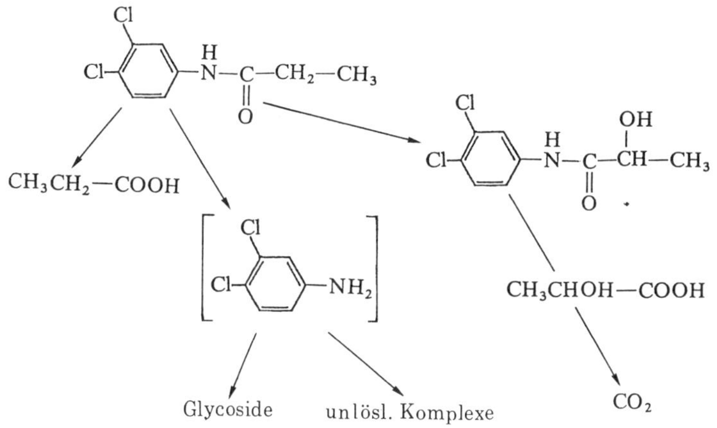

Abb. 56. Metabolismus von Propanil.

weiter metabolisiert. Eine Bildung von Azoverbindungen ist nur bei sehr hohen Konzentrationen an 3,4-Dichloranilin, wie sie im Boden nur im Experiment erreicht werden können, wahrscheinlich.

Für Propanil ist nachgewiesen, daß sich die Empfindlichkeit oder die Toleranz gegen den Wirkstoff in den verschiedenen Pflanzenarten aus der Konzentration der Arylacylamidase ergibt, die eine Entgiftung durch Hydrolyse des ursprünglichen Moleküls bewirkt. Reis enthält große Mengen des Enzyms, das Propanil zu 3,4-Dichloranilin abbaut. In Reis ist das Enzym 60mal wirksamer als in *Echinochloa crus-galli*. Im Vergleich zu Reispflanzen kommen im Ungras nur 3% vor. Das dürfte die Selektivität von Propanil zwischen empfindlichen und unempfindlichen Arten erklären.

3.2.14 Chloracetamide

Hier lassen sich zahlreiche wichtige Wirkstoffe eingruppieren. Alachlor findet Verwendung in Sojabohnen, Erdnuß und Baumwolle; bei uns wurde es früher in Mais und Raps eingesetzt. Propachlor ist ein Vorauflauf-Herbizid in Gemüse. Es wirkt auch in Sojabohnen und Mais. Butachlor ist wichtig in Reis. Weiter zu erwähnen sind Allidochlor (CDAA); bei uns nicht zugelassen) für Mais und Sojabohnen sowie Metazachlor und Metolachlor gegen verschiedene Ungrasarten. Außerdem sind die Benzamide Propyzamid und Napropamid zu erwähnen.

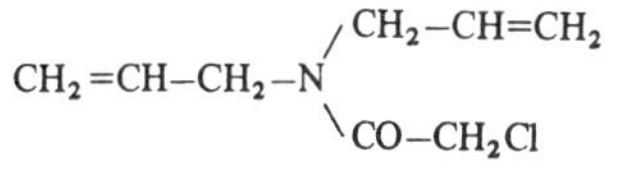

Allidochlor

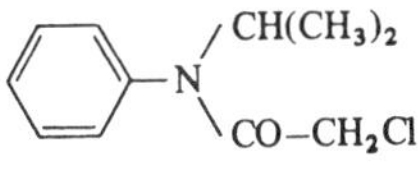

Propachlor

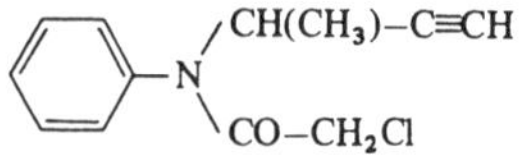

Prynachlor: C₆H₅–N(CH(CH₃)–C≡CH)(CO–CH₂Cl)

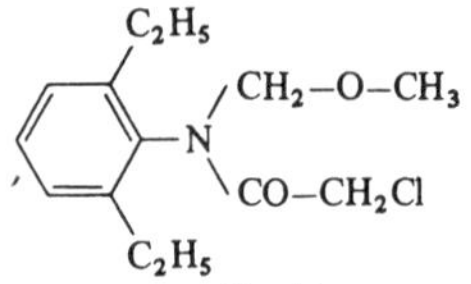

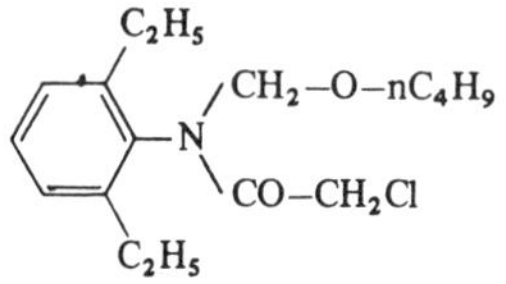

Alachlor: 2,6-diethylphenyl–N(CH₂–O–CH₃)(CO–CH₂Cl)

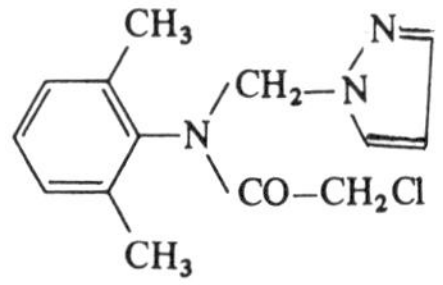

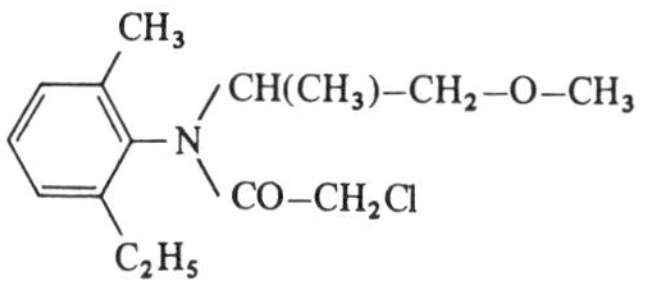

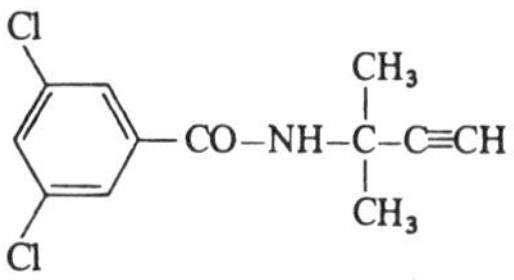

Butachlor: 2,6-diethylphenyl–N(CH₂–O–nC₄H₉)(CO–CH₂Cl)

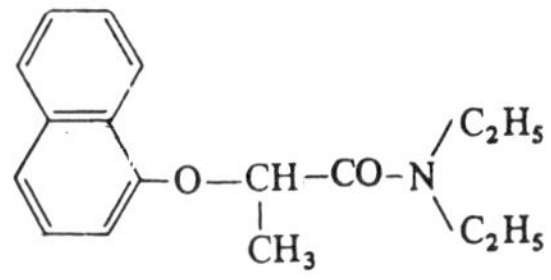

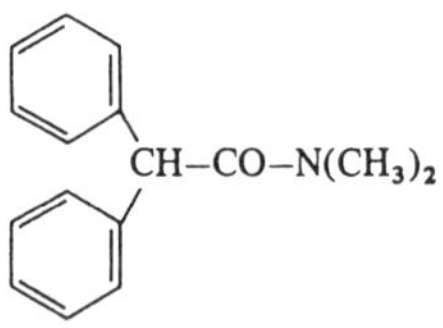

Metazachlor: 2,6-dimethylphenyl–N(CH₂–N(pyrazolyl))(CO–CH₂Cl)

Metolachlor: 2-methyl-6-ethylphenyl–N(CH(CH₃)–CH₂–O–CH₃)(CO–CH₂Cl)

Proyzamid: 3,5-Cl₂–C₆H₃–CO–NH–C(CH₃)₂–C≡CH

Napropamid: 1-Naphthyl–O–CH(CH₃)–CO–N(C₂H₅)₂

Diphenamid: (C₆H₅)₂CH–CO–N(CH₃)₂

Beim Abbau von **Allidochlor** erfolgt eine Abspaltung der α-Cl-Gruppe und der beiden Allylgruppen, die ihrerseits über verschiedene Zwischenprodukte, die in pflanzeneigene Verbindungen eingebaut werden können, bis zu CO_2 metabolisiert werden. Es entsteht Glyoxylsäure, die mit Glykolsäure im Gleichgewicht steht. Beide Verbindungen werden weitermetabolisiert, in Proteine eingebaut bzw. das entstehende CO_2 wird in Photosyntheseprozessen zu pflanzeneigenen Stoffen refixiert.

Propachlor wird sehr rasch zu polaren Stoffen, u. a. zum 2-Hydroxy-Analog des 2-Cl-H-isopropionylacetanilids metabolisiert. Der Abbau in Mais,

Hirse, Zuckerrohr, Weizen und Sojabohnen ergibt mehrere wasserlösliche Metabolite, die u.a. Glutathion- und Glutamycystein-Konjugate von Propachlor sein könnten. Der Wirkstoff reagiert nämlich in vitro und wohl auch in vivo nichtenzymatisch mit Glutathion, wodurch wasserlösliche Substanzen entstehen, z.B. in Mais. Die α-Cl-Gruppe wird dabei durch nukleophile Sulfhydrylgruppen des Peptids ersetzt.

Im Boden wird Propachlor durch Mikroben vor allem durch Dechlorierung abgebaut. Außerdem bilden sich in großen Mengen stärker polare Metabolite.

Beim Abbau von **Butachlor** entstehen im Boden vor allem die N-desalkylierten und α-hydroxylierten Produkte. Außerdem treten mehrere organisch lösliche Metabolite, u.a. 2-Hydroxy-2',6'-diethyl-N-(butoxymethyl)-acetanilid und 2-Cl-2',6'-diethyl-acetanilid, sowie einige wasserlösliche Verbindungen auf. Es wurden auch Konjugate mit Boden-Aminosäuren uund Kohlenhydraten festgestellt; jedoch konnten Glutathion-Konjugate nicht gefunden werden.

Alachlor wird im Boden rasch abgebaut. Als Abbauprodukt wurde 2-Cl-2',6'-diethylacetamid erkannt. Durch Bodenpilze erfolgt eine Desalkylierung.

Napropamid wird in Tomaten sehr stark hydroxyliert. Außerdem tritt in gewissem Ausmaß eine Desalkylierung ein. Anschließend erfolgt eine Abspaltung der Seitenkette und Bildung eines Naphthochinons.

Im Zusammenhang mit der Selektivität von Allidochlor ist festzustellen, daß rasch abbauende Arten tolerant gegen den Wirkstoff sind. Sie bauen den Stoff auf 2 Hauptwegen ab: Ein Weg ist die Abspaltung der α-Cl-Substitution, wobei exogene Substanzen unter Bildung wasserlöslicher Stoffe detoxifiziert werden. Der andere Abbauweg besteht in einer Abspaltung der Allylgruppe.

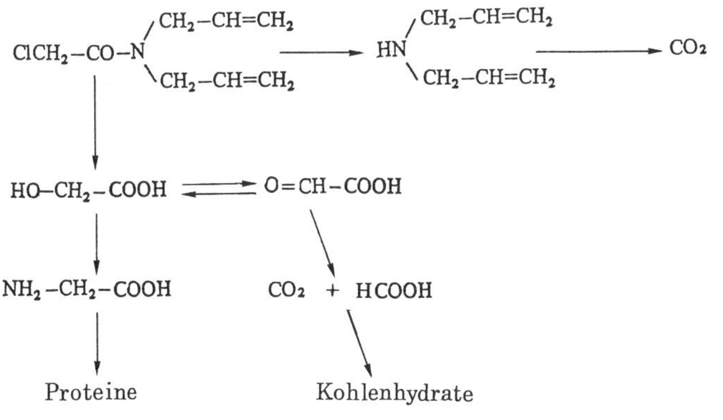

Abb. 57. Metabolismus von Allidochlor.

Für die selektive Wirkung von Alachlor in der Pflanze dürften die Art der Aufnahme, die Verteilung und die Art des Abbaus Bedeutung haben. Bei Hafer (empfindlich) erfolgt eine Aufnahme des Wirkstoffs vor allem durch die Sproßregion (2mal mehr als durch die Wurzeln). Die Wurzelaufnahme ist dagegen bei Sojabohnen und Baumwolle stärker. Die absolut aufgenommene Wirkstoffmenge steht in Beziehung zum Grad der Empfindlichkeit der Pflanze gegenüber dem Herbizid. Die Aufnahme-Intensität steigt von Mais über Sojabohne und Gurken zu Hafer.

3.2.15 2,4-Dinitroanilide

Die Dinitroanilide wurden in den 60iger Jahren in den Pflanzenschutz eingeführt. Sie umfassen Stoffe, die vor allem in Raps (Oryzalin, Nitralin, Trifluralin), aber auch in Getreide (Pendimethalin) und in Gemüse (Trifluralin) einsetzbar sind. Weiter gibt es Dinitramin und zahlreiche bei uns nicht eingesetzte Wirkstoffe.

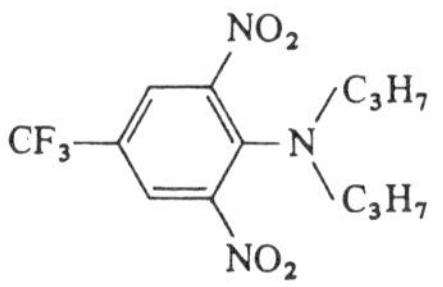

Trifluralin

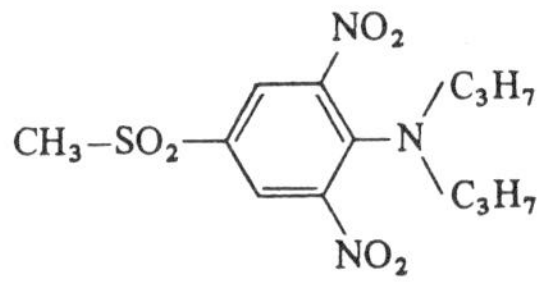

Nitralin

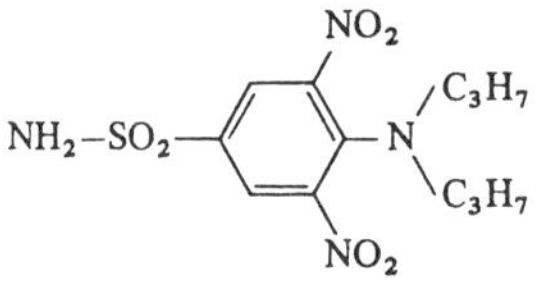

Oryzalin

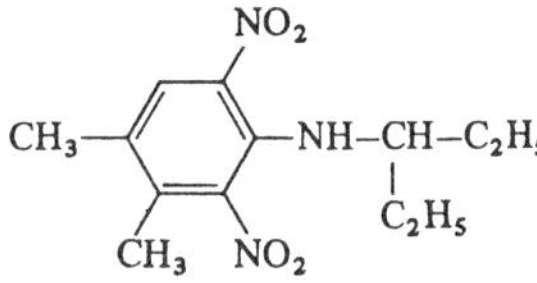

Pendimethalin

Der Abbau der Vertreter dieser chemischen Gruppe erfolgt oxidativ durch Desalkylierung als auch unter anaeroben Bedingungen durch Reduktionen der Nitrogruppen. Die Dinitroaniline unterliegen außerdem auf der Pflanzen- und Bodenoberfläche und im Wasser einer hydrolytischen Spaltung, wobei sich Benzimidazole bilden.

Der Abbau von **Trifluralin** in Pflanzen, Tieren und im Boden kommt auf zwei verschiedene Weisen zustande; einmal durch aufeinanderfolgende Oxidationen des Moleküls, zum andern durch Reduktionsreaktionen.

In Pflanzen, z.B. in Karottenwurzeln, Sojabohnen und Baumwolle, wird die Trifluoromethyl-Gruppe oxidativ abgespalten. Die Gruppe wird in pflanzeneigene Lipide und Proteine eingebaut. Bei Karotten tritt außerdem durch Desalkylierung die Monopropionsäure-Verbindung von Trifluralin auf, die dann reduziert werden kann. Daneben entstehen in geringen Mengen unbekannte polare Metabolite. Ungeklärt ist allerdings, ob die Stoffe erst in der Pflanze oder bereits vor der Aufnahme im Boden entstehen.

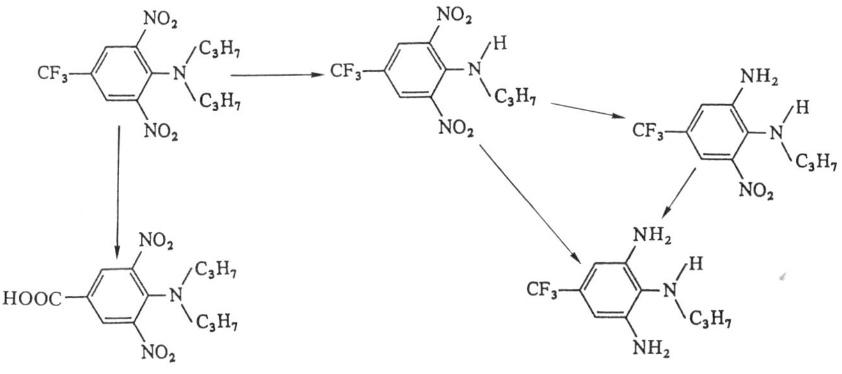

Abb. 58. Metabolismus von Trifluralin.

Im Boden erfolgt eine Metabolisierung von Trifluralin sowohl unter anaeroben und unter aeroben Bedingungen. Der aerobe Weg führt über eine Anzahl von oxidativen Abbauprodukten. Der anaerobe Weg geht über aufeinanderfolgende Reduktionen der Nitrogruppen. Trifluralin verschwindet aus dem Boden nicht nur durch chemischen und mikrobiellen Abbau sondern auch durch Verflüchtigung und Photolyse.

Das Ausmaß des Abbaus hängt vom Bodentyp, der Feuchte, der Temperatur und der Art der Ausbringungen des Mittels ab. Unter besonderen Feldbedingungen können die Oxidation oder die Reduktion als Abbauwege bevorzugt werden.

Beim Abbau im Tier gibt es Unterschiede zwischen Tieren mit Wiederkäuermägen, bei denen der reduktive Abbauweg eine besondere Rolle spielt, und monogastrischen Tieren, bei denen sowohl oxidativ als auch reduktiv abgebaut wird. Hunde und Ratten geben die meiste Substanz als unveränderten Wirkstoff und als Aminoverbindungen mit den Faeces ab; der Rest wird mit dem Urin ausgeschieden. Hier konnten Diamine und monodesalkylierte Verbindungen nachgewiesen werden. In Kühen und Ziegen treten nach Verabreichung höherer Trifluralin-Dosen reduzierte Stoffe in Form von Mono- und Diamino-Verbindungen auf. Außerdem bilden sich mit der Zeit immer mehr polare Metabolite.

Der Abbau von **Pendimethalin** im Boden erfolgt auf verschiedene Weise. Neben der normalen Oxidation bestehen ein photolytischer Abbau und gleichzeitig eine Verflüchtigung von der Bodenoberfläche.

3.2.16 Imidazole

Bei dieser neuen Gruppe handelt es sich um Versuchsherbizide wie Imazapyr, Imazaquin.

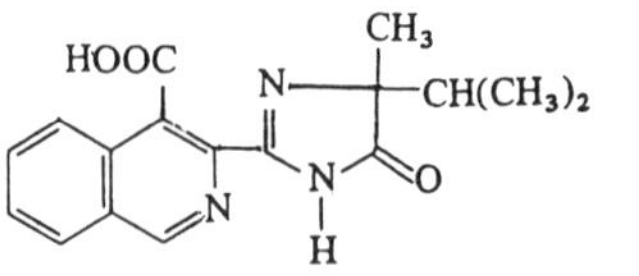

126 Abbau und Detoxifizierung von Pflanzenschutzmitteln

Imazaquin

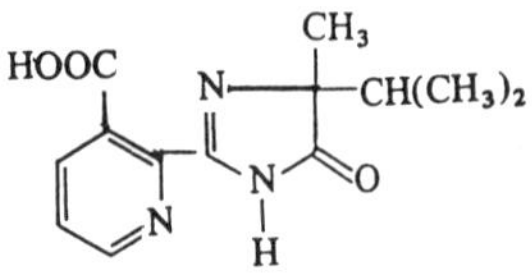

Imazapur

Über ihre Metabolisierung ist nur wenig bekannt. Bei Imazaquin hängt die Empfindlichkeit der Pflanzen von der Abbaugeschwindigkeit ab. Sojabohnen und *Abutilon theophrasti* (beide tolerant) bauen schneller ab als das empfindliche *Xanthium pensylvanicum*.

3.2.17 Thiadiazole

In diese Gruppe sind das Herbizid Buthidazol und die beiden Harnstoffe Terbuthiuron und Thiazafluron einzureihen, außerdem Ethidimuron und Dimefuron.

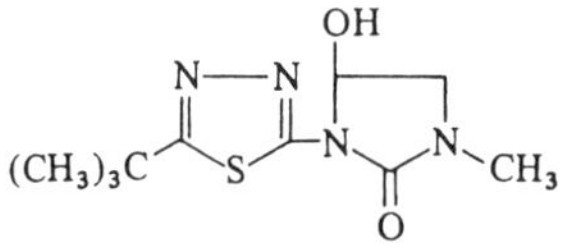

Buthidazol

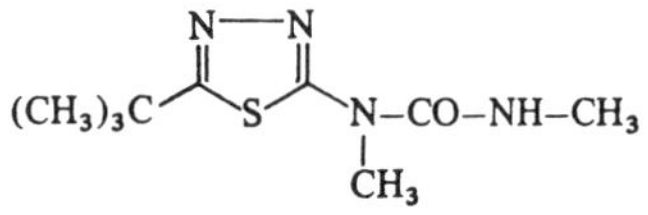

Terbuthiuron

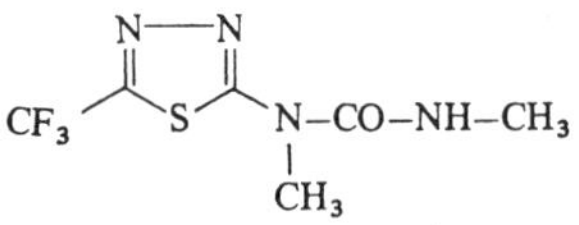

Thiazafluron

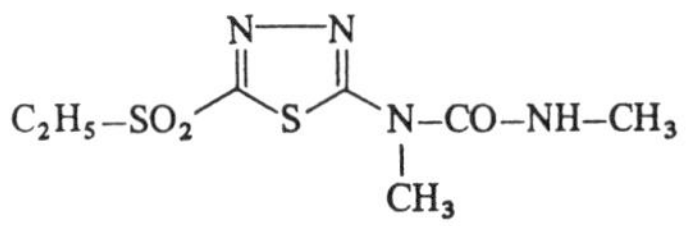

Ethidimuron

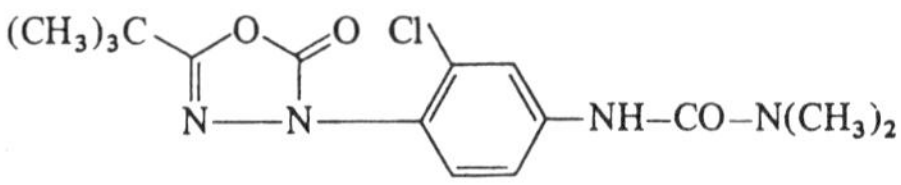

Dimefuron

Der Abbau von **Buthidazol**, z.B. in Luzerne, erfolgt sehr rasch unter Bildung von 5-Amino-(1,1-dimethylethyl)-1,3,4-thiadiazol, 3-(5-(1,1-dimethylethyl)-1,3,4-thiadiazol-2-yl und 5-((1,1-dimethylethyl)-1,3,4-thiadiazol-2-yl)-harnstoff. Außerdem tritt als Hauptabbauprodukt eine desalkylierte Verbindung auf.

3.2.18 Pyridin-Verbindungen

Von den Pyridin-Verbindungen hat bei uns Picloram Bedeutung. In den USA gibt es weitere Versuchsherbizide wie Clopyralid und Triclopyr, die hier einzuordnen sind.

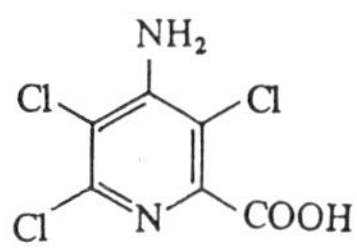

Picloram

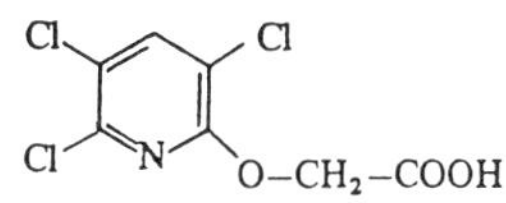

Triclopyr

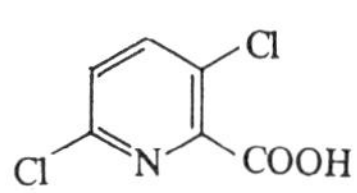

Clopyralid

Picloram ist in der Pflanze gut mobil und relativ stabil, so daß keine allzugroße Metabolisierung erfolgt. Im Boden erfolgt Verdünnung vor allem durch „leaching" in tiefere Bodenschichten. In Pflanzen, z. B. in Baumwolle und Weizen – und auch im Boden – findet jedoch ein gewisser biochemischer Abbau statt, obwohl man in der Pflanze hauptsächlich freien Wirkstoff sowie an Proteine gebundenes Picloram findet; daneben in geringem Umfang die hydroxylierte Verbindung 4-Amino-3,5-dichlor-2-hydroxy-picolinsäure und die demethylierte Verbindung 4-Amino-2,3,5-trichlor-pyridin sowie Oxalsäure.

Aus dem Boden verflüchtigt sich Picloram nur sehr wenig. Es wird jedoch durch Regen leicht eingewaschen, da es in neutralen und basischen Böden sowie in Böden mit geringer organischer Substanz nur wenig sorbiert ist. Die Sorption steigt jedoch mit fallendem pH-Wert, mit steigender Menge an organischem Material und mit der Zunahme an hydratisierten Eisen- und Aluminium-Oxiden im Boden.

Picloram wird aus dem Tier in Milch, Urin usw. ausgeschieden, so daß keine Akkumulierung im Körper erfolgt.

Picloram ist ziemlich lichtstabil. Es wird jedoch durch UV-Licht und Sonnenlicht langsam abgebaut, wobei der Pyridin-Kern zerstört und die beiden Cl-Ionen freigesetzt werden.

3.2.19 Dipyridylium-Verbindungen

Diquat und Paraquat sind wegen ihrer spezifischen Art der Wirkung und der festen, irreversiblen Bindung im Boden interessante Herbizide, die bisher im Pflanzenschutz ihren Platz hatten (heute sind sie z. T. nicht mehr zugelassen).

Ein weiterer Wirkstoff ist Cyperquat. Morfamquat findet im Ausland als Vorauflaufmittel in Getreide Anwendung. Difenzoquat ist ein Wachstumsregulator.

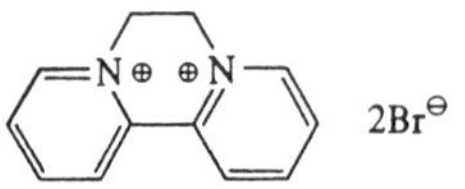

Diquat

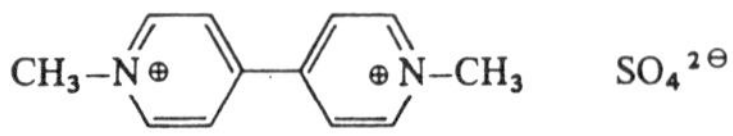

Paraquat

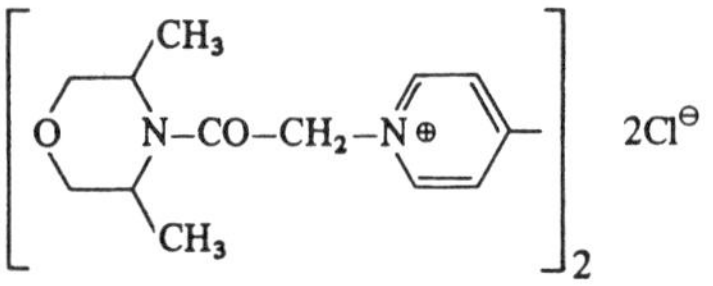

Morphamquat

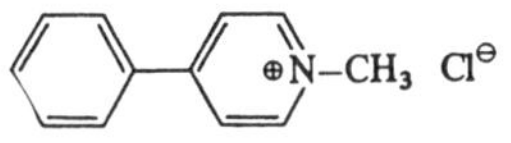

Cyperquat

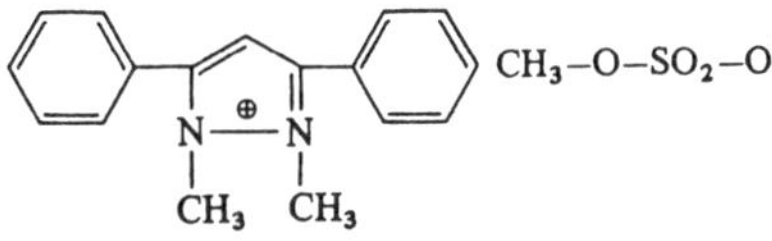

Difenzoquat

Aus **Paraquat** wird photolytisch auf der Pflanze, aber auch auf inerten Oberflächen das 4-Carboxy-1-methyl-pyridylium-Ion und Methylamin gebildet. Auch Diquat wird photolytisch abgebaut.

In der höheren Pflanze erfolgt kein Abbau in bemerkenswerten Mengen. Eine Metabolisierung geht bestenfalls im Licht auf der Pflanzenoberfläche vor sich.

Im Boden besteht wegen der sehr starken und unlöslichen Bindung an Bodenbestandteile eine außerordentlich geringe Bioverfügbarkeit. Eine Verringerung des Gehaltes erfolgt höchstens durch Photolyse auf der Bodenoberfläche. Abiotisch wird im Boden nichts abgebaut. Dagegen erfolgt ein gewisser mikrobieller Abbau durch enzymatische Prozesse, solange die Stoffe nicht fest an Bodenpartikel gebunden sind. Verschiedene Mikroorganismen können z. B. Paraquat zum freien Radikal reduzieren, wobei wahrscheinlich das 1-Methyl-4,4′-dipyridylium- sowie das 4-Carboxyl-1-methyl-pyridylium-Ion entstehen.

In Tieren wird Paraquat nur geringfügig abgebaut; dagegen scheint Diquat rascher abbaubar zu sein.

Selektivitätsphänomene sind bei den Dipyridylium-Verbindungen von untergeordneter Bedeutung. Paraquat greift alles grüne Pflanzenmaterial an, Diquat ist etwas weniger aggressiv gegen Gräser als gegen dikotyle Arten. Die bei Morfamquat vorhandene selektive Wirkung dürfte nicht auf Unterschiede in der Aufnahme oder in der Metabolisierung in den einzelnen Pflanzenarten zurückgehen, sondern vielmehr auf Unterschiede in der Aufnahme im zellulären Bereich und auf eine unterschiedliche Reduktion in den Chloroplasten beruhen.

3.2.20 Pyridazone

Zu den Stoffen dieser Gruppe gehören u.a. Chloridazon, Norflurazon, Metflurazon und Maleinhydrazid sowie Pyridat.

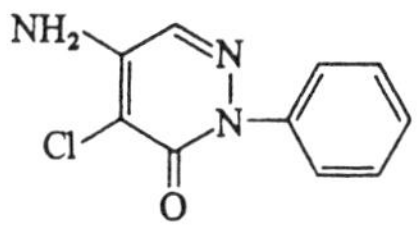

Chloridazon

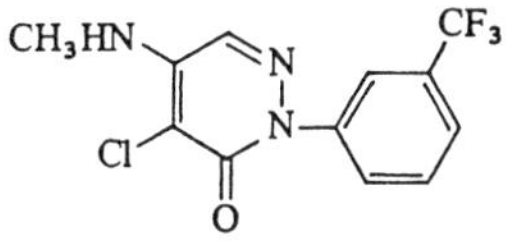

Norflurazon

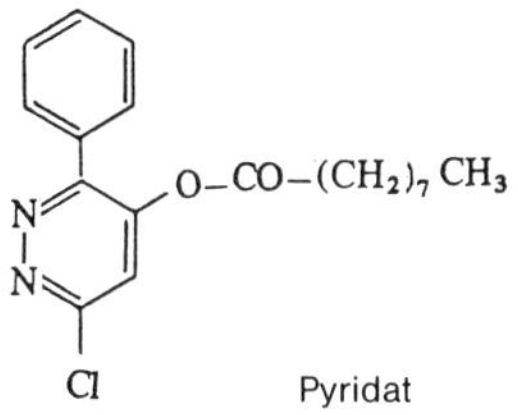

Pyridat

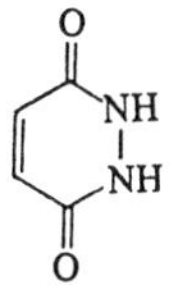

MH

Beim **Chloridazon** erfolgt sehr rasch ein photolytischer Abbau zu einer großen Zahl von Polymeren. In der Pflanze, z.B. in Zuckerrüben, entsteht durch Abspaltung des Phenylringes 5-Amino-4-chlor-3-oxo-(2H)-pyridazin. Außerdem werden ein Glucosamin und eine Hydroxyverbindung von Chloridazon gebildet.

Im Boden wurde ebenfalls die Abspaltung des Phenylrings und somit die Bildung von 5-Amino-4-chlor-3-oxo-(2H)-pyridazin festgestellt.

Im Tier, z.B. in Kaninchen, Hund bzw. Katze, wird nach Chloridazon-Applikation ein Großteil der verabreichten Substanz in unveränderter Form ausgeschieden; außerdem wird eine 2-(p-Hydroxyphenyl)-Verbindung exkretiert.

Maleinhydrazid (MH) wird als Bewuchshemmer auf extensiv genutzten Standorten eingesetzt.

Eine UV-Beleuchtung führt zur Bildung von Nitro-Säure, Ameisensäure, Bernsteinsäure, Malon- und Fumarsäure.

In der Pflanze erfolgt nur ein sehr geringer Abbau, wobei ein Glucosid gebildet werden dürfte und eine Bindung an hochmolekulare Stoffe erfolgt.

Pyridat wird in der Maispflanze zum freien Alkohol umgewandelt. Der Stoff verliert dann aber durch seine rasche Umwandlung in O- bzw. N-Glykoside seine herbizide Potenz.

Die Detoxifizierung im tierischen Organismus verläuft in analoger Weise über eine Bindung an Glucuronsäure.

3.2.21 Uracile

Die Uracile sind seit langem eingesetzte Herbizide mit hoher Phytotoxizität, aber geringer Säugergiftigkeit. Sie sind oft Bestandteil in Kombinationsmitteln. Bromacil findet Verwendung auf Nichtkulturland gegen mehrjährige Unkräuter. Ein Einsatz erfolgt auch in Plantagenkulturen. Terbacil (bei uns nicht zugelassen) wirkt gegen viele einjährige und mehrjährige Unkräuter in zahlreichen Obst- und anderen Kulturen. Lenacil (bei uns nicht zugelassen) wirkt gegen Unkräuter in Rüben, Spinat und Erdbeeren. Eine weitere Verbindung mit einer gewissen chemischen Verwandtschaft zu dieser Gruppe ist Bentazon.

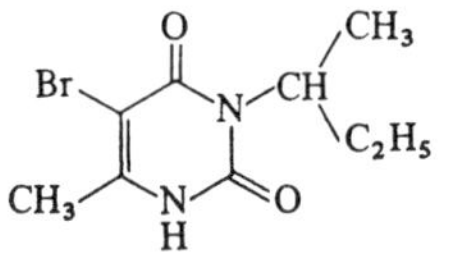

Bromacil

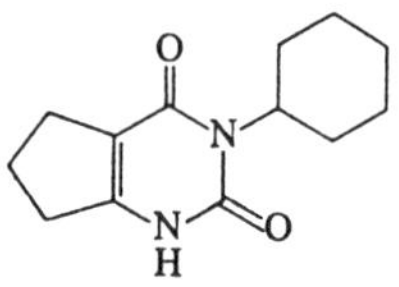

Lenacil

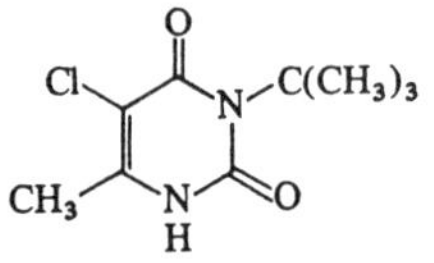

Terbacil

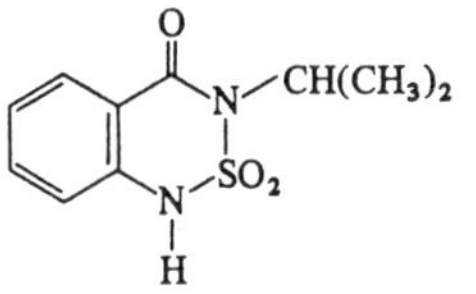

Bentazon

Der Abbau von Uracilen in Pflanzen ist nicht genau geklärt. In der Pflanze und im Tier entstehen aus **Bromacil** und auch aus **Terbacil** 6-Hydroxy-Verbindungen neben weiteren, noch nicht identifizierten Stoffen.

Im Tier entsteht hauptsächlich die Hydroxyverbindung 5-Bromo-2-sec-butyl-hydroxymethyl-uracil und in geringem Umfang 5-Bromo-3-(2-hydroxy-1-methylpropyl)-6-methyl-uracil.

Die grob in diese Gruppe einzuordnende Benzothiadiazinon-Verbindung **Bentazon** wird im Sonnenlicht in einer Oxidation und Dimerisierung abgebaut unter Verlust des SO_2. Es entsteht eine Neubildung des Chinazolin-3-H-4-on-Ringsystems. In der Pflanze erfolgt eine Bildung einer Hydroxyverbindung.

Der Abbau von Bentazon in Pflanzen und in Mikroben erfolgt durch Hydroxylierung des aromatischen Ringes in der 6- und 8-Position. Darauf folgt Konjugation mit Kohlenhydraten. Im Boden werden ebenfalls zunächst kurzlebige Hydroxy-Verbindungen gebildet, die jedoch rasch zu unbekannten Stoffen weitermetabolisiert werden.

Die ausgeprägte selektive Wirkung der Uracile dürfte vor allem auf einen Positionseffekt (Bodenschutzeffekt) zurückgehen. Z. B. werden tieferliegende *Citrus*-Wurzeln von Bromacil und Terbacil gar nicht erreicht. Außerdem dürften physiologische Ursachen eine Rolle spielen. So wird von *Citrus*-Wurzeln nur sehr wenig Wirkstoff aufgenommen, zudem verbleibt der größte Teil in den Wurzeln und wird dort abgebaut (daher reagiert *Citrus* unempfindlich), während in empfindlichen Arten, z. B. in der Gartenbohne, mehr Wirkstoff in den Sproß transportiert und dort außerdem weniger abgebaut wird. Isolierte Chloroplasten von *Citrus*- und Bohnen-Pflanzen reagieren dagegen gleich empfindlich.

Die Selektivität von Bentazon wird durch eine raschere Hydrolyse, z. B. im toleranten Reis, bewirkt, gegenüber einer langsameren bei der empfindlich reagierenden Art *Cyperus serotinus*.

3.2.22 Phosphorsäuren

Die Phosphorsäure-Verbindungen haben einige sich ähnelnde Eigenschaften, so daß eine gemeinsame Abhandlung zweckmäßig erscheint. Folgende Substanzen sind zu nennen: Glyphosat, Glufosinate-Ammonium und die Wachstumsregulatoren Fosamin-Ammonium und Ethephon.

$$\underset{\text{Glyphosat}}{\overset{HO}{\underset{HO}{>}}\overset{O}{\underset{\|}{P}}-CH_2-NH-CH_2-COOH}$$

$$\underset{\text{Glufosinate-Ammonium}}{\overset{CH_3}{\underset{HO}{>}}\overset{O}{\underset{\|}{P}}-CH_2-CH_2-\underset{NH_2}{\overset{|}{C}H}-COOH}$$

$$\underset{\text{Fosamin-Ammonium}}{C_2H_5O-\underset{\underset{O^\ominus}{|}}{\overset{O}{\underset{\|}{P}}}-CO-NH_2 \quad NH_3^\oplus}$$

$$\underset{\text{Ethephon}}{\overset{HO}{\underset{HO}{>}}\overset{O}{\underset{\|}{P}}-CH_2-NH-CH_2-CH_2-Cl}$$

Der Abbau von **Glyphosat** erfolgt bei einigen Pflanzenarten bestenfalls sehr langsam, bei anderen Arten wurde überhaupt kein Abbau festgestellt. Die Substanz ist sehr stabil, so daß man zunächst annahm, daß in der Pflanze überhaupt kein Abbau vor sich geht und sich die Wirkstoffkonzentration nur durch das Blattwachstum vermindert. Heute weiß man, daß die Abnahme doch auf eine geringe Metabolisierung sowie auf Exudation aus den Wurzeln zurückgeht.

Zahlreiche Arten, u. a. *Ipomoea purpurea* und *Cirsium arvense*, bilden Aminomethylphosphonsäure; daneben dürfte ein geringer Totalabbau bis zum CO_2 vor sich gehen. In Mais, Baumwolle und Sojabohnen tritt ein geringer Abbau zu Aminomethylphosphonsäure und bis zum CO_2 auf. Jedoch ist auch in diesen Arten vier Wochen nach der Behandlung das meiste immer noch unveränderter Wirkstoff; nur in Mais liegt zu dieser Zeit überwiegend Aminomethylphosphonsäure vor. In den dicotylen Arten entstehen überwiegend extrahierbare Metabolite, während in Mais jedoch ⅓ bis ¼ zu unlöslichen Stoffen metabolisiert ist.

Der Abbau von Glyphosat dürfte zunächst zu Aminomethylphosphonsäure und Glyoxylsäure führen. Aminomethylphosphonsäure wird dann durch Transaminierung weiter zu Formylphosphonsäure abgebaut, die zu Formaldehyd und anorganischem Phosphat zerfällt. Formaldehyd geht entweder direkt in den pflanzlichen Stoffwechsel ein oder nach Zerfall zu CO_2 und Refixierung in der Photosynthese. Glyoxylsäure kann zu CO_2 abgebaut werden, wonach durchaus durch Photosynthese pflanzeneigene Produkte gebildet werden, oder es wird die Glyoxylsäure über den Krebs-Zyklus in natürliche Stoffwechselprodukte inkorporiert.

Glyphosat wird im Boden rasch sorbiert, wodurch die Substanz praktisch immobil wird. Im Boden wird der Stoff in geringem Maße chemisch, hauptsächlich jedoch durch mikrobielle Tätigkeit unter anaeroben und aeroben Bedingungen abgebaut. Das Hauptprodukt ist Aminomethylphosphonsäure. Daneben treten in untergeordneten Mengen N-Methyl-aminomethyl-

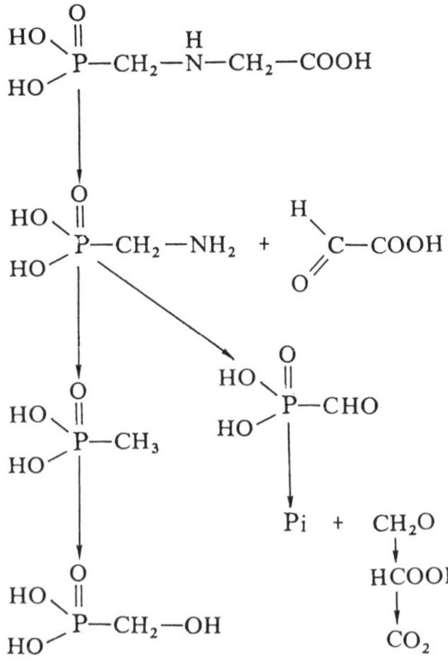

Abb. 59. Metabolismus von Glyphosat.

phosphonsäure, Glycin, N,N-Dimethyl-aminophosphonsäure, Hydroxymethylphosphonsäure und zwei unbekannte Metabolite auf.

Aus dem tierischen Organismus wird Glyphosat unverändert und rasch ausgeschieden. Eine eventuelle Metabolisierung ist daher ohne Bedeutung.

Der Abbau von **Glufosinate-Ammonium** in der Pflanze und in Mikroorganismen zu 3-Methyl-phosphinicopropionsäure, die nicht mehr phytotoxisch ist. Außerdem entstehen in der Pflanze in geringem Maße hydrophile Substanzen. Im Boden erfolgt ebenfalls ein Abbau über 3-Methyl-phosphinicopropionsäure zu weiteren Stoffen bis zu CO_2.

Fosamin-Ammonium wird in allen untersuchten Pflanzenarten schnell metabolisiert. Als Abbauprodukt tritt Carbamoylphosphonsäure auf. Die Wirkstoffmenge nimmt dadurch zwar rasch ab, kleine Reste an Aktivsubstanz sind jedoch noch lange Zeit in der Pflanze vorhanden.

Fosamin-Ammonium ist in neutralen und basischen Böden und im Wasser sehr stabil. Unter schwach sauren Bedingungen wird es jedoch zu Carbamoylphosphonsäure hydroxyliert.

Aus dem Tier, z.B. Ratte, wird Fosamin-Ammonium rasch vor allem mit den Faeces und in geringem Ausmaß mit dem Urin ausgeschieden, so daß nach relativ kurzer Zeit nur noch Spuren zurückbleiben. Die ausgeschiedenen Stoffe sind größtenteils unveränderter Wirkstoff und in geringem Ausmaß Carbamoylphosphonsäure.

3.2.23 Propionsäuren

Bei dieser Stoffgruppe, die auch bei anderen Verbindungsklassen eingeordnet werden könnten, ist das gemeinsame Charakteristikum, daß sie zur *Avena futua*-Bekämpfung eingesetzt werden. Das gilt für Chlorfenprop-methyl, Benzoylprop-ethyl, Flamprop-isopropyl und Flamprop-methyl.

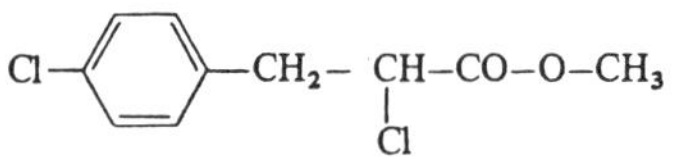

Chlorfenprop-ethyl

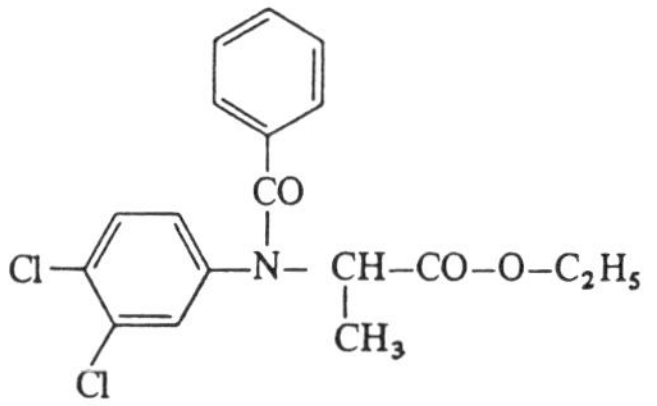

Benzoylprop-ethyl

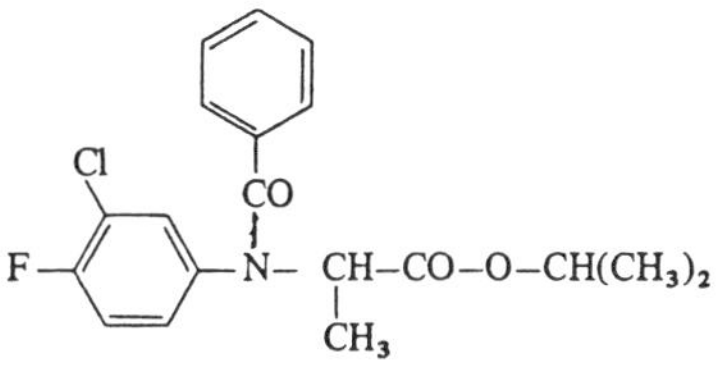

Flamprop-isooropyl

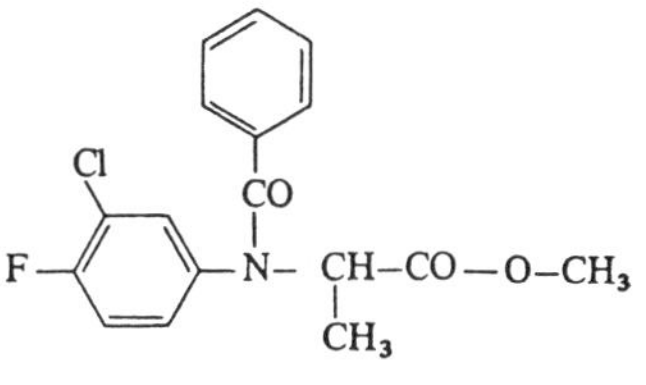

Flamprop-methyl

Chlorfenprop-methyl wird in Pflanzen und im Boden rasch zu freien Säure metabolisiert, die den eigentlichen Wirkstoff darstellt. Im Boden entsteht dann, wohl über die nichtstabile 4-Chlorzimtsäure, 4-Chlorbenzoesäure, die einem weiteren Abbau unter Ringspaltung unterliegt. In der Pflanze dürften Konjugate mit S-haltigen Aminosäuren entstehen.

Der Metabolismus von **Benzoylprop-ethyl** erfolgt in folgender Weise: In der Pflanze entstehen Glucoside. Im Boden liegt der Stoff gebunden vor. Eine weitere Abbaumöglichkeit ist die Abspaltung der Benzoyl-Gruppe sowie eine anschließende Hydrolyse zu Dichloranilin. Diese Substanz bildet dann Huminsäure-Komplexe bzw. wird in unbekannte Stoffe eingebaut.

3.2.24 Phenoxyphenoxy- und heterozyklische Phenoxy-Verbindungen

Die hierher gehörenden Stoffe sind neue Herbizide mit breiter Wirkung gegen Ungräser; insbesondere sind zu nennen Diclofop-methyl, Fluazifop-butyl, Fenoxaprop-ethyl, Fenthiaprop-ethyl sowie mehrere weitere Verbindungen. Welche dieser Substanzen sich letztlich im praktischen Pflanzenschutz durchsetzen werden, ist noch nicht zu übersehen.

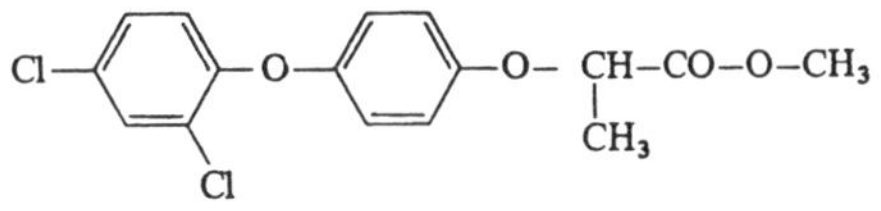

Diclofop-methyl

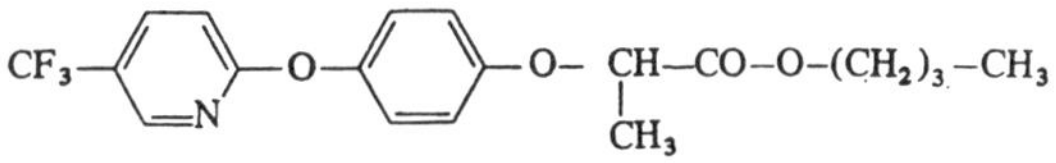

Fluazifop-butyl

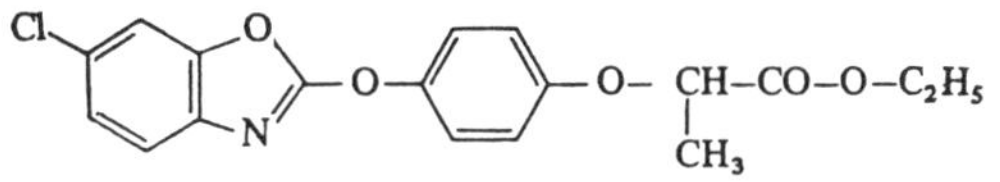

Fenoxaprop-ethyl

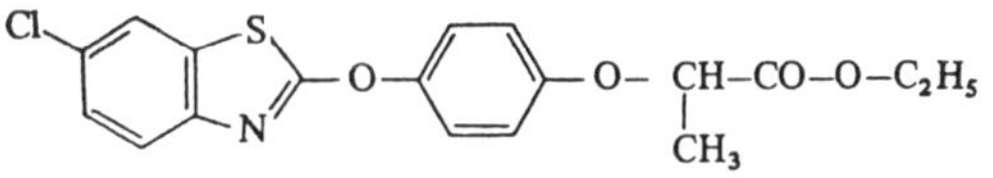

Fenthiaprop-ethyl

Der Metabolismus von **Diclofop-methyl** – und auch der anderen Stoffe – besteht in einer Hydrolyse zur freien Säure, die auch die eigentlich wirkende Substanz darstellt. Im Weizen erfolgt dann eine rasche Hydroxylierung zu

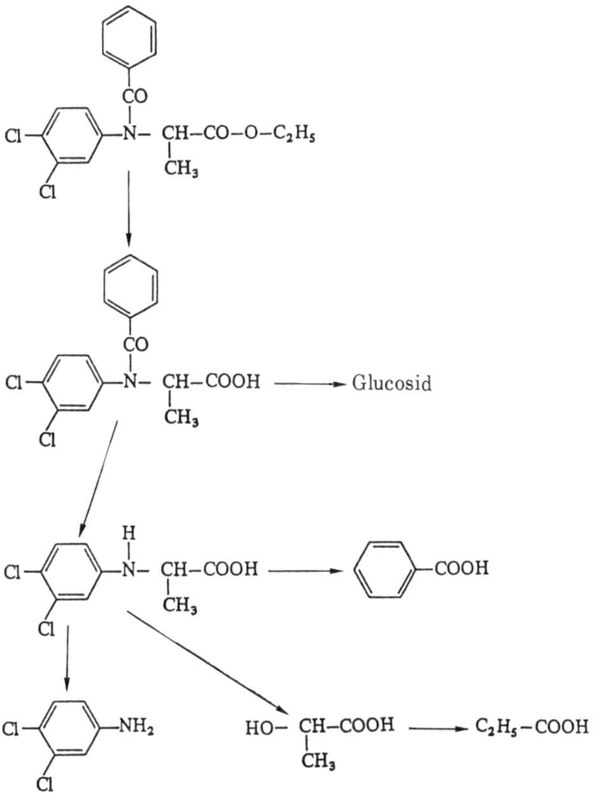

Abb. 60. **Metabolismus von Benzoylprop-ethyl.**

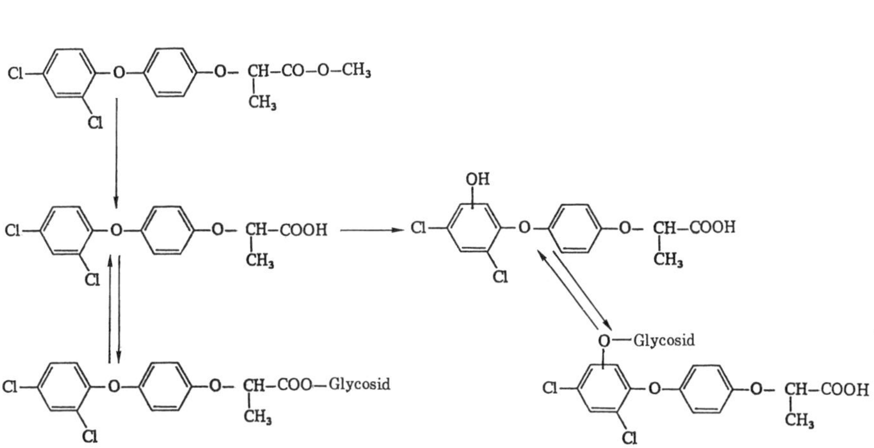

Abb. 61. **Metabolismus von Diclofop-methyl.**

Hydroxy-Diclofop, das sich langsam in ein phenolisches Konjugat umwandelt. Diese Konjugationsreaktion ist auch wieder umkehrbar. Aus dem phenolischen Konjugat bilden sich schließlich unlösliche Verbindungen. In *Avena fatua* entsteht aus Diclofop dagegen relativ langsam ein Ester-Konjugat, das in chemischem Gleichgewicht mit Diclofop steht, d.h. das Konjugat kann wieder in die toxische Säure zurückverwandelt werden. Nur sehr langsam geht das Ester-Konjugat in unlösliche Stoffe über.

Im Boden wird aus Diclofop durch Abbau der Seitenkette Diclofop-phenol, das später konjugiert wird.

Die Selektivität der Stoffe aus dieser Gruppe dürfte auf Unterschiede in der Aufnahme, im Transport und in der Metabolisierung zurückgehen.

3.2.25 Cyclohexendion-Verbindungen

Zu den Stoffen dieser Gruppe zählen Sethoxydim und das Versuchsherbizid Cycloxydim sowie Alloxydim-Na.

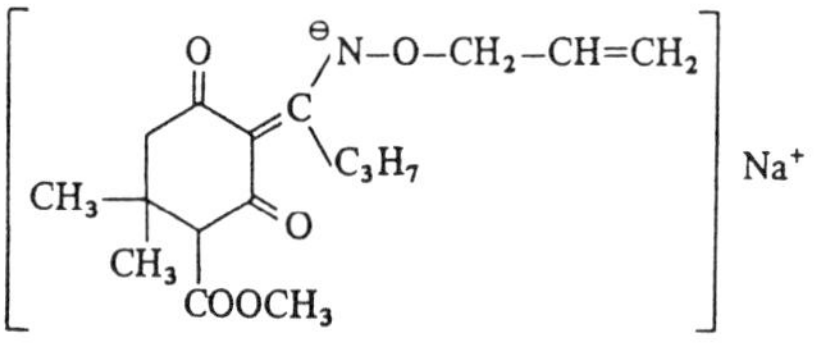

Alloxydim-Na

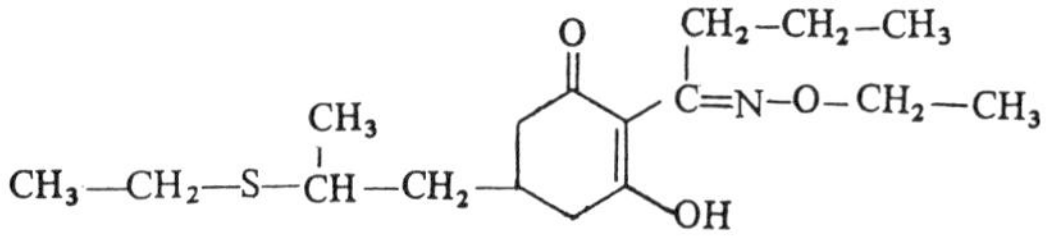

Sethoxydim

Sethoxydim ist eine extrem instabile Substanz; bereits 1 Stunde nach der Behandlung sind 60% des Wirkstoffs abgebaut. Es entstehen zahlreiche Metabolite (Sulfoxide, Sulfone, hydroxylierte und desalkylierte Stoffe usw.), von denen aber nur zwei noch herbizidwirksam bleiben.

Der Abbau von Sethoxydim im Boden erfolgt sehr rasch zunächst in einer Abspaltung der Ethoxygruppe zum Desethoxy-Sethoxydim, der sich weitere chemische Prozesse wie Desethylierung, Desulfurierung und Abspaltung der Propylgruppe anschließen.

3.2.26 Sulfonylharnstoffe

Die Verbindungen dieser Gruppe zeichnen sich dadurch aus, daß sie in sehr geringen Mengen schon eine phytotoxische Wirkung haben. Hier ist insbesondere Chlorsulfuron zu erwähnen. Die Substanz ist zehn bis hundert mal herbizidwirksamer gegen bestimmte Unkräuter als die meisten Herbizide. Dabei ist die Säugertoxizität gering. Bei der Unkrautbekämpfung bedarf es z.T. nur 20 g Aktivsubstanz, um eine gute Wirkung zu erhalten. Eine weitere Verbindung ist Metsulfuron-methyl.

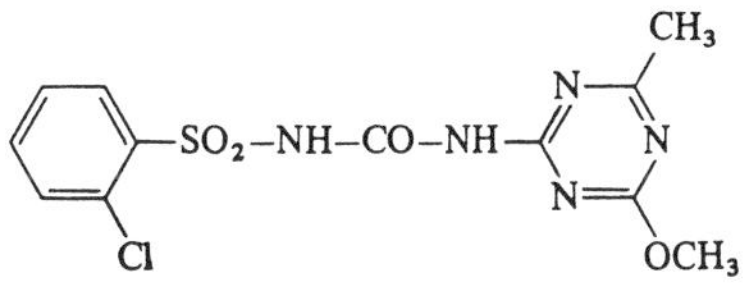

Chlorsulfuron

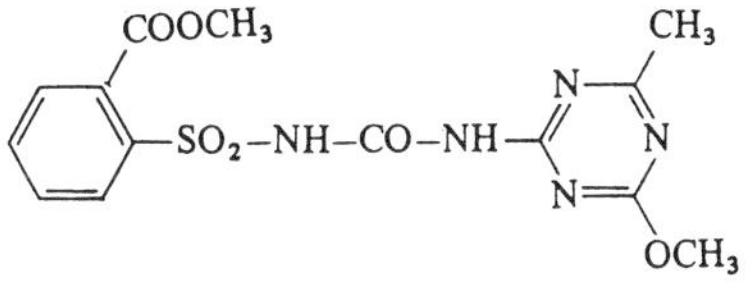

Metsulfuron-methyl

Der Abbau von **Chlorsulfuron** erfolgt in den Pflanzen bei toleranten Arten, z. B. Weizen, Gerste, Hafer, sehr rasch über eine Hydroxyverbindung zu einem Glucosid. In empfindlichen Arten, wie Sojabohne, Zuckerrübe und Senf, wird dagegen langsamer abgebaut.

Im Boden verhält sich Chlorsulfuron verhältnismäßig abbauträge (Halbwertzeit 1 bis 2 Monate), so daß – insbesondere bei höheren Aufwandmengen – Nachbauprobleme eintreten können. Ein Abbau erfolgt, speziell in sauren Böden und vor allem unter Mitwirkung von bestimmten Bodenmikroorganismen, durch hydrolytische Spaltung zu 2-Chlorbenzosulfamid und auch zu 3-Amino-methyl-6-methyl-1,3,5-triazin. Daneben spielt die chemische Hydrolyse beim Verschwinden des Wirkstoffs aus dem Boden eine gewisse Rolle.

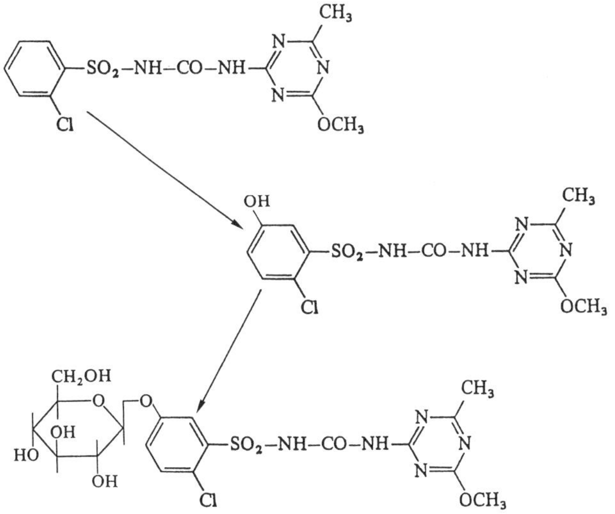

Abb. 62. Metabolismus von Chlorsulfuron.

3.2.27 Verschiedene Stoffe

Nicht in spezielle Gruppen lassen sich eine ganze Anzahl von Wirkstoffen einordnen. Zu erwähnen sind hier Allylalkohol, Amitrol, Dazomet sowie Herbizide wie Perfluidon, Ethofumesat usw. und der Wachstumsregulator Chlormequat.

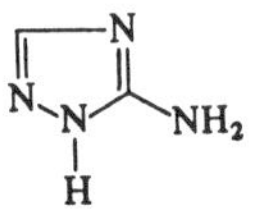

Amitrol

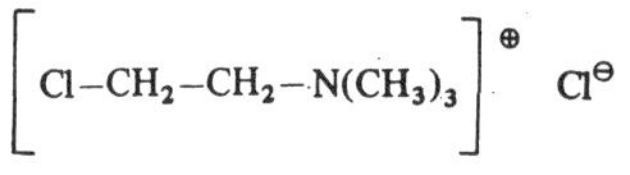

Chlormequat $[Cl-CH_2-CH_2-N(CH_3)_3]^{\oplus} Cl^{\ominus}$

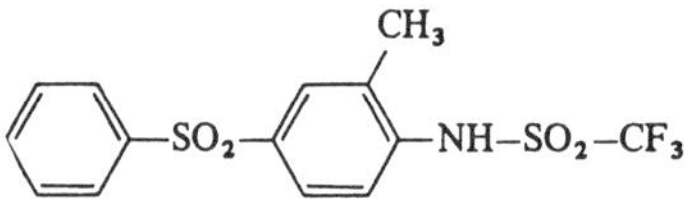

Perfluidon

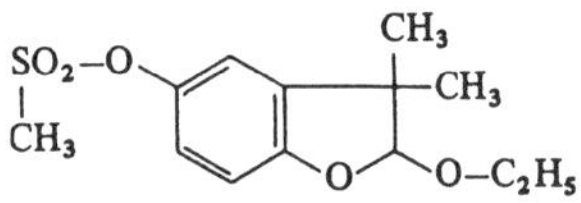

Ethofumesate

Amitrol wirkt gegen perennierende dikotyle und monokotyle Arten. Es ist außerdem ein häufiger Mischungspartner in Präparaten für Nichtkulturland.

Obzwar der s-Triazol-Ring sehr stabil ist, findet in einigen Arten auch unter physiologischen Bedingungen eine Ringspaltung statt (z. B. bei Mais, Weizen und z. T. auch bei Sojabohnen). Es ist eine sog. Mineralisierung des Moleküls möglich. Im unempfindlichen Hafer ist diese stärker als in der nur verhältnismäßig unempfindlichen Gerste. In empfindlichen Bohnen und Tomaten wurde dagegen keine CO_2-Freisetzung gefunden.

Trotz der allgemein anzunehmenden Tendenz kommt es in Pflanzen zu einer Verminderung des Amitrol-Gehaltes einmal durch den bereits erwähnten Abbau; außerdem wahrscheinlich durch Substanzverluste über das Wurzelsystem.

Amitrol wird in der Pflanze stark metabolisiert. In Baumwolle liegt bereits kurz nach der Behandlung sehr viel Wirkstoff in metabolisierter Form vor; hauptsächlich als Konjugate. Eines dieser Konjugate dürfte identisch sein mit dem sich in vitro sehr rasch bildenden Amino-Glucosid. Ein Artefakt ist dabei nicht auszuschließen. Weiter entstehen Protein-Konjugate sowie anderweitig gebundene Stoffe. Ein Abbauprodukt im Amitrol-Metabolismus ist das nicht mehr phytotoxisch wirkende Anilin-Konjugat der 3-(3-Aminotriazol-1-yl)-aminopropionsäure. Beim Abbau von Amitrol treten noch weitere Metabolite auf.

Im Tier wird Amitrol rasch metabolisiert und zum großen Teil unverändert ausgeschieden. Ein gewisser Prozentsatz an Amitrol und an nicht identifizierten Metaboliten wurde auch in der Tierleber nachgewiesen.

Beim Metabolismus von **Perfluidon** in Erdnüssen entstehen als wasserlösliche Verbindung das β-O-D-Glucosid von 1,1,1,-Trifluoro-N-(4(3-hydroxyphenyl)sulfonyl)-2-methylphenyl-methan-sulphonamid und Produkte, aus denen durch saure Hydrolyse wieder Perfluidon entsteht. Daneben bilden sich große Mengen nicht identifizierter Produkte.

Ethofumesat unterliegt im Boden einem chemischen oder enzymatischen Abbau. Bisher wurden dabei jedoch weder die 2-Keto- noch die 2-Hydroxy-Verbindungen gefunden. Es ist daher anzunehmen, daß unter normalen Temperatur-, pH-Wert- und Feuchtigkeitsbedingungen Ethofumesat im Boden relativ stabil gegenüber chemischen und enzymatischen Einflüssen reagiert. Der Stoff dürfte jedoch durch bestimmte Bodenorganismen angegriffen werden.

Allylalkohol ist ein bewährtes Herbizid in Gemüse, Zierpflanzen und Baumschulen vor der Bestellung. Über den Abbau wurde bisher wenig publiziert.

Mit dem Bodenentseuchungsmittel **Dazomet** kann auch eine Unkrautbekämpfung durchgeführt werden. Der Abbau im Boden erfolgt über Formaldehyd zu Methylamino-methyldithiocarbamat, Methylamin, Methylisocyanat und Schwefelwasserstoff. Die Stoffe reagieren dann miteinander, wobei verschiedene Substanzen entstehen, u. a. 1,3,5-Trithiocyclohexan. Ein weiterer Abbau erfolgt bis zur völligen Mineralisierung.

In letzter Zeit sind eine Anzahl neuer Versuchsherbizide in die Prüfung genommen worden, die z. T. ganz neuen Wirkstoffklassen angehören. Über den Abbau dieser Stoffe ist noch nicht viel bekannt. Die nächsten Jahre werden hier sicher viele neue Befunde erbringen.

3.2.28 Anorganische Verbindungen

Früher spielten anorganische Herbizide eine große Rolle. Sie sind heute jedoch weitgehend durch organische Verbindungen verdrängt. Historisch erwähnenswert sind Eisen-III-sulfat, Schwefelsäure und Kupfersulfat. Diese Totalmittel erforderten eine hohe Aufwandmenge; sie waren nicht abbaubar und sehr persistent. Calciumcyanamid dient in Getreide infolge der leichten Spaltung als Dünger und als Herbizid. Natriumchlorat, Natriumborat und Natriumtetraborat sind Totalmittel mit hoher Persistenz.

3.3 Metabolismus von Insektiziden

Insektizide haben zwar ihren Wirkort nicht in der Pflanze, sondern sie dienen zur Abtötung von Schadorganismen. Sie gelangen aber während der Insektenbekämpfung gewöhnlich auf die Pflanzen. Viele Substanzen werden aufgenommen und z. T. systemisch in der Pflanze verteilt. Die Stoffe unterliegen einem mehr oder weniger starken Metabolismus.

Bei einzelnen Gruppen von Insektiziden sollen im Folgenden die Abbaureaktionen in Insekten, in der Pflanze, daneben im Tier und in Mikroorganismen im Boden aufgezeigt werden. Die Abbaureaktionen in den Pflanzen stehen dabei zwar im Mittelpunkt, allerdings bieten unsere Kenntnisse darüber in den wenigsten Fällen die Möglichkeit, Einzelheiten des Abbaus darzustellen. Daher wird der Abbau in Warmblütlern, Insekten und Mikroorganismen sowie durch verschiedene abiotische Einflüsse – soweit bekannt – angeschlossen.

Nachfolgend soll bei den wichtigsten Insektizidgruppen der Abbau jeweils anhand einiger Wirkstoffe abgehandelt werden. Bei weiteren Gruppen werden Möglichkeiten der Metabolisierung angesprochen.

3.3.1. Chlorierte Kohlenwasserstoffe

Insektizide dieser Gruppe hatten große Bedeutung und wurden in starkem Maße eingesetzt. Allerdings ist in der Bundesrepublik aufgrund gesetzlicher Bestimmungen die Anwendung dieser Wirkstoffe außerordentlich stark eingeschränkt bzw. ganz verboten.

Die chlorierten Kohlenwasserstoffe sind zum großen Teil nur schwer wasserlösliche Substanzen. Sie kommen bei Bekämpfungsmaßnahmen zwar auf die Pflanze, eine Aufnahme erfolgt jedoch höchstens in Spuren. Eine Verteilung im Transportsystem der Pflanze ist nur bei wenigen Verbindungen nachweisbar. Die Menge an Rückständen auf den Pflanzen nimmt mit der Zeit ab infolge photolytischen und mikrobiellen Abbaus, durch Verflüchtigung und durch Abwaschen durch Niederschläge.

Die chlorierten Kohlenwasserstoffe lassen sich in drei Gruppen einteilen: Diphenyl-trichlorethan-Derivate, Hexachlorcyclohexane und Cyclodien-Verbindungen.

3.3.1.1 Diphenyl-trichlorethan-Verbindungen

DDT, der wichtigste Vertreter dieser Gruppe, ist im Vergleich zu anderen Insektiziden sehr gut wirksam. Es hat nach seiner Entdeckung daher rasch Einzug in den Pflanzenschutz gehalten – vor allem in den Hygienebereich zur Bekämpfung von Überträgern verschiedener Seuchen. Wegen seines sehr langsamen und geringen Abbaus und vor allem wegen der Speicherung im Fettgewebe von Tieren und dem Menschen ist DDT bei uns bereits 1971 weitgehend aus dem Pflanzenschutz verbannt worden. Aufgrund seiner Persistenz ist es jedoch inzwischen allgegenwärtig auf der Erde. Eine weitere Verbindung ist Methoxychlor, das besser wasserlöslich ist und in Fettgewebe weniger gespeichert wird.

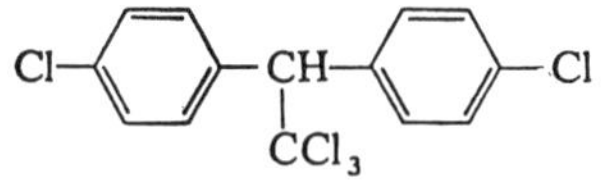

DDT

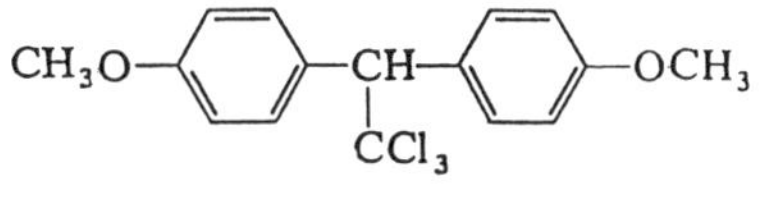

Methoxychlor

Die Aufnahme von **DDT** durch Wurzeln und Blätter von Pflanzen ist minimal. Nach Untersuchungen mit Gerste und Weizen verbleibt die Substanz hauptsächlich unmetabolisiert in der Pflanze, d.h. ein Abbau erfolgt

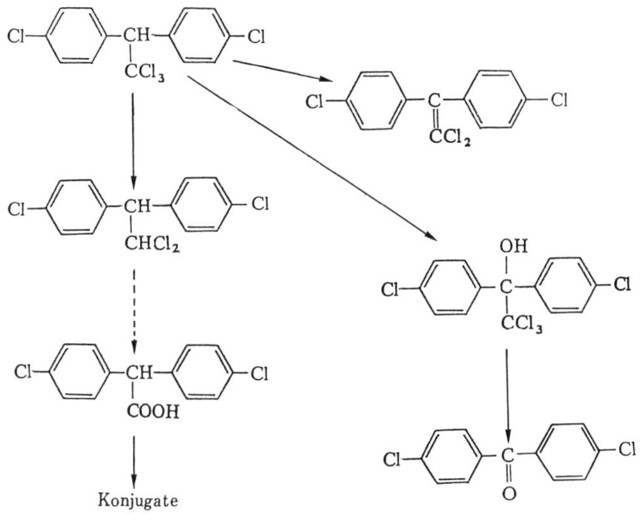

Abb. 63. Metabolismus von DDT.

überhaupt nicht oder nur in einer verschwindend geringen Intensität. In Weizen wird DDT in Spuren durch reduktive Dechlorierung zum weiterabbaufähigen DDD metabolisiert. Diese Substanz wird dann unter anaeroben Bedingungen in DDE überführt. Durch Dehydrohalogenierung kann DDE auch direkt aus DDT entstehen. Nach Seitenkettenoxidation entsteht Kelthan, das weiter zu p,p'-Dichlorbenzophenon abgebaut wird oder über mehrere Zwischenprodukte zum wasserlöslichen Alkohol DDA sowie zu wasserlöslichen Konjugaten.

Im Tier (Warmblütler) wird DDT kaum metabolisiert. Es wird z. T. ausgeschieden, vor allem aber frei im Gewebefett gespeichert. Im Warmblütler erfolgt in der Leber ein DDT-Abbau zu DDD, das im Organismus nicht gespeichert, sondern ausgeschieden wird. Der Abbau in der Leber führt z. T. weiter über verschiedene Zwischenprodukte zum wasserlöslichen DDA. Da aus DDT nicht direkt DDA entstehen kann, sind für den Warmblütler zwei Möglichkeiten des DDT-Abbaus sicher, deren Endmetaboliten einmal DDE und zum andern DDA sind. In einzelnen Arten erfolgt auch noch Oxidation zu DDD.

Auch im Insekt erfolgt ein nur langsamer Abbau über mehrere Abbauwege. Trotz zahlreicher Untersuchungen konnten bis heute viele Metabolite nicht identifiziert werden. Unter Einwirkung einer Dehydrogenase wird DDT durch Dechlorierung zum Insektizid-unwirksamen DEE umgewandelt. In Insekten, z. B. in *Drosophila melagonaster*, entstehen durch Hydroxylierung von DDT Kelthan; daneben p,p'-Dichlorbenzophenon und wasserlösliche Konjugate.

In Mikroorganismen wird DDT reduktiv zu DDD dechloriert. Daneben erfolgt auch ein gewisser Abbau zu DDE.

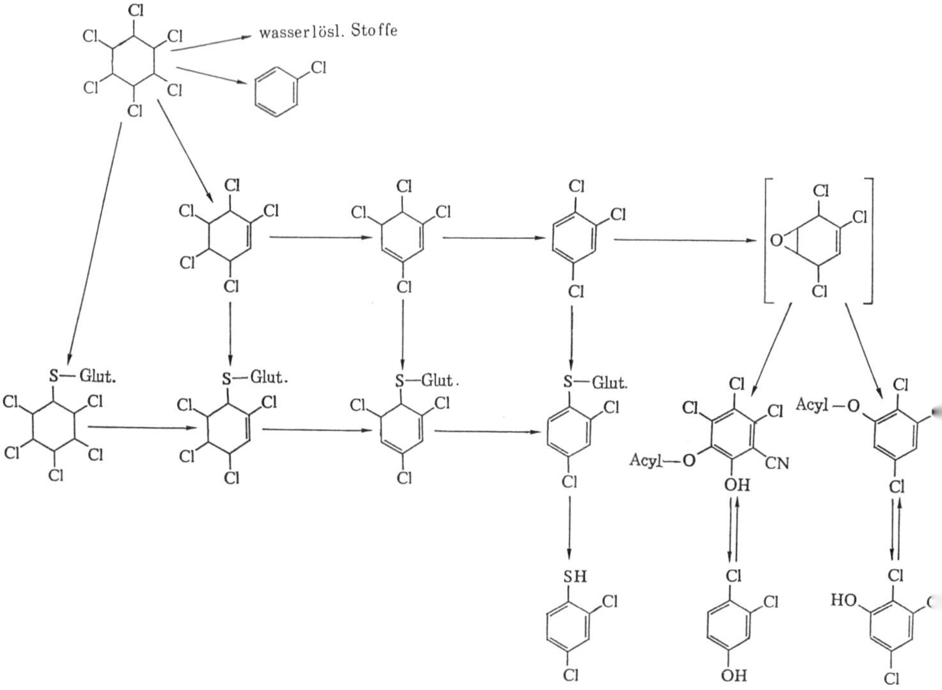

Abb. 64. Metabolismus von Lindan.

Unter Wirkung von UV-Licht und aeroben Bedingungen wird DDT zu p,p'-Dichlorbenzophenon und unter anaeroben Bedingungen in ein Zusammenlagerungsprodukt umgewandelt, letzteres wird später nach Oxidation ebenfalls zu p,p'-Dichlorbenzophenon.

3.3.1.2 Cyclohexan-Verbindungen

Lindan ist die γ-Isomere von Hexachlorcyclohexan. Es hat große Bedeutung als Insektizid mit Fraß-, Atem- und Berührungsgiftwirkung. Als weitere Verbindungen sind die Cyclopentenstoffe Camphechlor und Dienochlor zu erwähnen.

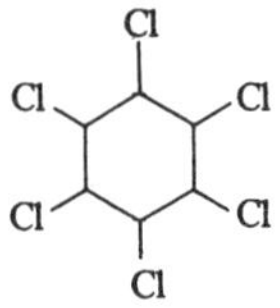

HCH (Lindan)

Der Abbau von **Lindan**, dem γ-Isomer von Hexachlorcyclohexan, erfolgt in Pflanzen langsam durch Dechlorierung unter Bildung verschiedener Metabolite. Lindan wird in Möhren hauptsächlich zu bisher nicht eindeutig identifizierten Stoffen metabolisiert (wahrscheinlich zu Pentachlorcyclohexan-ähnlichen Verbindungen). Untersuchungen mit Möhren, Spinat und Kohl erbrachten nach vorausgegangener Bodenbehandlung mit Lindan fünf ähnlich gebaute wasserlösliche Abbauprodukte.

Im Warmblüter wird Lindan zunächst wie DDT akkumuliert; später wird es dann z. T. ausgeschieden. Der Rest von Lindan im Tier wird zunächst zu 2,3,4,5,6-Pentachlorcyclohexan dechloriert, und unter Bildung von Doppelbindungen zu Trichlorbenzol. Weiter wird diese Verbindung über ein unbeständiges Epoxid in eine hydroxylierte und acylierte Form übergeführt. Beim Abbau entstehen aus Pentachlorcyclohexan und aus Tetrachlorcyclohexan Konjugationsprodukte mit Glutathion, die ebenfalls dechloriert werden. Es wird dabei auch Dichlormercaptursäure gebildet.

Im Insekt, z. B. in resistenten Hausfliegen, wird Lindan sehr rasch abgebaut. Zunächst entsteht ebenfalls Pentachlorcyclohexan. Daneben treten weitere Dechlorierungsprodukte und deren Konjugate mit Glutathion auf. Es wurde neben Penta- und Tetrachlorcyclohexan und den unbeständigen Glutathion-Konjugaten von Pentachlor, Tetrachlor- und Trichlorcyclohexan sowie Dichlorbenzol ebenso das beständige Glutathion-Konjugat von Dichlorbenzol nachgewiesen. Daneben entsteht Dichlorphenoxmercaptursäure. Ein weiterer Abbauweg (z. B. in Hausfliegen und Moskitos) führt zu wasserlöslichen Metaboliten und Chlorbenzol.

3.3.1.3 Cyclodien-Verbindungen

Die Cyclodien-Verbindungen Aldrin, Dieldrin, Endosulfan und Heptachlor sowie Chlordan und Endrin sind sehr persistent in Organismen und haben

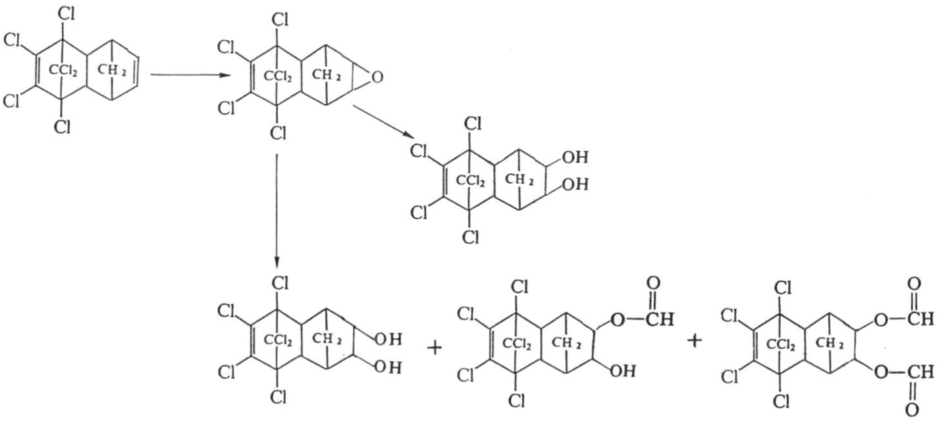

Abb. 65. **Metabolismus von Aldrin und Dieldrin.**

eine große Stabilität im Boden. Außerdem sind sie ziemlich widerstandsfähig gegen UV- und Sonnenlicht. Als Gemeinsamkeit der Metabolisierung haben alle Verbindungen der Gruppe die Bildung von Epoxiden, die eine Aktivierung des Wirkstoffs darstellen. Die Epoxide dürften nämlich die eigentlich insektizidwirksamen Stoffe sein.

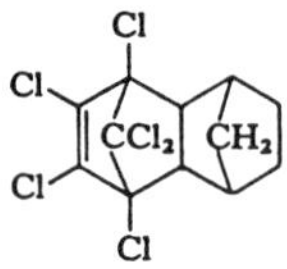

Aldrin

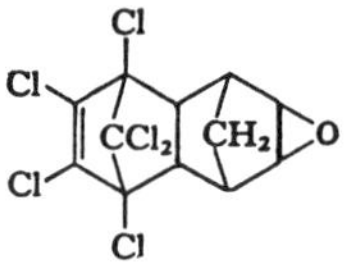

Dieldrin

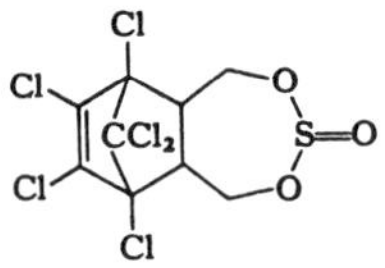

Endosulfan

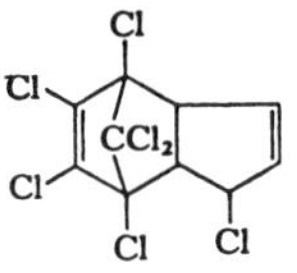

Heptachlor

In Pflanzen wird **Aldrin** durch Epoxidation zu **Dieldrin** umgewandelt. Ausserdem entstehen eine Reihe hydroxylierter Metaboliten unbekannter Natur (u.a. sind es Stoffwechselprodukte der Pflanze). Auf der Pflanze wird ebenfalls Dieldrin gebildet (Photo-Dieldrin), das später im Organismus in mehrere hydrophile Stoffe umgewandelt wird.

Im Insekt erfolgt eine rasche Umwandlung zu Dieldrin, was die Ursache für die stärker toxische Wirkung der Substanz ist. Aus Aldrin entstehen außerdem mehrere nicht identifizierte Metabolite (6,7-Transdihydroxy-Dihydro-Aldrin sowie einige hydrophile Abbauprodukte).

Im Säuger wird Aldrin in der Leber ebenfalls durch Epoxidation in Dieldrin umgewandelt, das dann nicht wieder abgebaut, sondern in der Leber gespeichert wird. Allerdings werden im Säuger nach Aldrin-Behandlung auch hydrophile Substanzen gefunden (u.a. 6,7-Transhydroxy-dihydro-Aldrin).

Der Abbau von **Heptachlor** in der Pflanze, in Insekten, in Warmblütern und im Boden erfolgt in gleicher Weise. Es kommt z.B. in Erdnuß und Luzerne zur Bildung von Heptachlor-2,3-Epoxid. Diese Epoxid-Bildung ist jedoch keine Entgiftungsreaktion, denn das Epoxid hat eine höhere Toxizität als die Ausgangssubstanz und dürfte daher sogar die eigentliche Wirksubstanz sein.

Durch UV-Licht entsteht aus Heptachlor-Epoxid ein Epoxidketon. Es ist eine sehr stabile Substanz mit hoher Flüchtigkeit und starker insektizider Wirkung (Wirkung gegen Stubenfliege 7mal größer und gegen Mäuse 3mal größer als die Wirkung des Epoxids). Dieses Epoxidketon dürfte sich aufgrund seiner physiko-chemischen Eigenschaften in der Natur akkumulieren.

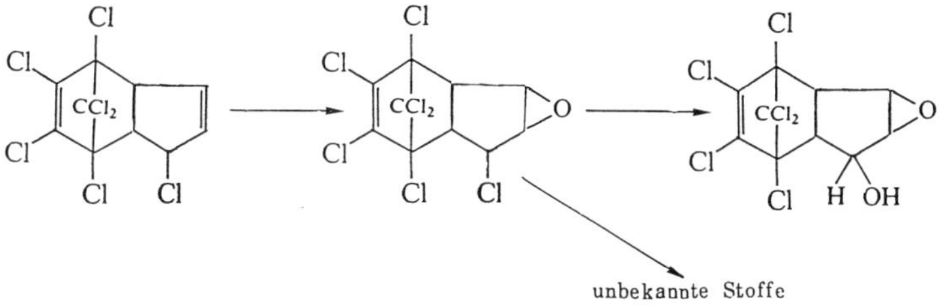

Abb. 66. **Metabolismus von Heptachlor.**

Die eigentliche Detoxifizierung von Heptachlor erfolgt erst im Verlauf des weiteren Abbaus, der durch Aufspaltung der Etherbrücke über eine Diol-Verbindung erfolgt. Eine Abspaltung von Chlor-Substituenten wurde bisher nicht festgestellt.

Im Säugetier und in Mikroorganismen erfolgt ein relativ langsamer Abbau von Heptachlor zu hydrophilen Stoffen, z.B. sind es hydroxylierte Verbindungen.

Endosulfan verschwindet aus der Pflanze relativ schnell vor allem durch Verflüchtigung, aber auch durch Bildung des Metaboliten Endosulfan-Sulfat, dessen Struktur nicht eindeutig bekannt ist. Außerdem wird eine Anzahl anderer Stoffe gebildet; u.a. nach Aufbrechen des heterozyklischen Rings Endosulfan-Alkohol (Thiodaniol). Daraus entsteht reversibel durch erneuten Ringschluß zu einem 5-Ring ein Endosulfan-Ether.

Auf der Pflanzenoberfläche und in Insekten sind beim Endosulfan-Abbau Ether, Acetale und Lactone festgestellt worden.

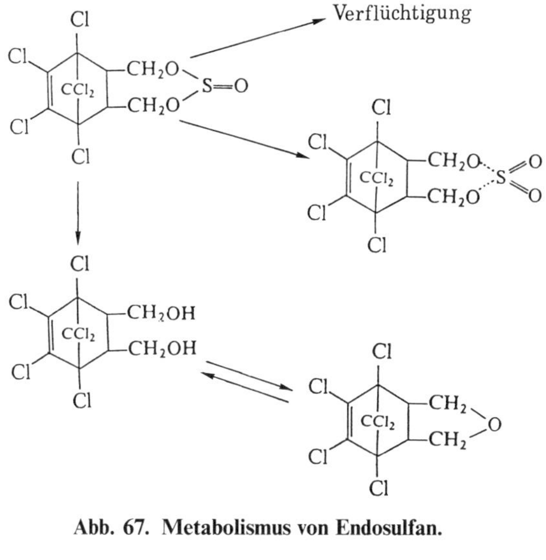

Abb. 67. **Metabolismus von Endosulfan.**

3.3.2 Phosphorsäureester

Die Phosphorsäureester sind eine sehr umfangreiche Insektizidgruppe mit zahlreichen Wirkstoffen. Die Substanzen leiten sich von der o-Phosphorsäure ab, wobei durch Substitution des 2- oder 1-bindigen Sauerstoffs mit Schwefel Thiophosphorsäuren oder sogar durch Ersatz beider Sauerstoffatome durch Schwefel Dithiophosphorsäuren gebildet werden. In allen Gruppen gibt es einige Verbindungen mit Phosphonat- und Phosphoramid-Struktur.

Schradan (Octamethyl-pyrophosphorsäureamid) wurde 1941 als erstes systemisches (innertherapeutisches) Insektizid dargestellt. Es hatte große Bedeutung, wurde jedoch später von Stoffen der Systox-Gruppe abgelöst.

Phosphorsäure- und Phosphonsäure-Verbindungen mit aliphatischen Acyl-Substituenten sind u.a. Phosphamidon und Trichlorfon; außerdem sind bei uns zugelassen Mevinphos, Dicrotophos, Dichlorfos und Dimefox. Zyklische Acyl-Substituenten haben Chlorfenvinphos, Tetrachlorvinfos, Heptenophos sowie Methamidophos.

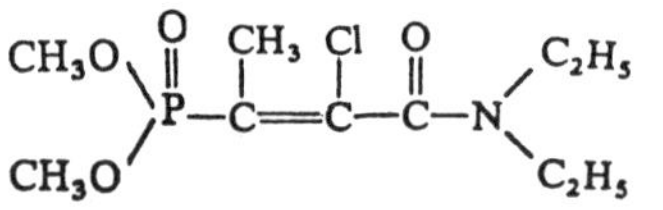

Phosphamidon

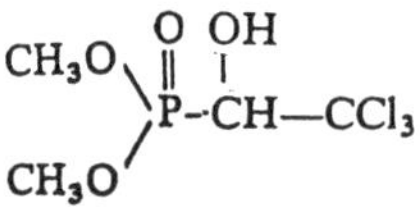

Trichlorfon

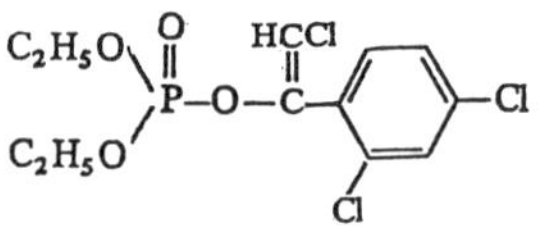

Chlorfenvinphos

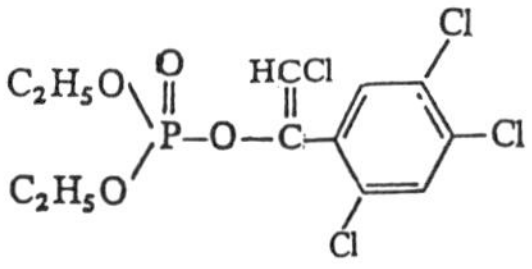

Tetrachlorvinfos

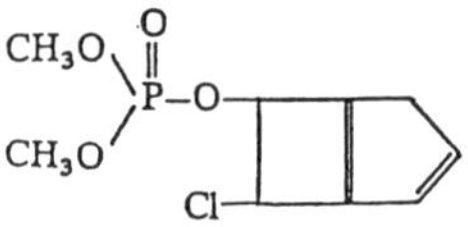

Heptenophos

Zu den Monothiophosphorsäure- und -phosphonamid-Verbindungen zählen relativ alte, aber auch heute noch wichtige Verbindungen wie Demeton-S-methyl, Demeton-S-methylsulfon sowie Omethoat. Weitere Verbindungen sind Oxydemeton-methyl, Amiton und Demeton. Hierher ist auch das Tetraethyldithiopyrophosphat Sulfotepp einzuordnen. Zyklische Acyl-Substituenten haben mehrere wichtige Verbindungen wie Parathion, Parathion-methyl, Fenitrothion und Fenthion sowie Bromophos, Dichlofenthion und zahlreiche weitere Substanzen.

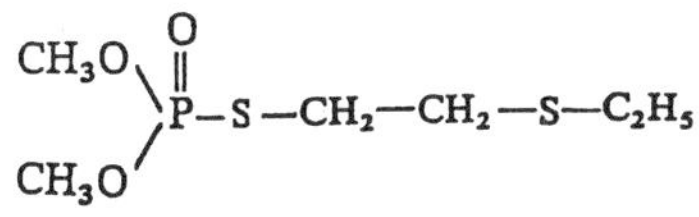

$$\underset{CH_3O}{\overset{CH_3O}{\diagdown}}\overset{O}{\underset{\|}{P}}-S-CH_2-CH_2-S-C_2H_5$$

Demeton-S-methyl

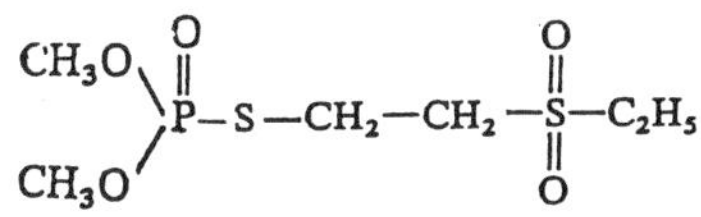

$$\underset{CH_3O}{\overset{CH_3O}{\diagdown}}\overset{O}{\underset{\|}{P}}-S-CH_2-CH_2-\overset{O}{\underset{\underset{O}{\|}}{S}}-C_2H_5$$

Demeton-S-methylsulfon

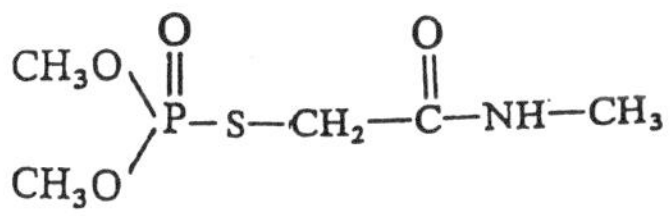

$$\underset{CH_3O}{\overset{CH_3O}{\diagdown}}\overset{O}{\underset{\|}{P}}-S-CH_2-\overset{O}{\underset{\|}{C}}-NH-CH_3$$

Omethoat

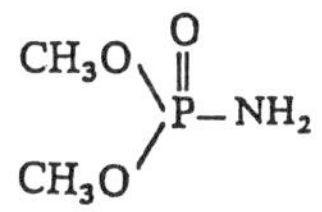

$$\underset{CH_3O}{\overset{CH_3O}{\diagdown}}\overset{O}{\underset{\|}{P}}-NH_2$$

Methamidophos

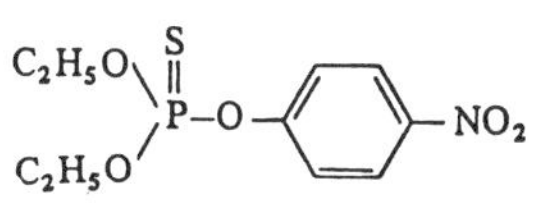

$$\underset{C_2H_5O}{\overset{C_2H_5O}{\diagdown}}\overset{S}{\underset{\|}{P}}-O-\!\!\left\langle\!\!\bigcirc\!\!\right\rangle\!\!-NO_2$$

Parathion

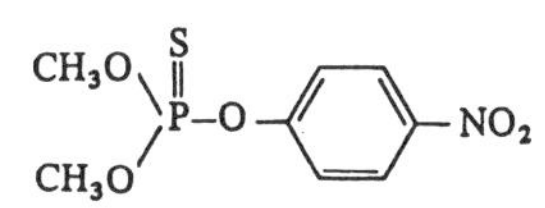

$$\underset{CH_3O}{\overset{CH_3O}{\diagdown}}\overset{S}{\underset{\|}{P}}-O-\!\!\left\langle\!\!\bigcirc\!\!\right\rangle\!\!-NO_2$$

Methyl-Parathion

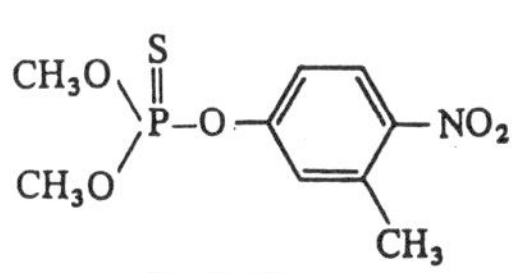

$$\underset{CH_3O}{\overset{CH_3O}{\diagdown}}\overset{S}{\underset{\|}{P}}-O-\!\!\left\langle\!\!\underset{CH_3}{\bigcirc}\!\!\right\rangle\!\!-NO_2$$

Fenitrothion

$$\underset{CH_3O}{\overset{CH_3O}{\diagdown}}\overset{S}{\underset{\|}{P}}-O-\!\!\left\langle\!\!\underset{CH_3}{\bigcirc}\!\!\right\rangle\!\!-SCH_3$$

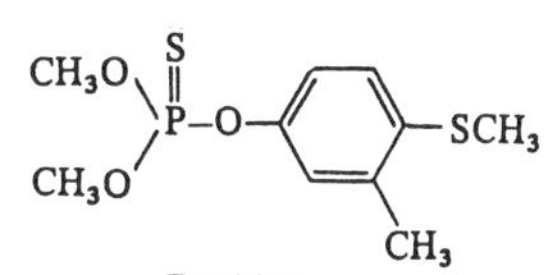

Fenthion

Durch Substitution eines weiteren Sauerstoffs durch Schwefel entstehen die Dithiophosphorsäure- bzw. Dithiophosphonsäure-Verbindungen. Stoffe mit alipathischen Acyl-Substituenten sind u.a. Disulfoton, Terbufos, Dimethoat, Malathion sowie Phorat. Zyklische Acyl-Substituenten haben Verbindungen wie Dialiphos, Phosalon, Methidathion, Azinphos-ethyl sowie weitere Verbindungen, u.a. Azinphos-methyl, Thiometon, Chlormephos, Menazon.

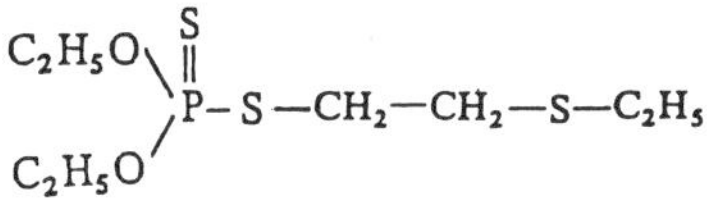

$$\underset{C_2H_5O}{\overset{C_2H_5O}{\diagdown}}\overset{S}{\underset{\|}{P}}-S-CH_2-CH_2-S-C_2H_5$$

Disulfoton

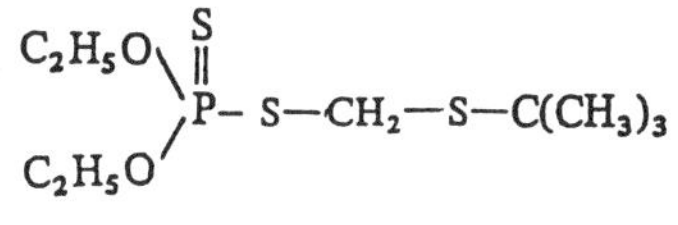

$$\underset{C_2H_5O}{\overset{C_2H_5O}{\diagdown}}\overset{S}{\underset{\|}{P}}-S-CH_2-S-C(CH_3)_3$$

Terbufos

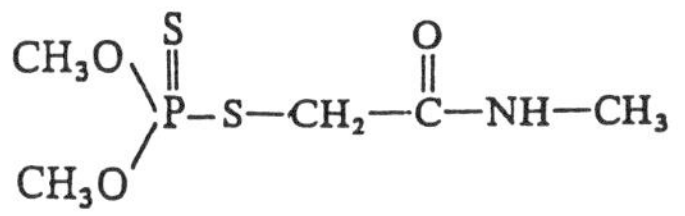

$$\underset{CH_3O}{\overset{CH_3O}{\diagdown}}\overset{S}{\underset{\|}{P}}-S-CH_2-\overset{O}{\underset{\|}{C}}-NH-CH_3$$

Dimethoat

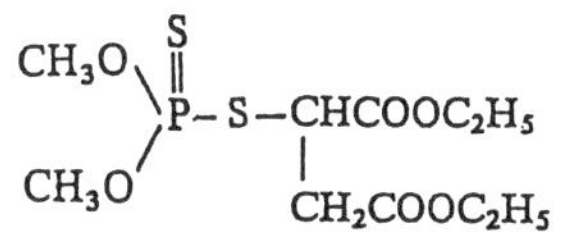

$$\underset{CH_3O}{\overset{CH_3O}{\diagdown}}\overset{S}{\underset{\|}{P}}-S-\underset{\underset{CH_2COOC_2H_5}{|}}{CHCOOC_2H_5}$$

Malathion

148 Abbau und Detoxifizierung von Pflanzenschutzmitteln

Dialiphos

Phosalon

Methidathion

Azinphos-ethyl

Die Phosphorsäure-, Thiophosphorsäure- und Dithiphosphorsäureester unterliegen in der Pflanze, im Tier und in Mikroorganismen einer sehr raschen Metabolisierung, ein Zeichen für das Vorhandensein mehrer reaktiver Gruppen im Molekül.

Es sind (1) hydrolytische Reaktionen, bei denen die Etherbindung gespalten wird. Das führt zu harmlosen Endprodukten mit Säurecharakter. Derartige Hydrolysen sind die vorherrschenden Abbaureaktionen in Pflanzen.

Es sind weiter (2) Oxidationsreaktionen, die insbesondere bei den Thionphosphaten zu neutralen Stoffen führen. Durch die Desulfurierung wird die Toxizität und auch die insektizide Wirkung der Verbindungen erhöht. Die Reaktionen erfolgen in Gegenwart von NADPH + H_2 bei Tieren in Leberribosomen bzw. im Fettgewebe der Insekten, das deren Leberfunktion ersetzt. Die oxidativen Umwandlungen der Phosphorthionate und Phosphordithionate zu den entsprechenden Phosphorsäuren bzw. Thiophosphorsäuren sind bisher wenig erforscht, obwohl sie für einige Wirkstoffe toxikologisch interessant wären.

Bei Phosphorsäureestern und Dimethylthiophosphorsäureestern ist (3) die O-Desalkylierung eine verbreitete Reaktion. Der schrittweise Abbau des Moleküls führt zum allmählichen Verlust der insektiziden Wirkung.

Außerdem können (4) beim Vorhandensein zusätzlicher funktioneller Gruppen noch weitere Abbaureaktionen erfolgen. Substanzen mit Thioethergruppierungen werden beispielsweise oxidativ zu stark polaren Sulfoxiden und Sulfonen transformiert. Bei Verbindungen mit Carbamoylgruppen im Molekül kann ein hydrolytischer Abbau vor sich gehen in Form von Demethylierungen und Desaminierungen.

Weiter ist (5) zu vermerken, daß bei Insektiziden und deren Metaboliten, die Hydroxygruppen oder Carboxylgruppen haben, Konjugate mit Kohlenhydraten gebildet werden können. Diese Stoffe sind in der Regel wasserlöslich. Über ihre genaue Natur und Bedeutung weiß man bisher wenig.

Parathion ist wohl das am meisten angewandte Organophosphat. Die Substanz ist sehr toxisch (LD_{50} 6,4 mg/kg Ratte oral). Sie hat allerdings nur eine sehr geringe Persistenz. Der Abbau erfolgt auf und in der Pflanze sehr rasch. Das gleiche gilt für den Abbau im Sonnenlicht. Auf unbelebten Oberflächen ist der Abbau dagegen wesentlich langsamer.

Die Metabolisierung von Parathion erfolgt auf verschiedene Weise. In Pflanzen und im Tier (Leber) wird durch hydrolytische Reaktionen die Etherbrücke gespalten. Es entstehen Diethylthiophosphorsäure und p-Nitrophenol. Diese werden in Säugern als Glucuronide ausgeschieden. Im Tier kann im Pansensaft auch erst die Nitrophenolgruppe zu Amino-Parathion reduziert werden. Dieses wird dann ebenfalls hydrolytisch gespalten, wobei p-Aminophenol entsteht, das als Glucuronid oder Sulfatester abgegeben wird. Die hydrolytische Spaltung von Parathion erfolgt außerdem bei Fliegen und Moskitos, jedoch schlecht in anderen Insektenarten.

Die Oxidation des Thionates zum Phosphat (Desulfurierung) ist eine in Säugetieren und Insekten – weniger in Pflanzen – durchführbare Reaktion, wobei Parathion durch Peroxidasen in das stärker wirksame Paraoxon übergeführt wird (LD_{50} Parathion 6,4 mg/kg, Paraoxon 3 mg/kg Ratte oral). Oxone sind in Pflanzen immer nur in geringen Mengen vorhanden. Es sind unbeständige Verbindungen. Durch die Oxidation wird die Wasserlöslichkeit der Verbindungen stark erhöht (Parathion 24 mg/l, Paraoxon 2400 mg/l).

Außerdem wird Parathion auf den verschiedenen Stufen der Metabolisierung durch eine O-Desalkylierung der Ethylgruppen abgebaut. Es werden nacheinander die beiden Ethylgruppen abgespalten. Die insektizide Wirkung der verschieden desalkylierten Verbindungen nimmt sehr stark ab.

Letztlich führt der gesamte Metabolismus zu o-Phosphorsäure, die im Tier in Phospholipide und Phosphorproteine eingebaut wird; auch in Pflan-

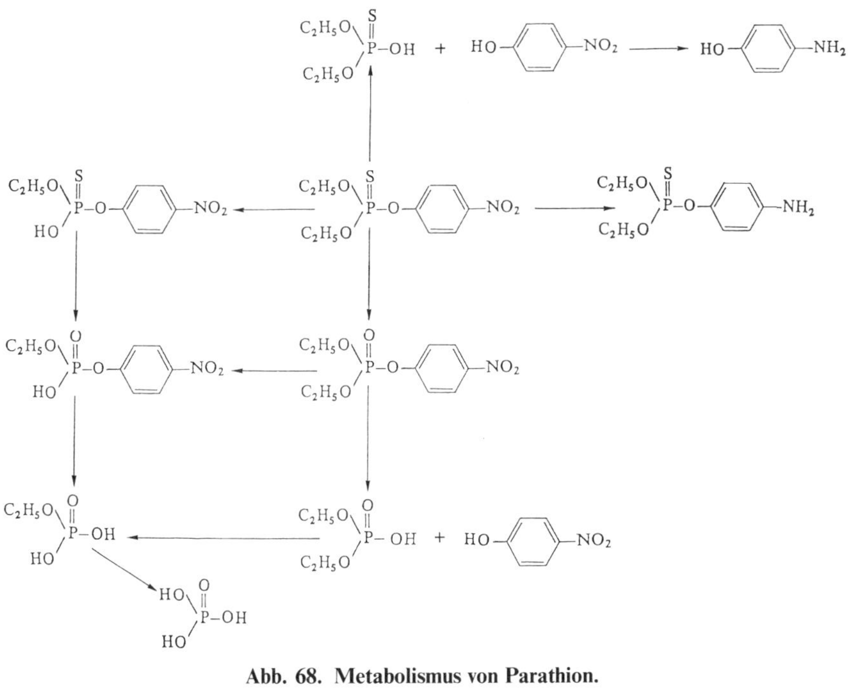

Abb. 68. Metabolismus von Parathion.

zen wird die Phosphorsäure für den Intermediärstoffwechsel verwendet.
Fenthion ist ein Insektizid mit einer Methyl- und einer Methyl-mercapto-Gruppe am Phenylring. Der Stoff ist relativ stabil und hat eine geringe Giftigkeit für Fische und Säugetiere (LD_{50} 250 mg/kg Ratte oral).
Der Abbau in der Pflanze wurde (z. B. in Bohnen, *Citrus* und Luzerne) eingehend untersucht. Der Wirkstoff unterliegt den gleichen Abbaumechanismen wie Parathion. Bei der hydrolytischen Spaltung werden hier als Metabolite hauptsächlich Dialkylthiophosphorsäure und Dialkylphosphorsäure nachgewiesen. Daneben treten Monoalkylphosphorsäure, Monoalkylthiophosphorsäure und anorganisches Phosphat auf. Die Phosphorsäure-Verbindungen zeigen, daß auch eine Oxidation der Thio-Verbindungen (Desulfurierung) in der Pflanze eintritt. Eine O-Desalkylierung scheint nicht am ursprünglichen Produkt zu erfolgen, sondern hauptsächlich an der vorher oxidierten Substanz.

Eine weitere Reaktionsmöglichkeit in Tieren und Pflanzen ist die enzymatische Oxidation der Thioetherstruktur zum Sulfoxid, das den Hauptmetaboliten von Fenthion darstellt, und zum Sulfon. Beide Substanzen sind neben dem Wirkstoff in Bezug auf Rückstände in der Pflanze zu beachten. Die insektizide Wirkung der Sulfoxide entspricht der Ausgangssubstanz, die Sulfone sind dagegen nur noch wenig wirksam. In Pflanzen werden nicht nur Sulfoxide und Sulfone der Ausgangssubstanz gebildet, sondern auch Oxone, die ebenfalls noch insektizide Wirkung haben. Das dürfte die besonders lang andauernde Wirkung von Fenthion erklären. Somit wirkt nicht nur Fenthion selbst, sondern auch als Abbauprodukte das Oxon und die Sulfoxide.

Dimethoat ist eine sehr wichtige Substanz mit Berührungs- und auch Fraß- und Sauggift-Aktivität.

Dimethoat hat neben der Dithiophosphorsäure-Gruppe als zweites Reaktionszentrum eine Carbamoyl-Gruppe. In der Pflanze und im Tier sowie in Mikroorganismen sind daher mehrere Metabolisierungsreaktionen möglich.

(1) Durch hydrolytische Spaltung des Moleküls kann der Stoff rasch in zwei Metabolite umgewandelt werden. Wegen des Thionthiolester-Charakters der Substanz kann der Schwefel bei der Hydrolyse theoretisch entweder am Phosphor bleiben (Dimethyldithiophosphorsäure) oder mitabgespalten werden (Dimethyl-Thiophosphorsäure). In der Pflanze wird die Phosphor-Schwefel-Bindung gespalten. Der Hauptmetabolit bei der Hydrolyse, z. B. in Erbsen, Mais, Baumwolle und Kartoffeln, ist die Oxon-Verbindung, Dimethylthiophosphorsäure. Die Kohlenstoff-Schwefel-Bindung wird im Tier, z. B. in Homogenisaten von Rattenleber, unter Bildung von Dimethyldithiophosphorsäure aufgelöst.

(2) Durch Oxidation bildet sich z. B. in Rüben die Oxon-Verbindung. Diese Reaktion führt zu den eigentlichen Cholinesterase-Hemmern. Auch hier ist eine anschließende hydrolytische Spaltung des Moleküls möglich, wobei Dimethylphosphorsäure und Dimethylthiophosphorsäure entstehen.

(3) In der bei Phosphorsäureestern üblichen O-Desalkylierung können Dimethoat selbst sowie dessen Hydrolyse- und Oxidationsprodukte abgebaut werden. Soweit bisher nachgewiesen wurde, läuft die Reaktion in der ersten Phase nur bis zur Monomethyl-Stufe ab.

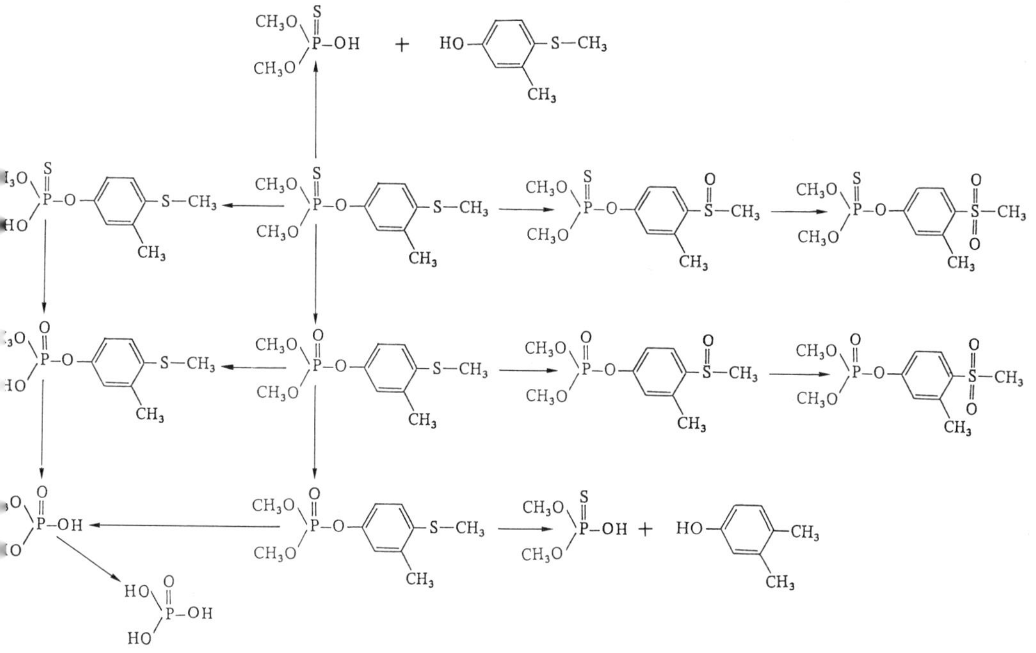

Abb. 69. Metabolismus von Fenthion.

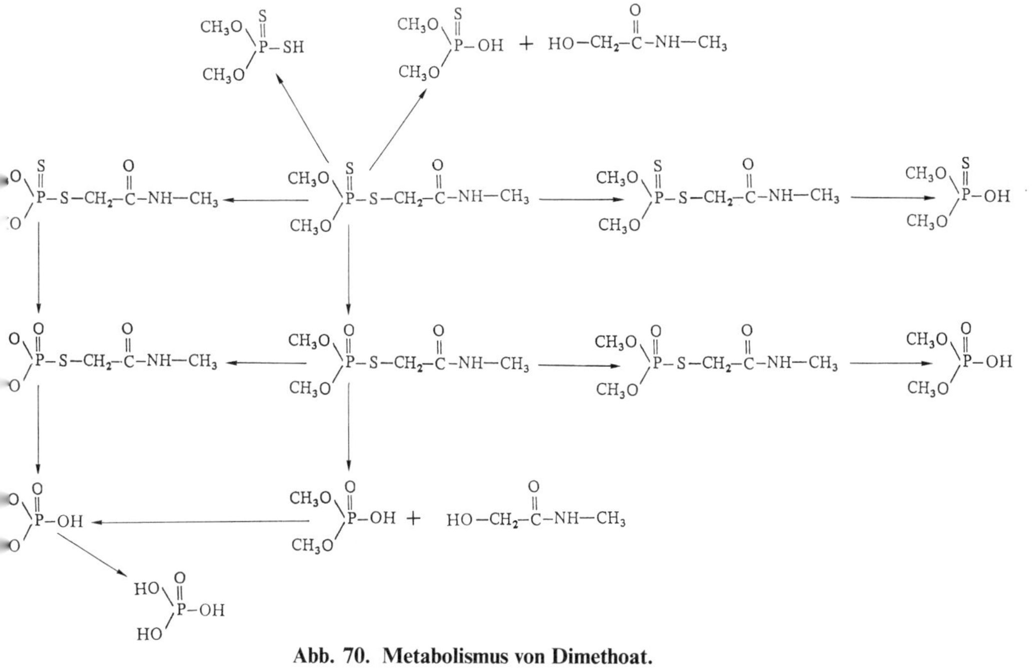

Abb. 70. Metabolismus von Dimethoat.

(4) Dimethoat hat eine weitere Möglichkeit der Metabolisierung durch das zweite reaktive Zentrum des Moleküls, nämlich durch Abbau-Reaktionen an der Carbamoyl-Gruppe. Bei Pflanzen erfolgt hier eine Desaminierung, die zu unwirksamen carboxylierten Verbindungen führt (Dimethoat-Säure).

Bei der Metabolisierung von Dimethoat treten eine ganze Anzahl von Verbindungen auf, z.B. konnten in Baumwollsämlingen 5 Tage nach der Behandlung mit ^{14}C-Dimethoat 60% des Wirkstoffs in Form von 11 verschiedenen Metaboliten nachgewiesen werden.

Der Abbau von Dimethoat in Pflanzen, Säugern und Insekten erfolgt zwar grundsätzlich in ähnlicher Weise; läuft jedoch in den einzelnen Organismengruppen mit verschiedener Reaktionsintensität ab.

In Tieren kann der Abbau durch Amidase-Wirkung zu Dimethoat-Säure führen (z.B. in Schafsleber) oder vor allem durch Hydrolyse zu Dimethylthiophosphorsäure (z.B. in Meerschweinchen-Leber); bzw. es entstehen beide Verbindungen (z.B. in Ratten- und Mäuseleber). Stubenfliegen und Amerikanische Schaben bauen Dimethoat nur sehr langsam ab, so daß sie geschädigt werden.

In Pflanzen, Säugetieren und im Baumwollkapselkäfer, der unter den untersuchten Insekten ein besonderes Abbauverhalten hat, wird in gewissem Maße Dimethoat durch die Amidase-Reaktion abgebaut. Nur im Baumwollkapselkäfer spielt die Desamidierung eine große Rolle. Sie ist hier gleich intensiv wie die Oxon-Bildung. Das Molekül wird hydrolytisch am Carbamoyl-Stickstoff und an der C-S-Bindung gespalten. Außerdem wird durch oxidative Desulfurierung das Oxon gebildet, woran sich entsprechende Metabolismusschritte anschließen. Die Reaktionen führen zu folgenden Produkten: Desmethyl-Dimethoat-Säure, Dimethylphosphat, Dimethylthiophosphat, Dimethoat-Säure und Dimethoat-Oxon.

Bei Pflanzen, Säugetieren und einigen Insekten erfolgt die Molekülspaltung vor allem durch hydrolytische Reaktionen und weniger durch die Wirkung von Carboxylasen und Carboxyamidasen. Die Spaltung an der Carbamoyl-Gruppe durch Carboxyamidasen hat für die Pflanze nur geringe Bedeutung. Als Hydrolyseprodukte treten in Pflanzen und Säugern folgende Verbindungen auf: Dimethylphosphorsäure, Thio- und Dithio-Derivate, Methylthiophosphorsäure, Desmethyl-Dimethoat, Dimethoat-Säure. In Pflanzen und auch im Säugetier entsteht durch Oxidation der Thiophosphorsäure Dimethoat-Oxon, das akut toxisch ist und die Cholinesterase stark hemmt. Dagegen sind Desmethyl-Dimethoat und Dimethoat-Säure nur wenig toxisch. In Pflanzen ist Dimethoat-Oxon über längere Zeit faßbar. Es scheint persistenter als Dimethoat zu sein.

3.3.3 Carbamat-Insektizide

Bei den insektiziden Carbamaten spielt als N,N-Dimethylcarbamat-Verbindung Pirimicarb als spezifisches Blattlausmittel eine Rolle. Methylcarbamate von Phenolen sind Formetanat mit spezieller akarizider Wirkung und das systemisch wirkende Insektizid und Blattlausmittel Ethiofencarb sowie Mexacarbat. Dioxyphenol- bzw. Mercaptophenol-Struktur haben die Insektizide Propoxur und Mercaptodimethur.

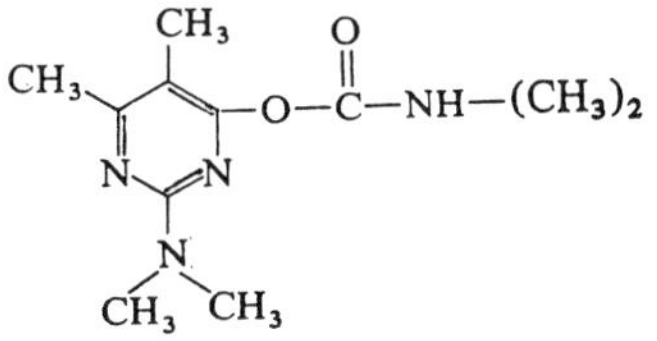

Pirimicarb

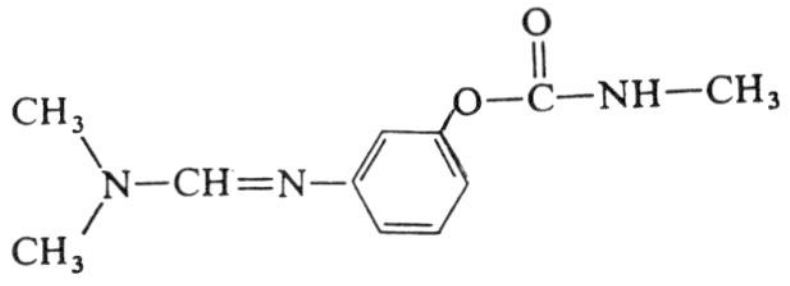

Formetanat

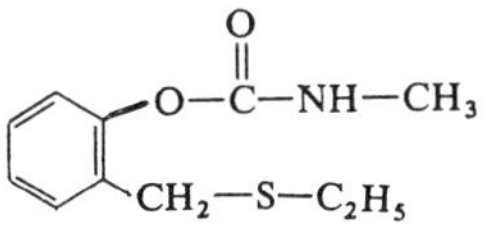

Ethiofencarb

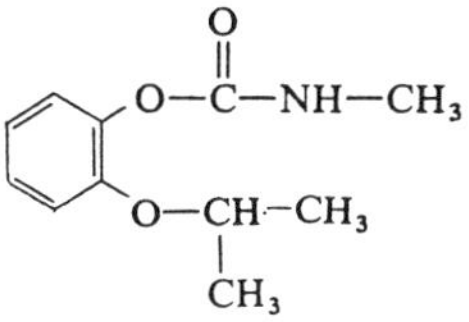

Propoxur

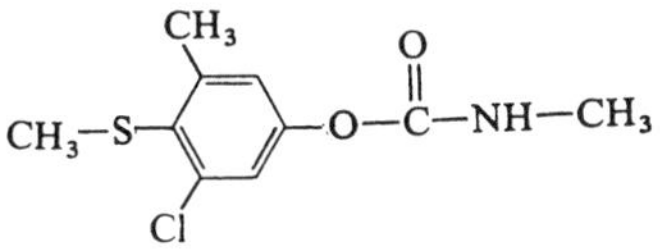

Mercaprodimethur

Eine wichtige Rolle unter den Carbamaten spielt die Mehrringverbindung Carbaryl im Weinbau und im Veterinärbereich sowie die heterozyklische Verbindung Carbofuran mit breiter Wirkung gegen Insekten, Blattläuse, Spinnmilben und Nematoden. Weiter sind zu erwähnen Dioxacarb gegen Blattläuse in Hopfen sowie Benthiocarb, Promecarb und Dinobuton.

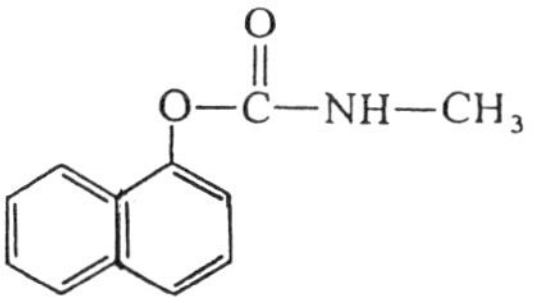

Carbaryl

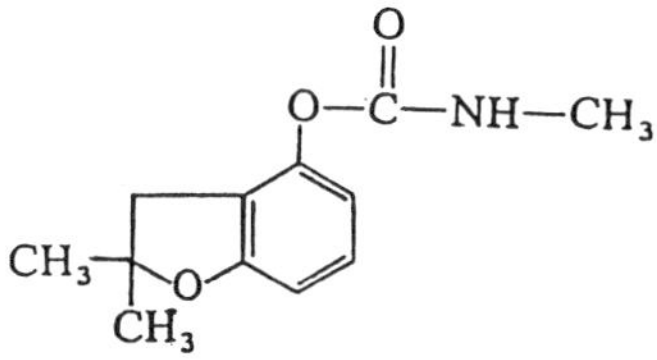

Carbofuran

Als Methylcarbamat mit einer Oxim-Struktur ist Aldicarb aufzuführen. Es ist ein sehr giftiger Stoff mit insektizider, akarizider und nematizider Wirkung über den Boden. In dieser Gruppe gibt es weitere Insektizide wie Methomyl, Oxamyl, Butocarboxim und Thiofanox.

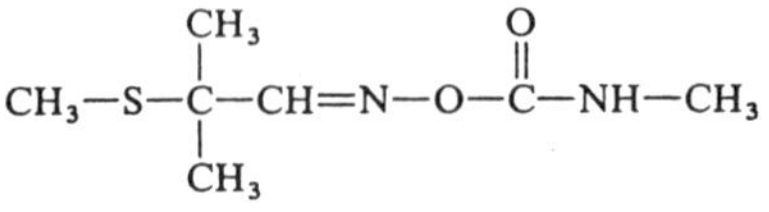

154 Abbau und Detoxifizierung von Pflanzenschutzmitteln

$$CH_3-S-\underset{\underset{CH_3}{|}}{\overset{\overset{CH_3}{|}}{C}}-CH=N-O-\overset{\overset{O}{\|}}{C}-NH-CH_3$$

Aldicarb

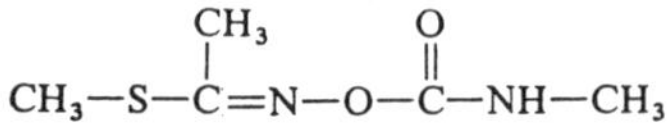

$$CH_3-S-\overset{\overset{CH_3}{|}}{C}=N-O-\overset{\overset{O}{\|}}{C}-NH-CH_3$$

Methomyl

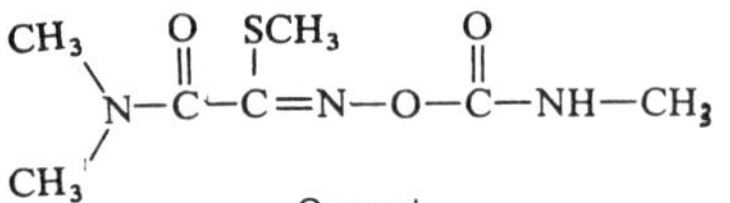

$$\underset{CH_3}{\overset{CH_3}{\diagdown}}N-\overset{\overset{O}{\|}}{C}-\overset{\overset{SCH_3}{|}}{C}=N-O-\overset{\overset{O}{\|}}{C}-NH-CH_3$$

Oxamyl

$$CH_3-S-\overset{\overset{CH_3}{|}}{CH}-\overset{\overset{CH_3}{|}}{C}=N-O-\overset{\overset{O}{\|}}{C}-NH-CH_3$$

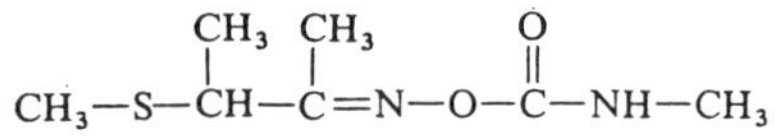

Butocarboxim

Carbaryl wird in der Pflanze hydrolytisch gespalten, so daß 1-Naphthol entsteht und die instabile Methylcarbaminsäure, die zu CO_2 zerfällt. 1-Naphthol kann zu einem Glucosid konjugiert werden. Außerdem entstehen in der Pflanze aus Carbaryl Hydroxy-Produkte, die ebenfalls als Konjugate verschiedenster Art gebunden werden. Letztlich liegen die Carbaryl-Metaboliten in der Pflanze als wasserlösliche Konjugate vor.

Im Insekt wird durch Hydrolyse ebenfalls 1-Naphthol gebildet, daneben treten eine ganze Reihe von Metaboliten auf, die z.T. Konjugate von Naph-

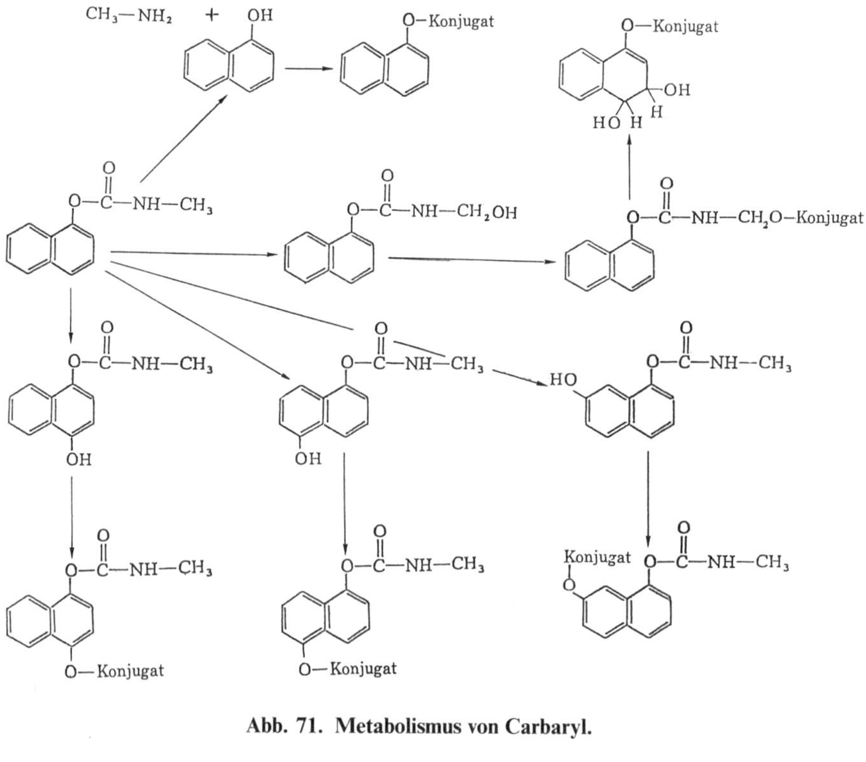

Abb. 71. Metabolismus von Carbaryl.

thol sind. Außerdem entstehen Carbaryl-Metabolite als Hydroxy-, Sulfat- und O-Glucuronid-Verbindungen. Weiter werden Hydroxy-Verbindungen und deren Glucuronide an der N-Methylgruppe nachgewiesen. Im Warmblüter wird Carbaryl durch Hydrolyse zu 1-Naphthol abgebaut. Nach Verabreichung von Carbaryl an Ratten wurden außerdem eine Reihe von Glucuronid-Verbindungen des Carbaryls sowie verschiedene Hydroxy-Verbindungen davon im Urin nachgewiesen. Auch bei Versuchen mit Hunden und Kühen wurden Glucuronide und Hydroxy-Verbindungen gefunden.
Aldicarb gehört zu den Monomethyl-Carbamaten mit Oximen. Es ist ein sehr rasch wirkendes Insektizid, das auch einen starken akariziden und nematiziden Effekt hat. Zudem ist es stark toxisch (LD_{50} 0,93 mg/kg Ratte). Wegen der Vergiftungsgefahr für den Anwender darf es nur als ein mit einem wasserlöslichen Kunststoffüberzug versehenes Granulat ausgebracht werden. Im Boden wird daraus der Wirkstoff allmählich freigesetzt und kann dann auch von der Pflanze aufgenommen werden. Als erster Metabolisierungsschritt von Aldicarb in Zuckerrüben erfolgt eine Bildung von Sulfoxid. Diese gut lösliche Substanz, die in der Pflanze systemisch wirkt, ist als Cholinesterase-Hemmer 10-bis 20mal wirksamer als Aldicarb selbst. Aus dem Sulfoxid wird dann das Sulfon·gebildet. Des weiteren entstehen in allen drei Oxidationsstufen des Schwefels durch Abbau die entsprechenden Nitrilverbindungen und daraus die Alkohole. Es ist zu vermerken, daß die Metabolite in der Pflanze nicht frei vorliegen, sondern in konjugierter Form.
Carbofuran wird in verschiedenen Pflanzenarten am Furanring zu 3-Hydroxy-Carbofuran oxidiert, das weiter zu 3-Keto-Carbofuran aufoxidiert wird. Die oxidierten Metabolite dürften dann hydroxyliert werden, außerdem entstehen Konjugate der verschiedensten Art.

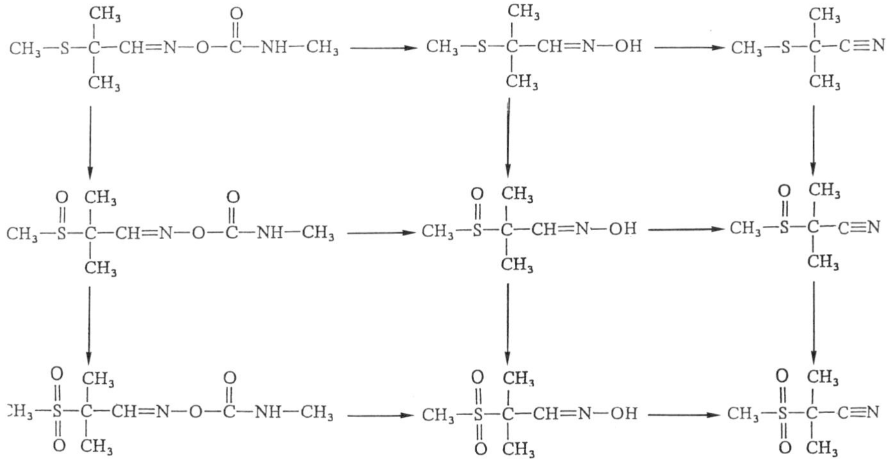

Abb. 72. Metabolismus von Aldicarb.

3.3.4 2,4-Dinitrophenole

An insektiziden Dinitrophenolen sind DNOC und Binapacryl zu erwähnen.

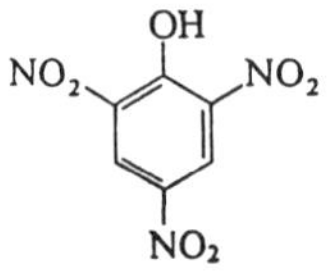

DNOC

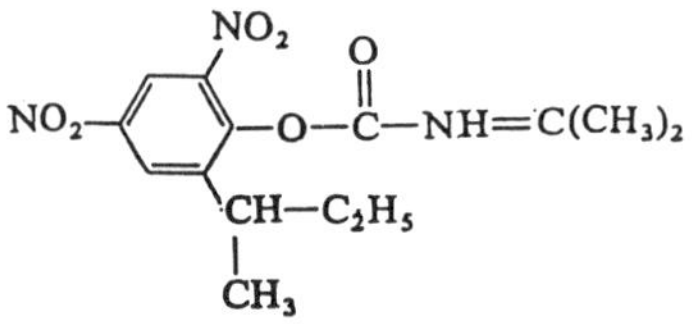

Binapacryl

Der Abbau von **DNOC** in der Pflanze erfolgt ähnlich wie im Tier durch Reduktion der Nitrogruppen, durch Ersatz der Nitrogruppe durch Hydroxylgruppen sowie letztlich durch Ringöffnung bzw. im Tier durch Bildung von Sulfatestern.

3.3.5 Benzoylierte Harnstoff-Verbindungen

Verbindungen wie Diflubenzuron oder Triflumuron wirken als insektizide Fraßgifte. Sie greifen in den Chitinstoffwechsel von Raupen und Larven ein und verhindern deren Häutung.

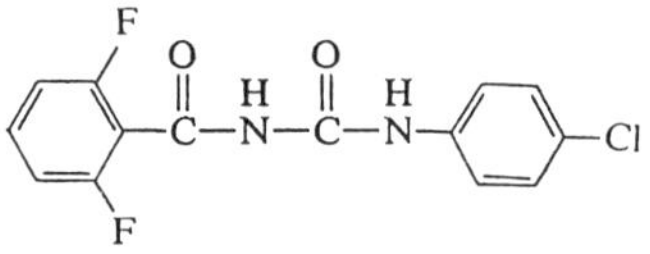

Diflubenzuron

Diflubenzuron wird von Pflanzen nur sehr wenig aufgenommen und nur in äußerst geringen Mengen zu unbekannten wasserlöslichen Verbindungen metabolisiert. Daneben entstehen auch in organischen Lösungsmitteln lösliche Verbindungen durch Hydroxylierung des Chlorphenylringes oder Produkte der Amidhydrolyse.

3.3.6 Synthetische Pyrethroide

Die synthetischen Pyrethroide haben als Strukturverwandte der Pyrethrine in Extrakten der Pyrethrum-Pflanze *(Chrysanthemum cinerariafolium)* in den letzten Jahren als Insektizide große Bedeutung erlangt. Heute stehen bereits einige dieser Stoffe im praktischen Einsatz, z.B. Permethrin, Deltamethrin, Tetramethrin, Fenvalerat. Weiter ist Resmethrin zu erwähnen.

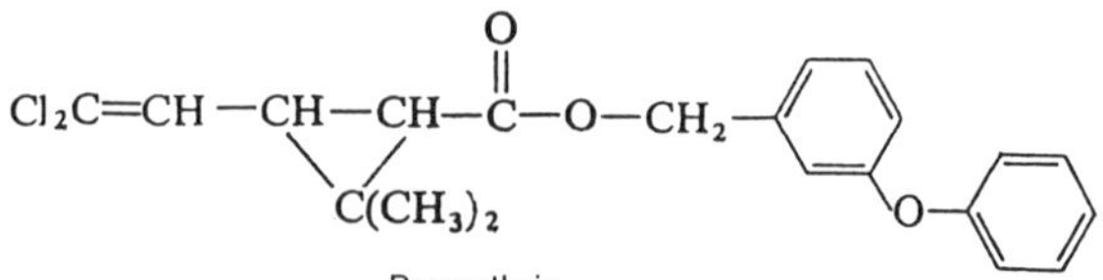

Permethrin

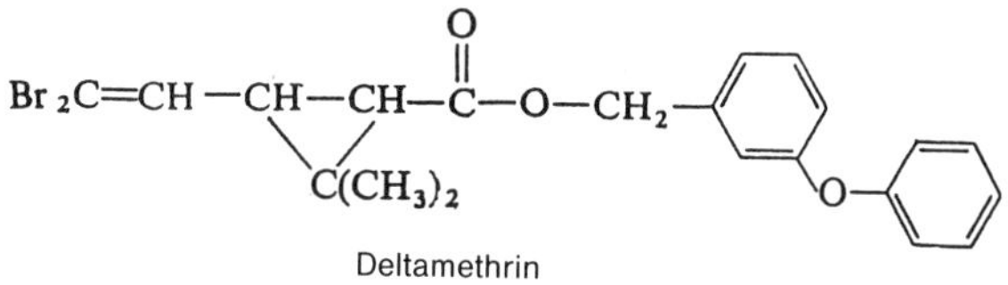

Deltamethrin: Br$_2$C=CH—CH—CH—C(=O)—O—CH$_2$—(3-phenoxyphenyl), with C(CH$_3$)$_2$ bridging the two CH groups.

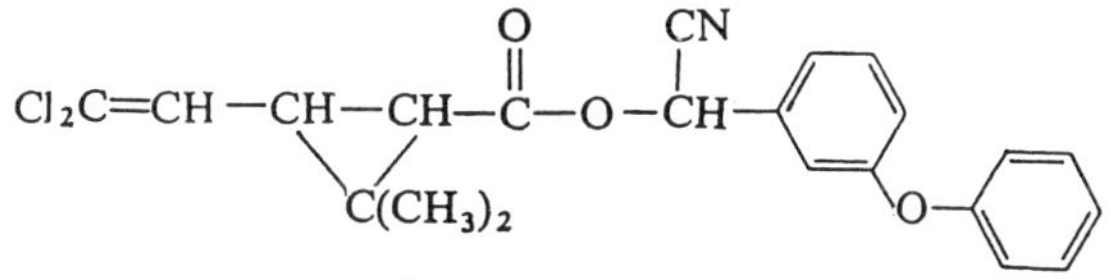

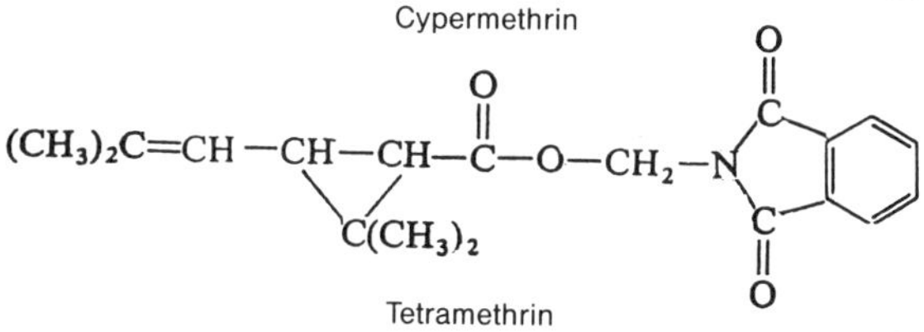

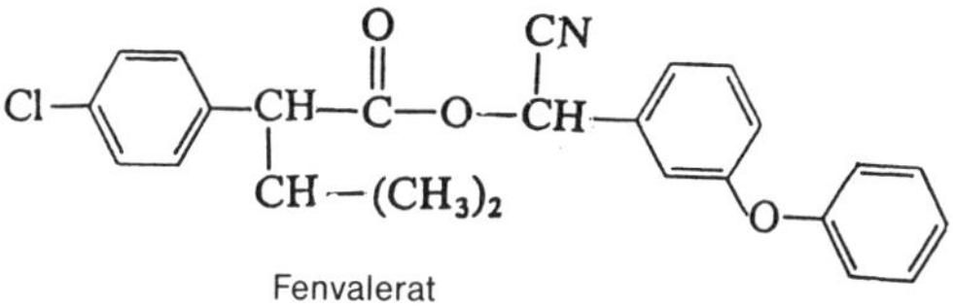

Cypermethrin: Cl$_2$C=CH—CH—CH—C(=O)—O—CH(CN)—(3-phenoxyphenyl), with C(CH$_3$)$_2$ bridging.

Tetramethrin: (CH$_3$)$_2$C=CH—CH—CH—C(=O)—O—CH$_2$—N(phthalimid), with C(CH$_3$)$_2$ bridging.

Fenvalerat: 4-Cl-C$_6$H$_4$—CH[CH(CH$_3$)$_2$]—C(=O)—O—CH(CN)—(3-phenoxyphenyl).

Beim Abbau in der Pflanze und im Tier entstehen eine Anzahl von Stoffen. Es erfolgt eine Spaltung der Esterbindung, wobei Chrysantheminsäure-Derivate und Phenoxybenzoesäure frei werden. Diese werden durch Hydroxylierung weiter metabolisiert und schließlich zu Konjugaten mit Kohlenhydraten und Aminosäuren gebunden.

Unter Wirkung von UV-Licht erfolgt ebenfalls eine Ester-Spaltung. Die Spaltprodukte werden dann vielfach umgewandelt und weitermetabolisiert.

Das synthetische Pyrethroid **Fenvalerat** wird in der Pflanze, z. B. in Kohl, ebenfalls durch Esterspaltung in zwei Teile gespalten; außerdem erfolgt eine Hydroxylierung in 2- und 4-Position des Phenoxyringes sowie eine Hydrolyse der Nitril-Gruppe zu Amid- und Carboxyl-Gruppen. Der größte Teil der auf diese Art produzierten Säuren und Phenole wird in Glucoside umgewandelt.

3.4 Metabolismus von Fungiziden

Der Fungizid-Abbau erfolgt durch photolytische Prozesse auf der Pflanzenoberfläche sowie durch Mikroorganismen im Boden. Vor allem erfolgt der Abbau durch oxidative Reaktionen, durch hydrolytische Spaltungen und durch Bildung von Konjugaten in den Pflanzen.

Die Wirkstoffe werden in der Regel durch eine Reaktion oder äußerst wenige Metabolisierungsschritte in Stoffe umgewandelt, die nicht mehr fungizid bzw. nicht mehr phytotoxisch wirken. Trotzdem können auch auftretende Metaboliten für die Umwelt belastend sein, was die Forderung rechtfertigt, den Abbau soweit wie möglich zu erforschen.

Der Fungizidmetabolismus läuft in den verschiedenen Organismengruppen gleich oder ähnlich ab. Daher ist eine gemeinsame Abhandlung möglich, worin auch der Abbau auf abiotische Weise im Boden und die Abbauprozesse durch Photolyse Beachtung finden können.

3.4.1 Anorganische und organische Schwermetall-Verbindungen

Verschiedene Schwermetallverbindungen haben gute Wirksamkeit als Spritz- bzw. Beizmittel gegen verschiedene Pflanzenkrankheiten.

⟨ ⟩–Hg–CO–O–CH$_3$ [⟨ ⟩Sn.–O–CO–CH$_3$]$_3$

Phenylquecksilberacetat   Fentin-acetat

Kupferverbindungen, z. B. Kupferkalk-Brühe (Gemisch von Kupfersulfat und gelöschtem Kalk; $(3Ca(OH)_2 x CuSO_4)$, Kupferoxychlorid $(3Cu(OH)_2 x CuCl_2)$ sind heute noch in Gebrauch.

Quecksilberverbindungen sind allgemein giftig für Mikroorganismen. Hier spielten früher Quecksilberchloride ($HgCl_2$, Hg_2Cl_2) und Quecksilbernitrat ($Hg(NO_3)_2$) eine große Rolle. Die Stoffe sind heute jedoch verboten.

Das gleiche gilt für die verschiedenen organischen Quecksilberverbindungen, die als Beizmittel eine große Bedeutung hatten. Zu erwähnen sind Ethylquecksilberchlorid (C_2H_5HgCl), und Methylethylquecksilberchlorid ($CH_3(CH_2)_2HgCl$) sowie Methoxyethylquecksilberacetat ($CH_3(CH_2)_2Hg$-$COOCH_3$). Phenylquecksilberchlorid (C_6H_5HgCl) wurde im Obstbau gegen Schorf eingesetzt.

Zinnverbindungen können unbedenklich im Pflanzenschutz eingesetzt werden. Darunter sind Fentin-Acetat (($C_6H_5)_3SnCOOCH_3$) und Fentin-Hydroxid (($C_6H_5)_3SnOH$) wichtige Fungizide.

Die anorganischen Verbindungen haben meist stabile Moleküle. Z. T. sind auch die organischen Stoffe dieser Gruppe von Organismen nur schwer abbaubar. Sie sind hoch persistent und werden nur in geringem Maße metabolisiert. Ihre Konzentration in und auf Pflanzen nimmt vor allem durch Verdünnung infolge Blattwachstums sowie durch allmähliches Abwaschen der Substanzen von den Oberflächen der Pflanzen ab.

Der Abbau von **Fentin-Acetat** in Organismen erfolgt nur langsam (Halbwertszeit 140 Tage). Es erfolgt eine Metabolisierung über Diphenyl-Zinnacetat zu Zinn.

Quecksilberverbindungen zerfallen dagegen in Organismen und im Boden sehr rasch zu metallischem Quecksilber.

Schwefel wird vielfach als Fungizid eingesetzt und zwar als elementarer Schwefel (Schwefelblüte, Kolloidschwefel und Netzschwefel; S_x vor allem S_6 bis S_8). Weiter wird schon länger als 100 Jahre Schwefelkalkbrühe ($CaS.S_x$) angewendet. Außerdem kommt Bariumpolysulfid ($BaS.S_x$) zum Einsatz. Ein eigentlicher Abbau der Schwefelverbindungen auf der Pflanze erfolgt wohl nicht. Die Schutzwirkung geht vor allem durch Verdünnung infolge Abwaschung und Blattwachstum verloren.

3.4.2 Dithiocarbamate und Thiurame

Seit ca. 50 Jahren werden Metallverbindungen von Dithiocarbamaten als Breitbandfungizide in großen Mengen eingesetzt. Wichtige Substanzen sind die Dialkyldithiocarbamate Ferbam und Ziram sowie Metham; die Ethylbisthiocarbamate Zineb und Maneb sowie Manococeb, Propineb, Nabam und Metiram. Außerdem hat die Thiuramverbindung Thiram große Bedeutung.

Die Alkyldithiocarbamate sind relativ stabile Stoffe, die auf der Blattoberfläche nur langsam abgebaut werden. Die Art des Abbaus wird stark vom pH-Wert bestimmt.

$$\left[\begin{array}{c} CH_3 \\ \\ CH_3 \end{array} \!\!\!\!>\!\!N\text{-}\overset{\overset{\displaystyle S}{\|}}{C}\text{-}S\text{-} \right]_3 Fe^{+++} \qquad \left[\begin{array}{c} CH_3 \\ \\ CH_3 \end{array} \!\!\!\!>\!\!N\text{-}\overset{\overset{\displaystyle S}{\|}}{C}\text{-}S\text{-} \right]_2 Zn^{++}$$

Ferbam Ziram

$$\left[\begin{array}{c} H\;\;S \\ |\;\;\| \\ CH_2\text{-}N\text{-}C\text{-}S\text{-} \\ | \\ CH_2\text{-}N\text{-}C\text{-}S\text{-} \\ |\;\;\| \\ H\;\;S \end{array} \right] Zn^{++} \qquad \left[\begin{array}{c} H\;\;S \\ |\;\;\| \\ CH_2\text{-}N\text{-}C\text{-}S\text{-} \\ | \\ CH_2\text{-}N\text{-}C\text{-}S\text{-} \\ |\;\;\| \\ H\;\;S \end{array} \right] Mn^{++}$$

Zineb Maneb

$$\begin{array}{c} CH_3 \\ \\ CH_3 \end{array} \!\!\!\!>\!\!N\text{-}\overset{\overset{\displaystyle S}{\|}}{C}\text{-}S\text{-}S\text{-}\overset{\overset{\displaystyle S}{\|}}{C}\text{-}N\!\!<\!\!\!\! \begin{array}{c} CH_3 \\ \\ CH_3 \end{array}$$

Thiram

Ferbam zerfällt z. B. im basischen Milieu zu Dithiocarbamat, unter sauren Bedingungen entstehen dagegen als Endprodukte Schwefelkohlenstoff und Dimethylamin.

Bei den **Thiuramen** wird zunächst die Thioether-Brücke gespalten, wobei Dimethyl-Dithiocarbonsäure-Verbindungen entstehen, die zu Schwefelkohlenstoff und Dimethylamin zerfallen. Daneben werden auch Alanin-Konjugate gebildet.

160   Abbau und Detoxifizierung von Pflanzenschutzmitteln

Komplizierter ist der Abbau der Ethylen-bis-thiocarbamate, z. B. **Maneb** oder **Zineb**. Dabei entstehen Schwefelkohlenstoff und Ethylendiamin sowie Ethylen-bis-isothiocyanatsulfid. Über einige Zwischenstufen wird Ethylen-bis-thioharnstoff gebildet, der in die Pflanze eindringt, verteilt wird und in einem gewissen Umfang zu 2-Imidazolin abgebaut wird. Biologisch wichtig

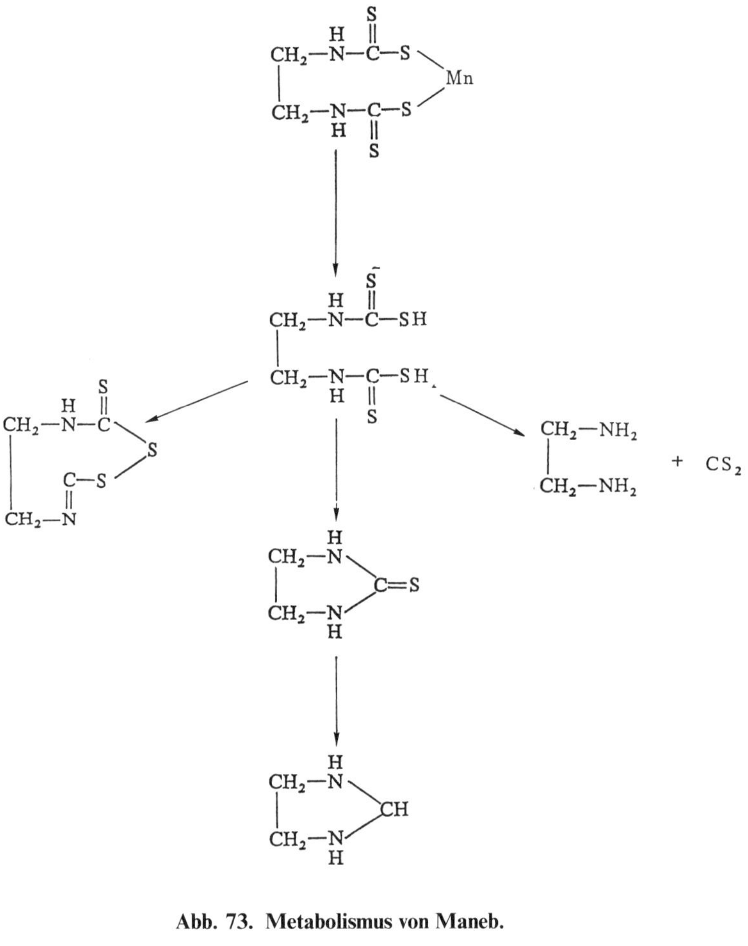

Abb. 73. Metabolismus von Maneb.

ist der Hauptmetabolit Ethylen-bis-Isothiocyanatsulfid. Aus **Nabam, Maneb** und **Zineb** bilden sich in wäßrigen Lösungen unter aeroben Bedingungen Ethylen-Thiram-ammoniumsulfit. **TMTD** (Thiram) zerfällt in Gurken an der Schwefelether-Brücke zu Dithio-carbamat-methylester, woraus sich ein Konjugat mit Alanin bildet.

3.4.3 Phthalimide

Pflanzenschutzmittel wie Captan, Captafol und Folpet werden als Saatgutbeizmittel im Acker- und Gemüsebau verwendet sowie als Spritzmittel gegen verschiedene Krankheitserreger bei Wein-, Obst-, Hopfen-, Gemüse- und verschiedene Kulturpflanzen im Ackerbau. Sie sind seit März 1986 in der BRD nicht mehr zugelassen, da neuere Untersuchungen auf krebserzeugende Eigenschaften hinweisen.

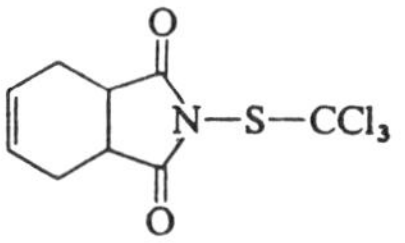

Captan

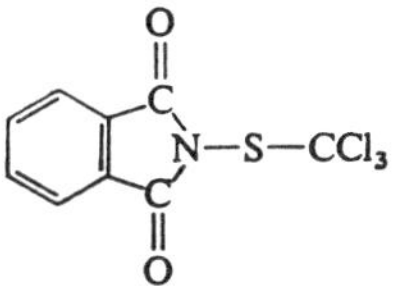

Folpet

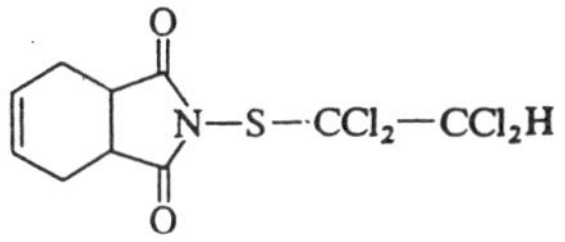

Captafol

Captan wird in Organismen durch Reaktionen mit Sulfhydryl-Verbindungen (z. B. Cystein oder Glutathion) in Tetrahydro-phthalimid überführt. Die in einer Glutathion-Bindung vorübergehend festgelegte Trichlormethylthio-Gruppe wird weiter zu Thiophosgen dechloriert. Dieses reagiert leicht mit SH-, NH_2- und eventuell auch mit COOH-Gruppen. In wäßriger Lösung wird Thiophosgen unter Bildung von H_2S, COS und HCl gespalten. Mit Thiol-Verbindungen kann Thiophosgen auch Additionsprodukte bilden, z. B. Thiazolidin-Glutathion.

3.4.4 Substituierte Benzole

Zu den Verbindungen dieser Gruppe zählen Chloroneb, Thiophanat-methyl, Dichlofluanid sowie Verbindungen wie Thiophanat, Fenaminosulf, Dinocap, Benapacryl, Dinobuton, Chinomethionat, Quintozen und Pentachlorphenol.

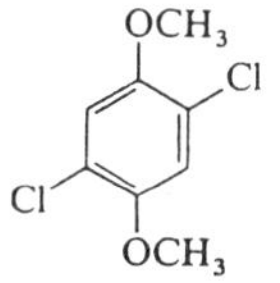

Chloroneb

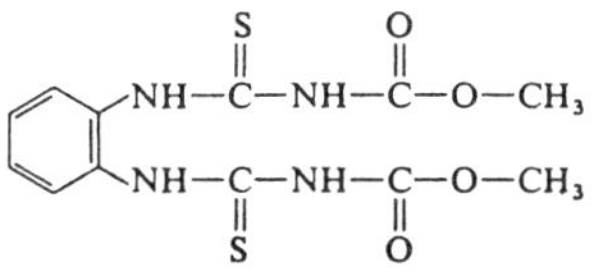

Thiophanat-methyl

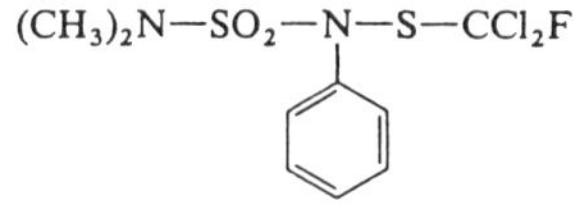

$(CH_3)_2N-SO_2-N-S-CCl_2F$

(with phenyl ring attached to N)

Dichlofluanid

Aus **Dinocap** entsteht freies Phenol. **Quintozen** wird im Boden nur sehr langsam metabolisiert. Die Konzentration nimmt jedoch durch Verflüchtigung rasch ab. In 10 Monaten wurden 80% Abnahme durch Verflüchtigung und nur 18% durch biologischen Abbau festgestellt. In den Pflanzen entsteht Pentachloranilin und Methylthioquintozen. Im Boden sind als Verunreinigungen von Quintozen, Pentachlorbenzol, Hexachlorbenzol und Pentachloranilin nachzuweisen. Die gleichen Stoffe und auch Methylthiopentachlorbenzol entstehen beim Abbau im Boden.

Pentachlorphenol wird durch Sonnenlicht zu mehreren Verbindungen metabolisiert.

Chloroneb wird in Pflanzen, Tieren und Bakterien durch Demethylierung hauptsächlich zu 2,5-Dichlor-4-methoxyphenol abgebaut. In einigen Pilzen sind auch Rückreaktionen zum ursprünglichen Wirkstoff möglich. In Pflanzen werden hauptsächlich Glucoside, im Tier Glucuronide gebildet. In der Pflanze entsteht über 2,5-Dihydrochinon das 2,5-Dichlorbenzochinon. Im Boden wird Chloroneb ebenfalls in mehrere Abbauprodukte umgewandelt. Jedoch konnten die bei den Abbauprozessen entstehenden Metaboliten zwar extrahiert, aber noch nicht identifiziert werden.

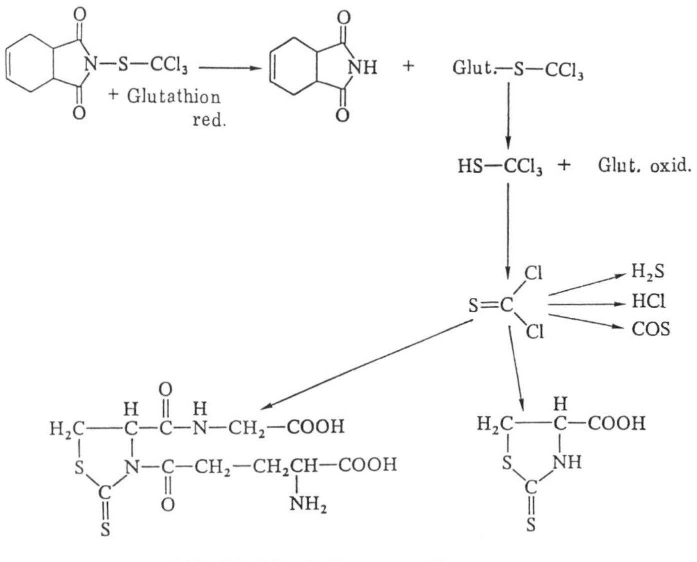

Abb. 74. Metabolismus von Captan.

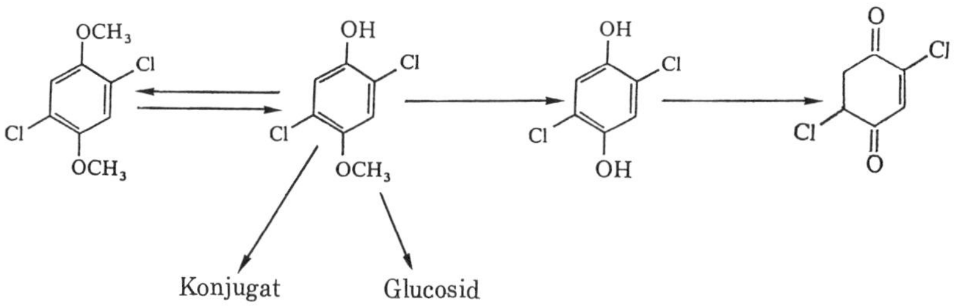

Abb. 75. Metabolismus von Chloroneb.

3.4.5 Organophosphor-Verbindungen

Phosphor- und Thiophosphor-Verbindungen mit fungizider Wirkung sind Edifenphos und Pyrazophos sowie Triamiphos und Tolclofos-methyl. Im weiteren Sinne ist hier auch die Phosphorverbindung Aluminium-fosethyl einzuordnen, ein Stoff der in der Pflanze sehr gut akropetal und auch basipetal im Phloem transportiert wird.

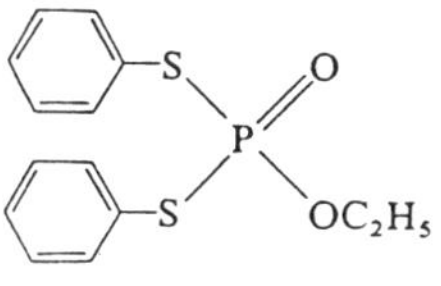

Edifenphos 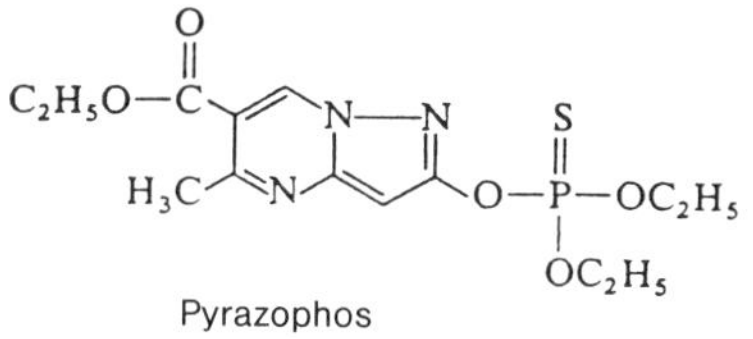   Pyrazophos

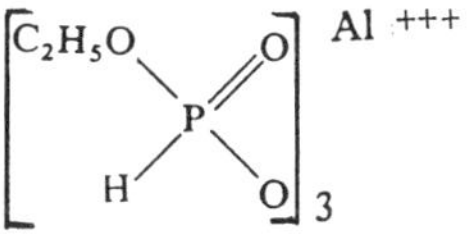

Al-Fosethyl

Pilze, Pflanzen und Tiere metabolisieren **Pyrazophos** durch Abspaltung des Thiophosphorsäureresters, wonach in Pflanzen β-Glucoside, im Tier Glucuronide und Sulfat-Konjugate entstehen. Im Pilz und vielleicht auch in der Pflanze erfolgt außerdem die Oxidation zu P-O-Pyrazophos. Im Tier wird durch Desalkylierung ein Carboxyl-Derivat gebildet, das dann konjugiert wird.

Edifenphos wird in der Pflanze, im Tier und im Pilz auf verschiedene Weise metabolisiert. Im Pilz und im Tier wird der Phenylring hydroxyliert. Außerdem entstehen wasserlösliche Metabolite durch aufeinanderfolgende hydrolytische Abspaltungen von S-Phenyl-Gruppen. Durch Desalkylierung wird die Ethyl-Gruppe eliminiert, wobei nach hydrolytischen Abspaltungen S-Phenyl-Gruppen auftreten. Nach der Desalkylierung und hydrolytischen Spaltung bildet sich letztlich o-Phosphorsäure. In der Pflanze entsteht aus

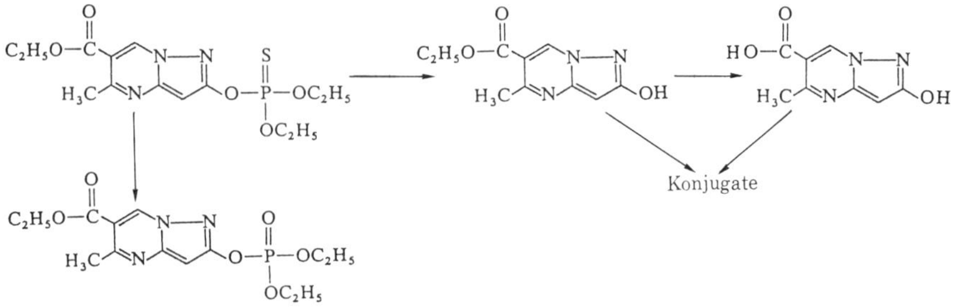

164 Abbau und Detoxifizierung von Pflanzenschutzmitteln

Abb. 76. Metabolismus von Pyrazophos.

dem durch hydrolytische Spaltung freigesetzten Thiophenol über S-S-Dithiophenol die Phenylsulfonsäure, die zu Schwefelsäure oxidiert wird. Im Tier wird Mercaptophenol gebildet, das ebenfalls oxidiert, hydroxyliert und konjugiert wird.

Der Abbau von **Aluminium-fosethyl** ist noch nicht im einzelnen klar. Der Wirkstoff ist ingesamt instabil. Während der Aufnahme gelangt der Al-Anteil gar nicht in die Pflanze. In der Pflanze, z. B. in Reben, wird der Phosphit-Anteil entweder insgesamt verstoffwechselt oder es erfolgt eine Spaltung zu einem Ethyl-Rest, zu CO_2 und Wasser. Aus dem Tier wird der Phosphit-Anteil als ganzes ausgeschieden. Im Boden erfolgt ein Einbau dieses Metaboliten in den Stoffwechsel von Mikroorganismen.

3.4.6 Piperazine

Triforin ist ein systemisches Blattfungizid mit Wirkung in vielen Kulturen.

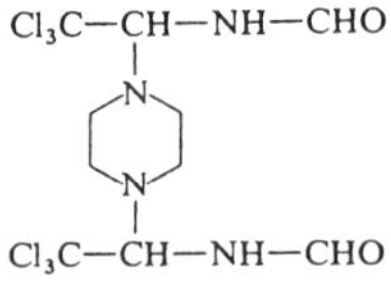

Triforin

Triforin wird in wäßrigen Lösungen und in Pflanzen rasch durch Umwandlung der Trichlorethylformamid-Gruppen über Glyoxyl-Gruppen, die dann abgespalten werden, zu Piperazin metabolisiert. Der weitere Abbau, z. B. in Gerste, führt über verschiedene polare Zwischenprodukte zu Oxalsäure, wobei Zwischenprodukte auch an Lignin gebunden werden können. Beim nicht im einzelnen geklärten Abbau im Boden spielen nichtenzymatische und mikrobielle Umwandlungen eine Rolle. Pflanzen nehmen aus dem Boden neben dem unveränderten Wirkstoff auch metabolisierte Stoffe auf.

3.4.7 Carbamat-Fungizide

Fungizide mit Carbamat-Struktur sind Prothiocarb zur Bodenentseuchung und auch mit Wirkung gegen Falschen Mehltau und Propamocarb.

$$(CH_3)_2 \; N \cdot CH_2 \cdot CH_2 \cdot CH_2 \cdot NH \cdot \overset{\overset{O}{\|}}{C} \cdot S \cdot C_2H_5$$

Prothiocarb

3.4.8 Pyrimidine

Hierbei handelt es sich um Blattfungizide und Beizmittel. Nuarimol wirkt gegen verschiedene Getreidekrankheiten, Fenarimol, Ethirimol, Bupirimat, Dimethirimol sowie Triarimol sind Mehltaumittel.

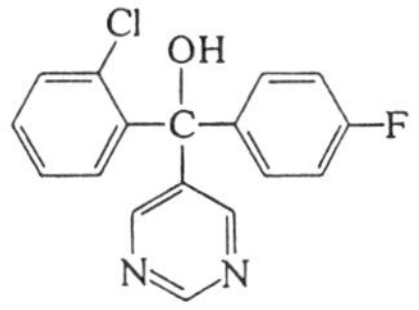

Nuarimol

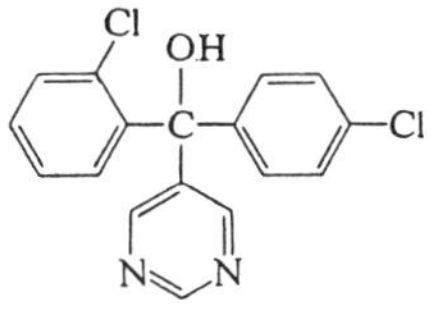

Fenaprimol

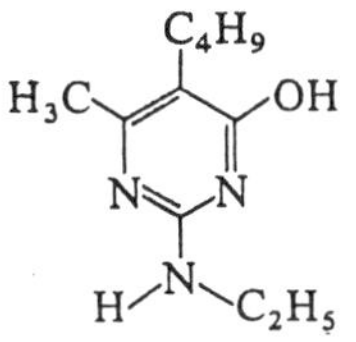

Ethirimol

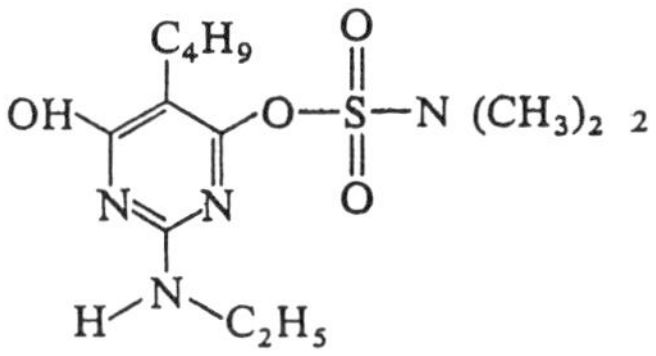

Bupirimat

Ethirimol und **Dimethirimol** werden in der Pflanze in Glucoside, im Tier dagegen in Glucuronide umgewandelt. In Pflanze und Tier wird das Molekül außerdem desalkyliert mit darauffolgender Glucosidierung in der Pflanze. Im Tier erfolgt zudem eine Hydroxylierung der Butyl-Gruppe mit anschließender Desalkylierung des Moleküls. Außerdem wurde in wäßriger Lösung ein photolytischer Abbau zu Ethylen-Guanidin gefunden.

3.4.9 Triazole

Die Triazol-Verbindungen haben große Bedeutung als Spritz- und z.T. als Beizmittel gegen Echten Mehltau sowie eine Vielzahl von Pflanzenkrankheiten. Die chemisch sehr nahe verwandten Verbindungen Triadimefon und der daraus entstehende Alkohol Triadimenol sind sehr gut systemisch wirkende Stoffe, während Biteranol nur protektiv und eradikativ gegen verschiedene Krankheitserreger wirkt. Diclobutrazol sowie Propiconazol und Fluotrimazol sind hier ebenfalls aufzulisten.

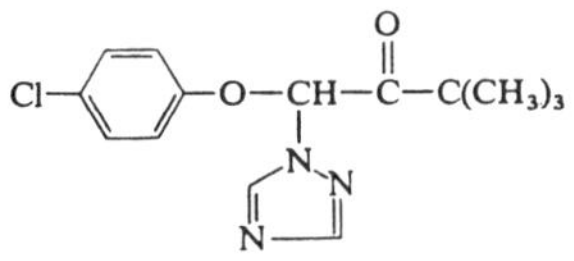

Triadimefon

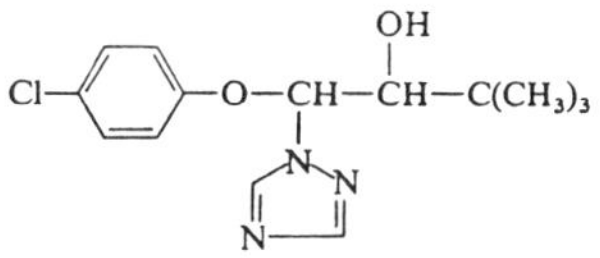

Triadimenol

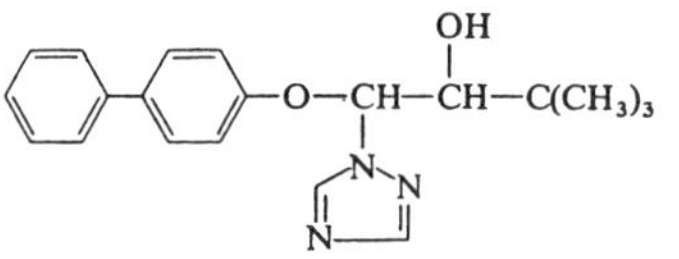

Biteranol

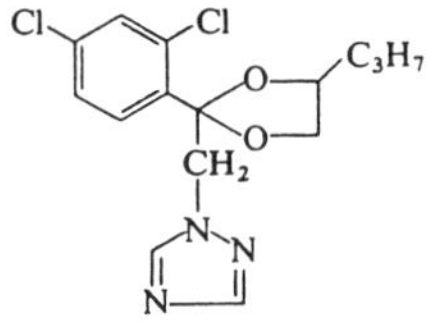

Propiconazol

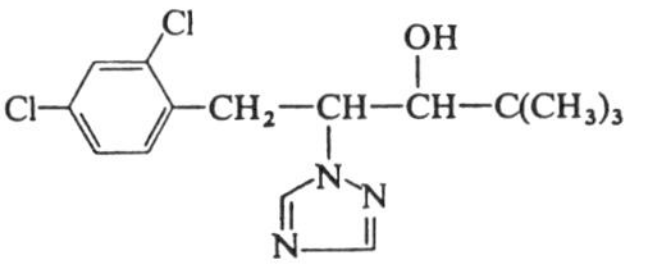

Diclobutrazol

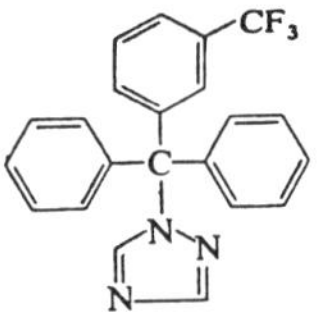

Fluotrimazol

Der Abbau von **Triadimefon** erfolgt in Pflanzen und Tieren in gleicher Weise. Dabei entsteht durch Reduktion der Carboxyl-Gruppe der Alkohol **Triadimenol** in seinen beiden Diastereo-Isomeren. Außerdem bilden sich Triadimenol-Konjugate und unlösliche Stoffe. Weiter wird die tert.-Butylgruppe hydroxyliert. Beim weiteren Abbau entstehen β-Hydroxycarbonsäure-Verbindungen. Das Auftreten von p-Chlorphenol beweist, daß auch eine hydrolytische Spaltung erfolgen kann.

Fluotrimazol wird unter Eliminierung der Triazolyl-Gruppe zu Carbinol abgebaut.

3.4.10 Morpholine

Wichtige Mittel gegen Echten Mehltau in Getreide, Gemüse und Zierpflanzen sind Tridemorph, Fenpropimorph sowie Dodemorph.

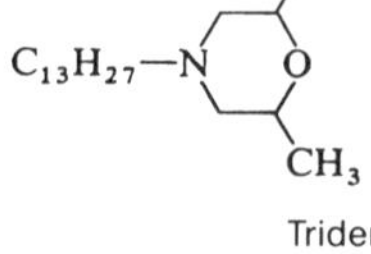

Tridemorph

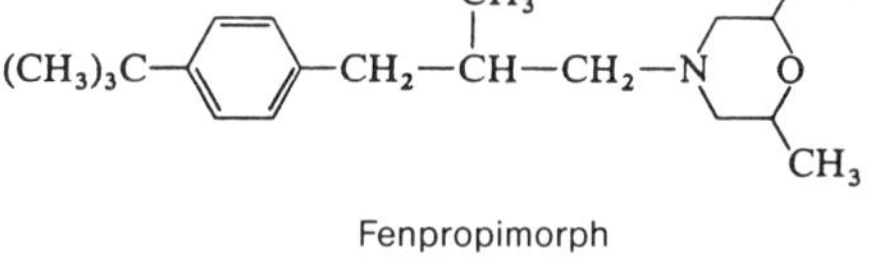

Fenpropimorph

Aus **Tridemorph** wird in der Pflanze und eventuell auch im Tier Hydroxy-Tridemorph gebildet. Durch UV-Bestrahlung entsteht ein noch unbekannter fungitoxischer Metabolit. Im Boden bildet sich langsam Tridemorph-N-Oxid und 2,6-Dimethylmorpholin.

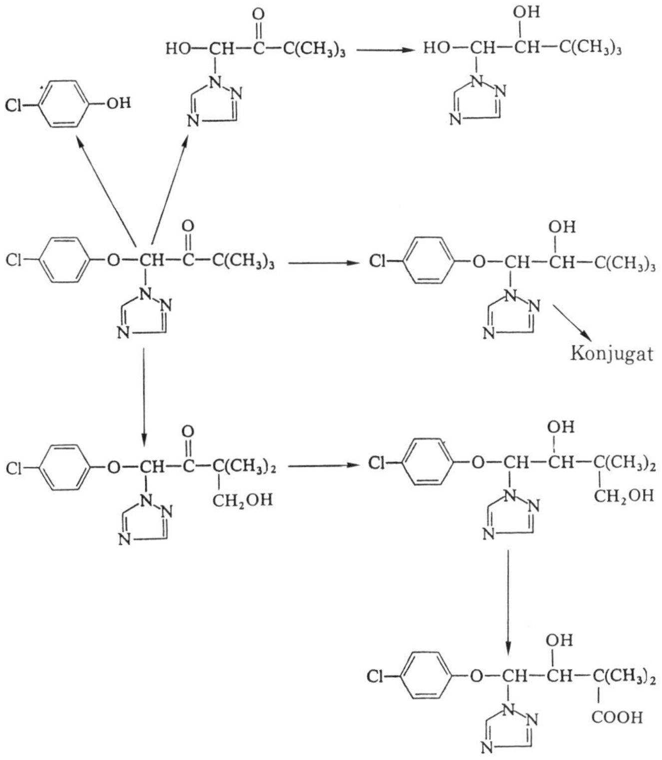

Abb. 77. Metabolismus von Triadimefon.

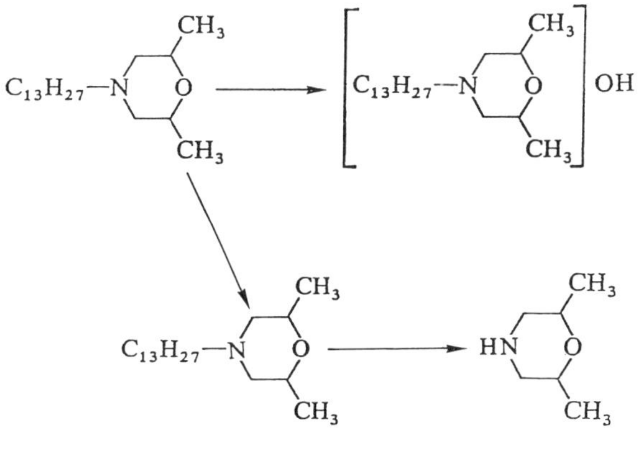

Abb. 78. Metabolismus von Tridemorph.

3.4.11 Carboxanilide

Als Carboxanilide sind Ringstrukturen verschiedenster Art zusammengefaßt: Oxathiin-Ringe (Carboxin, Oxycarboxin), Benzyl-Ringe (Mebenil, Benodanil), Pyran-Ringe (Pyracarbolid) sowie Furan-Ringe (Fenfuram, Furavax, Furmecyclox, Methfuroxam, Furcarbanil, Cyclafuramid).

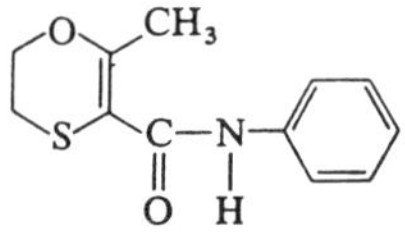

Carboxin 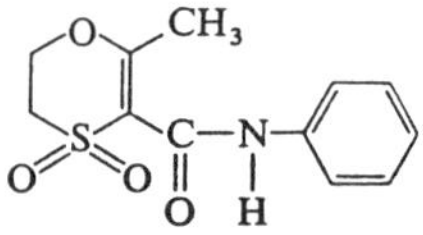   Oxycarboxin

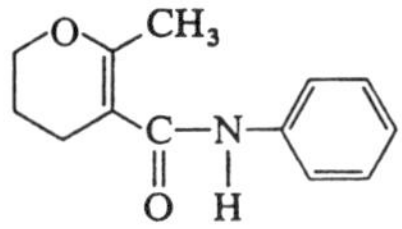

Pyracarbolid 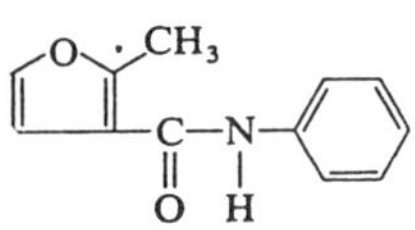   Fenfuram

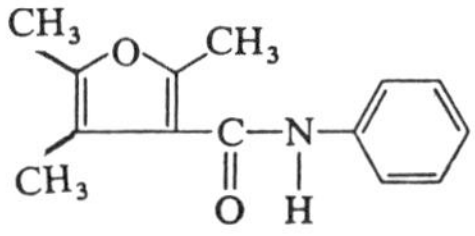

Methfuraxam 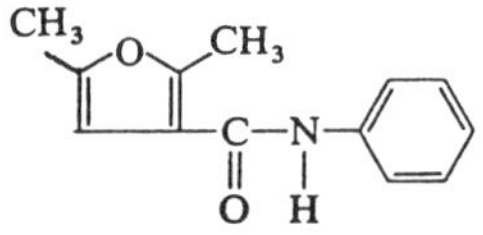   Furmecyclox

Die Stoffe aus der Gruppe der Oxathiine sind leicht abbaubar. Aus **Carboxin** entsteht in Mikroorganismen und in Pflanzen rasch, im Boden dagegen nur langsam das nicht mehr phytotoxische Carboxinsulfoxid, das in geringem Umfang zum Sulfon, **Oxycarboxin**, aufoxidiert wird. In Gerste und Weizen wurde nachgewiesen, daß Carboxin, Carboxin-Sulfoxid und Oxycarboxin an unlösliche Lignin-Komplexe gebunden werden.

Carboxin und Oxycarboxin werden außerdem hydrolytisch unter Abspaltung der Carbonyl-Gruppe zu Anilin abgebaut. In Gerste entsteht als Hauptmetabolit das p-Hydroxyphenyl-Derivat, das ebenfalls an Lignin gebunden wird.

Im Tier tritt Carboxin-Sulfoxid nur in Spuren auf. Es entstehen verschiedene Hydroxyphenyl-Derivate und deren Glucuronide.

Im Boden erfolgt rein chemisch eine Sulfoxid-Bildung. Hydrolytische Spaltungen sind auszuschließen. Es wurden einige unbekannte Metabolite nachgewiesen.

In Pilzen wurde nur bei *Ustilago maydis* eine Bildung von Sulfoxiden gefunden. Andere Pilzarten sind dagegen zur Ringöffnung befähigt, so daß Butylanilid entsteht.

Auf photolytischem Wege bilden sich aus Carboxin Carboxin-Sulfoxid und Oxycarboxin.

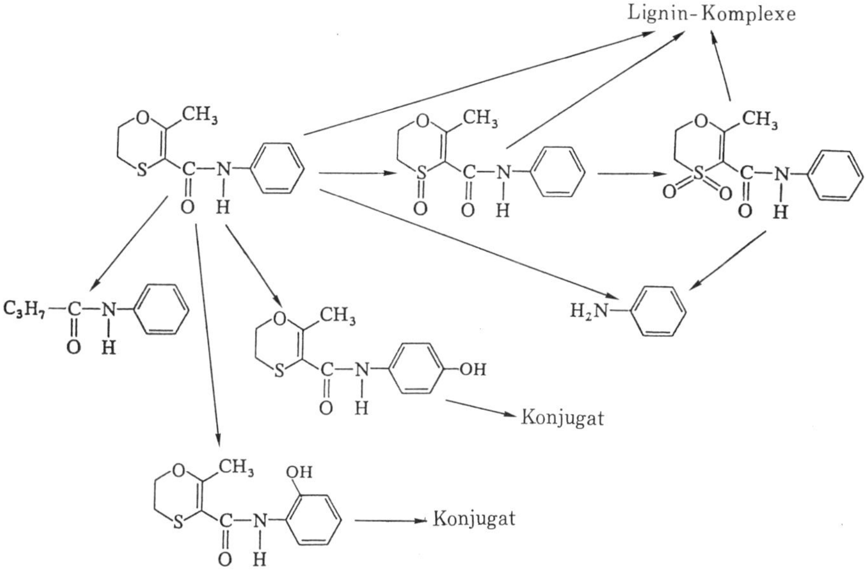

Abb. 79. **Metabolismus von Carboxin.**

Der Abbau von **Mebenil** in Pflanzen ist praktisch noch unbekannt. Pilze bilden ein p-Hydroxyphenyl-Derivat.

Fenfuram und **Furavax** werden durch den Abbau in verschiedene Phycomyceten in Hydroxy-Derivate umgewandelt.

Pyracarbolid wird in unempfindlichen Pflanzenarten über mehrere identifizierte Metabolite in deren β-Glucoside übergeführt, wozu empfindliche Arten offenbar nicht fähig sind.

3.4.12 Benzimidazole

Diese seit etwa 20 Jahren im Pflanzenschutz angewandten Verbindungen wirken systemisch gegen eine große Anzahl von Krankheitserregern. Der bekannteste Stoff der Gruppe ist Benomyl, das aber heute nur noch sehr eingeschränkt eingesetzt wird. Carbendazim, das aus allen Benzimidazolen und aus weiteren Fungiziden entstehende MBC, ist die eigentlich wirksame Substanz. Weitere Verbindungen sind u.a. Fuberidazol und Thiabendazol.

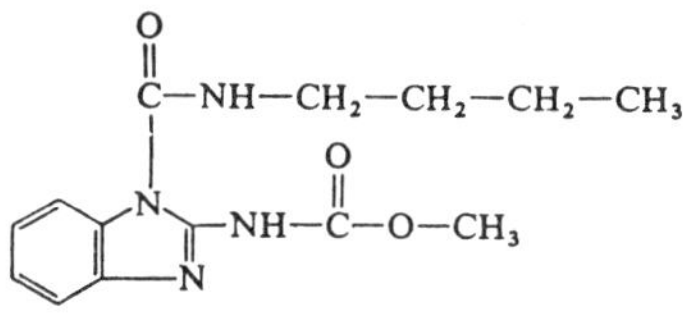

Benomyl

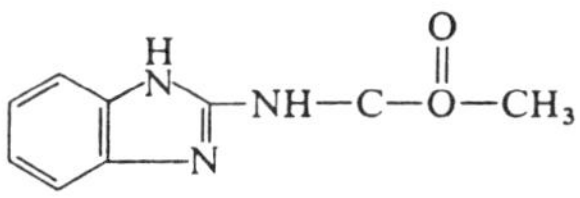

Carbendazim

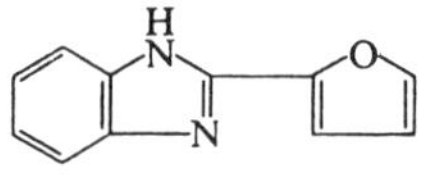

Fuberidazol

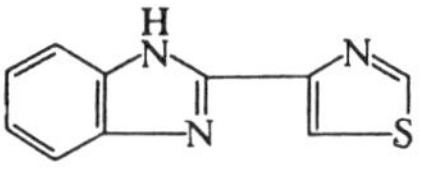

Thiabendazol

Von **Benomyl** wird in wäßrigem Milieu, im Boden, in Mikroorganismen, in Tieren und Pflanzen rasch die Butylcarbamoyl-Gruppe abgespalten, wodurch das bekannte **Carbendazim** (MBC) entsteht. Diese Substanz ist relativ stabil. Ein Totalabbau zu CO_2 konnte in Organismen nur in geringem Ausmaß festgestellt werden, z.B. beträgt der Abbau in Erdbeeren nach 88 Tagen nur 1,5%. Der Stoff wird in der Pflanze und im Tier nur sehr langsam zu nichttoxischem 2-Amino-benzimidazol abgebaut. In Pflanzen entstehen weiter Benzimidazol und Substanzen mit geöffnetem Benzimidazol-Kern, u.a. Amino-benzonitril und Anilin, wobei das letztere durch Photolyse gebildet sein dürfte.

Im Tier wird Benomyl zu Metaboliten in 4- bzw. in 5-Position hydroxyliert, wobei der Hauptmetabolit 5-Hydroxybenzimidazolcarbamat ist. Wei-

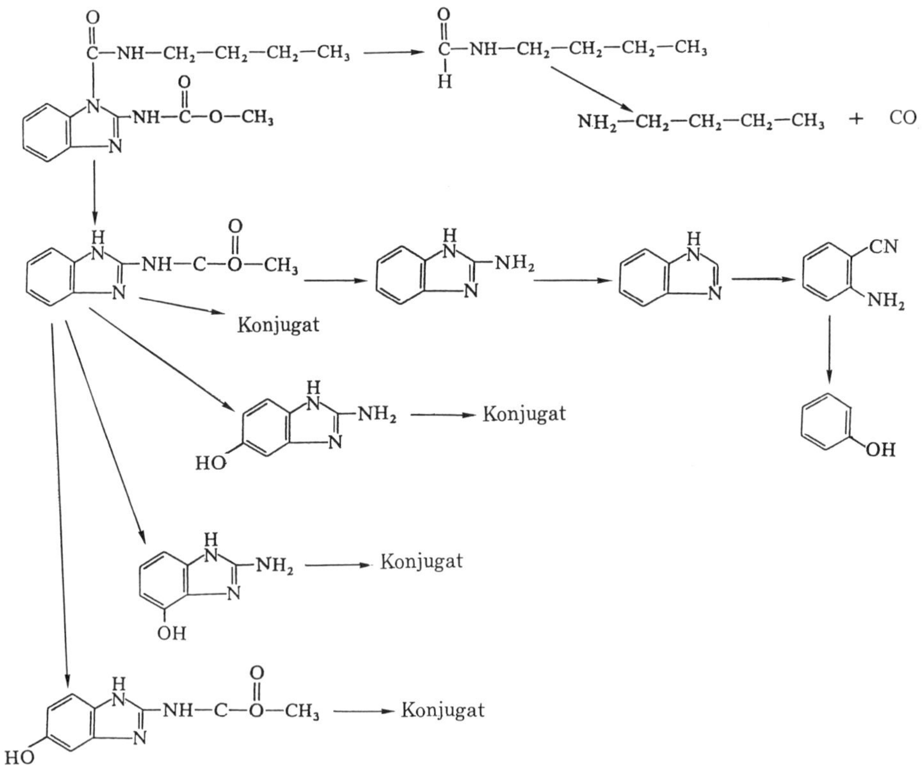

Abb. 80. **Metabolismus von Benomyl und Carbendazim.**

ter werden O- und N-Konjugate (Glucuronide und Sulfate) dieser Stoffe gebildet. Daneben entstehen 2-Amino-benzimidazol und 5-Hydroxy-2-amino-benzimidazol. Benomyl und seine Metabolite werden innerhalb weniger Tage im Urin und in den Faeces aus dem Tierkörper völlig ausgeschieden.

Auch das bei der Benomyl-Spaltung freigesetzte Butylcarbamoyl-Cystein und -Acetylcystein sowie große Mengen des N-Glucuronids werden innerhalb kürzester Zeit aus dem Tier ausgeschieden.

Im Boden sind Benomyl und Carbendazim ziemlich persistent (Halbwertszeit 6 bis 12 Monate). Ein Abbau durch Mikroorganismen erfolgt nur in geringem Umfang zu 2-Amino-benzimidazol und 5-Hydroxy-Carbendazim.

Aus **Thiabendazol** entstehen im Tier 5-Hydroxy-Verbindungen sowie deren Konjugate.

Auf der Pflanze wird photolytisch Benzimidazol und Benzimidazol-2-carboxamid gebildet.

Der Abbau von **Fuberidazol** in der Pflanze und in Mikroorganismen wurde bisher nicht untersucht. Im Tier wird der Stoff zu 5-hydroxylierten Verbindungen und deren Konjugaten metabolisiert. Außerdem entsteht daraus nach Auflösung des Furan-Ringes Benzimidazol-hydroxybuttersäure.

Aus **Thiophanat-methyl** entsteht in wäßriger Lösung – in Pilzen, in Pflanzen, Tieren und im Boden – sowie unter Lichteinfluß (UV) rasch durch Zyklisierung sofort Carbendazim, das dann, wie oben beschrieben, abgebaut wird.

3.4.13 Acetamide

Cymoxanil (Curzate) ist ein protektives und kuratives Fungizid mit geringer Humantoxizität.

$$NC-C-\overset{\overset{O}{\|}}{C}-HN-\overset{\overset{O}{\|}}{C}-NHC_2H_5$$
$$\underset{NOCH_3}{\|}$$

Cymoxanil

Der Abbau von **Cymoxanil** in der Pflanze erfolgt sehr rasch. Alle beim Abbau in Pflanzen auftretenden Metaboliten sind auch natürlich in Pflanzen vorkommende Stoffe; in der Hauptsache ist es Glycin. Die Metabolisierung in der Pflanze erfolgt offenbar über mehrere Wege sehr rasch. Teile des Cymoxanil-Moleküls sind in zahlreichen Aminosäuren, Zuckern, Fettsäuren, in Stärke und Lignin wiederzufinden. Nach dem totalen Abbau des Wirkstoffmoleküls erfolgt ein Einbau des Kohlenstoffs in pflanzeneigene Stoffe.

Auch im Boden geht der Abbau unter Bildung mehrerer noch unbekannter Metabolite relativ schnell (Halbwertszeit 2 Wochen) vor sich.

Im Tier wird sogleich Glycin gebildet, das in Polypeptide und Konjugate eingelagert oder als Hippursäure oder Phenylacetylharnsäure sofort ausgeschieden wird.

3.4.14 Acylanilide

Die Wirkstoffe dieser Gruppe, z.B. Metalaxyl und Furalaxyl, haben eine ausgesprochen spezifische Wirkung gegen Phycomyceten.

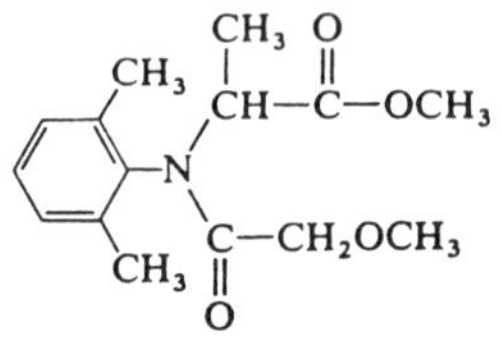

Metalaxyl 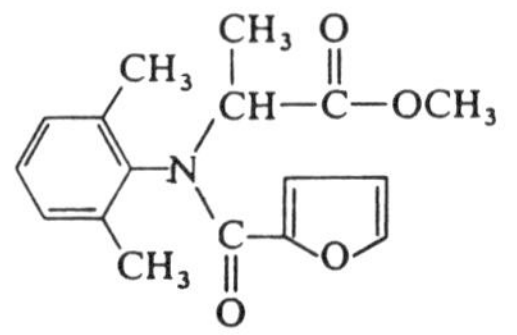   Furalaxyl

Die Identifizierung der Metaboliten, die beim Abbau dieser Stoffe in den Pflanzen entstehen, muß noch erfolgen.

3.4.15 Dicarboximide

Vinclozolin und die Hydratoin-Verbindung Iprodion wirken besonders gut gegen *Botrytis cinerea* in Reben. Der Abbau erfolgt nur langsam, so daß die Wirkung lange andauert. Procymidon ist ebenfalls ein Wirkstoff, der nur relativ langsam abgebaut wird.

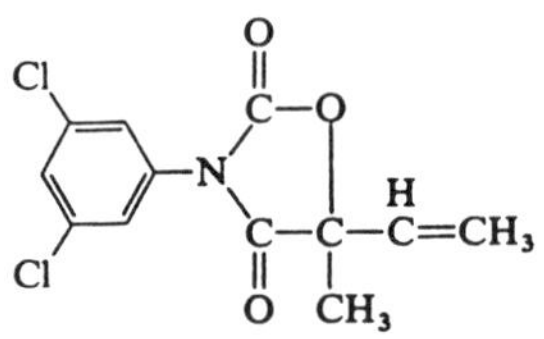

Vinclozolin 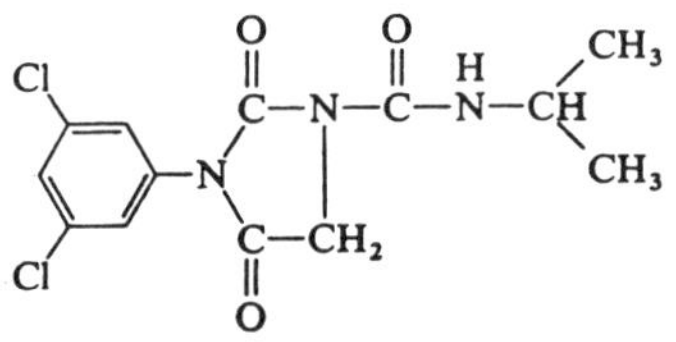   Iprodion

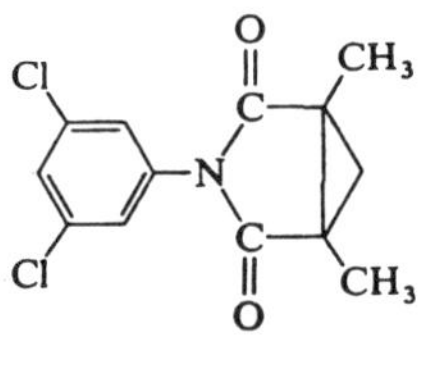

Procymidon

Von **Vinclozolin** weiß man, daß es in wäßriger Lösung zu einer fungitoxischen Substanz zerfällt, wobei der Oxazolidin-Ring hydrolytisch unter Bildung der entsprechenden Carbaminsäure abgespalten wird. Letztere wird dann weiter decarboxiliert.

Im Sonnenlicht sind die Stoffe dieser Gruppe ziemlich stabil.

3.4.16 Imidazole

In der Pflanze und im Tier entstehen aus den verschiedenen Imidazol-Derivaten wie Imazalil, Fenapanil oder Prochloraz sehr rasch unbekannte polare Metabolite. Genaueres über den Abbau der Verbindungen ist noch nicht bekannt.

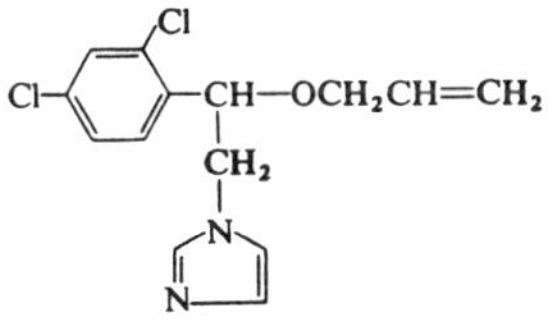

Imazalil

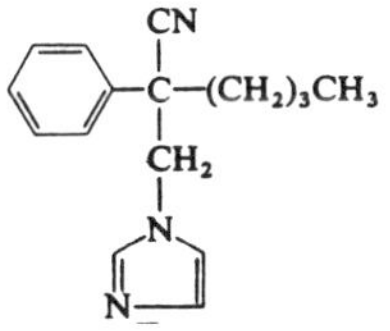

Fenapronil

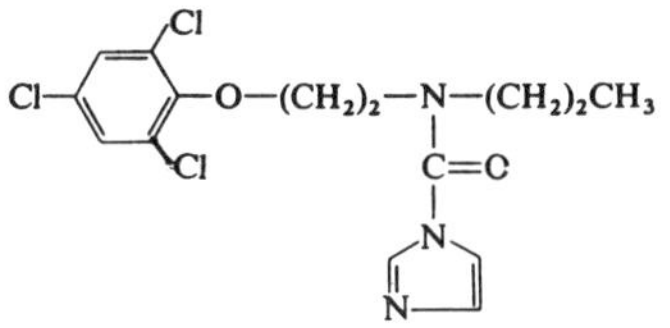

Prochloraz

4
Wirkungsweise
von Pflanzenschutzmitteln

Pflanzenschutzmittelforschung wird zwar schon länger als 30 Jahre betrieben. Trotzdem ist unser Wissen über die Wirkungsmechanismen und Wirkorte bei den verschiedenen Pestiziden z.T. noch sehr lückenhaft.

Herbizide greifen hemmend in das Stoffwechselgeschehen der Unkrautpflanze, aber auch der Kulturpflanze ein. Einige Insektizide hemmen das Nervensystem der Insekten. Fungizide beeinflussen verschiedene Prozesse der Pilzzellen, z.B. die Ergosterol-Biosynthese, wodurch letztlich die Funktion der biologischen Membranen gestört wird.

Um solche Stoffwechselschädigungen für den Pflanzenschutz nutzen zu können, muß ein unterschiedliches Verhalten des Wirkstoffs zwischen Kulturpflanze und Unkraut, Krankheitserreger und Schadorganismus bestehen. Denn nur wenn der Schadorganismus stark geschädigt wird, die Kulturpflanze dagegen kaum, ist der Wirkstoff praktisch einsetzbar.

Unterschiede können in der Retention, bei der Aufnahme, bei der Translokation und beim Metabolismus auftreten und schließlich bei der biochemischen Wirkungsweise. Die selektive Wirkung kann also ganz verschiedene Ursachen haben. Sehr günstig ist es, wenn die Wirkung auf einem Mechanismus beruht, der in der Kulturpflanze oder im Nutzorganismus gar nicht vorhanden ist oder zumindest keine Bedeutung hat. Klassische Beispiele sind benzoylierte Harnstoffe, die als Insektizide auf die Chitin-Synthese der Insekten einwirken. s-Triazine sind wenig toxisch für den Menschen, da sie ihren Wirkort in der Photosynthese haben. Fungizide, die die Ergosterol-Biosynthese hemmen, sind ebenfalls mindertoxisch, da dieser Biosyntheseprozeß nicht relevant für Pflanzen und höhere Tiere (jedoch auch nicht für niedrige Pilze, z.B. Oomyceten) ist. Dagegen wirken Dinitrophenole auf die oxidative Phosphorylierung bei der Atmung. Das ist eine für Pflanzen und Tiere gleich wichtige Reaktion. Carbamate wirken auf die Zellteilung. Auch hierbei handelt es sich um einen für alle Organismengruppen elementaren Prozeß.

4.1 Wirkorte in der Pflanzenzelle

Zum besseren Verständnis der Wirkungsmechanismen von Pflanzenbehandlungsmitteln ist eine kurze Beschreibung der Orte, an denen die Wirkstoffe zu ihrer biologischen Wirkung kommen, nützlich.

Die Pflanzenzelle ist von einer ziemlich festen Zellulosewand umgeben. Ihr lebender Teil, der Protoplast, wird von der Plasmalemma-Membran umschlossen und enthält das Cytoplasma mit dem Endoplasmatischen Reticulum, die verschiedenen Zellorganelle sowie eine oder mehrere Vakuolen.

Im Protoplasten laufen im Cytoplasma oder in den Zellorganellen die mannigfaltigen biochemischen Prozesse ab, die meist von pflanzeneigenen Enzymen bewirkt werden.

Die Zellorganelle sind kompliziert aufgebaute und durch Membranen vom Cytoplasma abgetrennte anatomische und stoffwechselphysiologische Funktionseinheiten mit ganz speziellen Aufgaben. Wichtige Zellorganelle sind der Zellkern, die Chloroplasten, die Mitochondrien und die Ribosomen.

Der **Zellkern** ist das größte und wichtigste Organell der normalen Pflanzenzelle. Er enthält die für den Organismus essentielle genetische Information. Der Zellkern steuert und koordiniert die meisten biochemischen Prozesse der Zelle.

Die **Chloroplasten** sind länglich-linsenförmige Organelle ($\varnothing$ 2,5 µm), die in unterschiedlicher Zahl in den verschiedenen Zellen vorkommen; z.B. sind in Blattzellen etwa 50 Chloroplasten vorhanden. Sie dienen zur Absorption der Sonnenenergie und ihrer Überführung in chemische Energie, die dann für biochemische Syntheseprozesse verwandt wird.

Die **Mitochondrien** sind gewöhnlich länglich-rundlich (1 µm breit, 1 bis 3 µm lang). Ihre Anzahl in der Zelle geht meist bis zu 1000, bei Mikroorganismen sind es 10 bis 20; in großen Zellen höherer Organismen sogar bis zu 20000. Mitochondrien haben einen komplizierten Aufbau mit vielen Kammerungen. Ihre Hauptfunktion besteht darin, daß in ihnen wichtige Prozesse der Atmung ablaufen.

Die **Ribosomen** sind submikroskopisch kleine Organelle im Cytoplasma oder an den Membranaußenwänden des Endoplasmatischen Reticulums ($\varnothing$ 0,015 bis 0,02 µm). An ihnen spielt sich die Proteinsynthese ab. Eine Störung des normalen Ablaufs der in einzelnen Zellorganellen stattfindenden Prozesse führt zu gravierenden Schäden des ganzen Zellstoffwechsels, was meist zum Zelltod führt.

Zur Schädigung und zum Absterben der Zellen führen auch Veränderungen der Semipermeabilität der verschiedenen **Membranen** (Plasmalemma, Tonoplast, Membranen des Zellkerns, der Chloroplasten, der Mitochondrien und des Endoplasmatischen Reticulums). Hier werden neben Säuren, Alkalien und oxidierenden Stoffen auch die exogenen Pflanzenschutzmittel wirksam, wobei es sich allerdings meist nur um eine Sekundärwirkung der Stoffe handelt.

4.2 Wirkungsweise von Herbiziden

Von Herbiziden – und auch Pflanzenschutzmitteln anderer Art – können gewisse lebenswichtige Stoffwechselprozesse der Pflanzen als Schlüsselsysteme an bestimmten Stellen blockiert werden. Die tatsächliche Beeinträchtigung durch einen Wirkstoff hängt von seinem chemischen Aufbau, seinen physiko-chemischen Eigenschaften, von seiner Konzentration in der Pflanze, also vom Ausmaß der Aufnahme in das Blatt oder die Wurzel, sowie seiner Verteilung im pflanzlichen Organismus ab. Vor allem aber wird er bestimmt von der Inaktivierung und Metabolisierung in der Pflanze.

Die Wirkung von Herbiziden beruht auf der Beeinflussung elementarer Stoffwechselsysteme der Pflanze.

Sie liegen (1) im Geschehen der Photosynthese in den Chloroplasten, besonders in den Thylakoiden mit (a) Hemmeffekten auf den Elektronentransport im Lichtsystem 2, (b) in Hemmungen des Elektronentransports im Lichtsystem 1 und (c) in einer Entkopplung der Photophosphorylierung als Auswirkung.

Sie liegen (2) in der Atmung in den Mitochondrien als (a) Hemmung des Elektronentransportes, (b) als Entkoppelung der oxidativen Phosphorylierung und (c) als Hemmung der Energieübertragung usw.

Sie beeinflussen (3) verschiedene Biosynthesevorgänge wie (a) die Carotinoid-Biosynthese, (b) die Lipid-Biosynthese, (c) die Biosynthese aromatischer Aminosäuren. Sie können (4) die Übertragung der genetischen Information beeinflussen und den Microtubulus-Mechanismus und damit die Zellentwicklung und -differenzierung beeinträchtigen.

Herbizide können (5) auch die Keimung hemmen oder (6) den Auxin-Stoffwechsel beeinflussen.

Schließlich können sie (7) durch Veränderung der Durchlässigkeit der Membranen gravierende Störungen des geordneten Ablaufs des pflanzlichen Stoffwechsels bewirken.

4.2.1 Einwirkung auf die Photosynthese

Der Eingriff von Herbiziden auf Prozesse der Photosynthese ist für eine Pflanzenschutzmittel-Wirkung von besonderer Bedeutung. Fast $1/3$ der im Pflanzenschutz eingesetzten herbiziden Wirkstoffe beeinträchtigen die Photosynthese. Als Beispiele sind aufzuführen die Phenylharnstoffe, die s-Triazine, Diazine, Biscarbamate, Amide, Dipyridylium-Salze.

Die Bedeutung der Photosynthese-Hemmer wird jedoch nicht nur durch die Anzahl der Wirkstoffe bestimmt, sondern auch durch das Ausmaß der Anwendung auf landwirtschaftlichen Kulturflächen. Photosynthese-Hemmer sind für die Unkrautbekämpfung in Getreide, Mais und Rüben sowie für Kulturen wie Baumwolle und Reis sehr wichtig.

Außerdem sind sie – abgesehen von den Dipyridylium-Verbindungen – meistens wenig toxisch, also in Hinsicht auf Rückstände wenig bedenklich. Insgesamt sind sie auch aus ökotoxikologischer Sicht – abgesehen von einigen persistenten Stoffen – für die Unkrautbekämpfung durchaus akzeptabel.

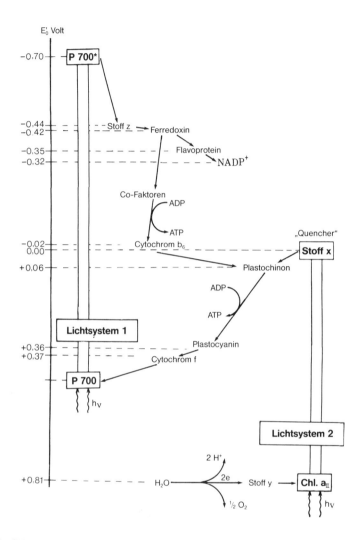

Abb. 81. Schema des Elektronentransportes in der Photosynthese. Die einzelnen Redoxsysteme stehen auf der Höhe ihres Redoxpotentials.

4.2.1.1 Ablauf der Photosynthese

Die biochemischen und physiologischen Prozesse bei der Photosynthese gliedern sich in zwei Gruppen:

Einmal in Prozesse der Festlegung der Lichtenergie, die **Lichtreaktionen**. Hierbei sind mehrere Pigmente differenziert beteiligt. Diese Lichtreaktionen dienen der Bereitstellung des Energiespeichers ATP und des Reduktionsmittels NADPH + H$^+$. Zum andern aber auch in die Prozesse der CO_2-Fixierung, den **Dunkelreaktionen**. Mit ATP und NADPH + H$^+$ wird das CO_2 zu Zucker reduziert. Bisher sind keine Herbizide bekannt, die die Dunkelreaktionen der Photosynthese beeinflussen.

In den **Lichtreaktionen** werden aus der Wasserspaltung stammende Elektronen in einer Elektronentransportkette vom Redox-Niveau des Wassers zum Redox-Niveau von NADP transportiert.

Der Vorgang spielt sich in den Thylakoid-Membranen der Grana-Thylakoide der Chloroplasten ab (in den Membranen der Stroma-Thylakoide gibt es nur das Lichtsystem I). Durch die von Chlorophyll in den beiden Lichtreaktionen 2 und 1 eingefangene Sonnenenergie werden Elektronen auf ein höheres Energieniveau gehoben. Dazwischen werden sie in Redoxsystemen „bergab" transportiert. Die Elektronen reduzieren schließlich NADP, wobei zusammen mit H-Ionen das NADPH + H$^+$ entsteht. An bestimmten Stellen des Systems wird ein Teil der Elektronenenergie auf energiereiche Phosphate übertragen, wobei ATP entsteht. Lichtenergie wird also als chemisch energiereiche Substanz gespeichert.

Durch die **Elektronentransportkette** werden also Elektronen über große Redoxunterschiede von der Redoxstufe des Wassers (+ 810 mV) über die beiden Lichtsysteme 2 und 1 auf die sehr hohe Redoxstufe des angeregten Pigmentes P 700 (− 700 mV) gebracht und dann über Ferredoxin (− 432 mV) zum NADP (− 324 mV) geleitet.

Auf dem Transportweg erfahren die Elektronen durch die Anregung des Chlorophylls durch Lichtenergie einen Energiezuwachs (Verschiebung des Redoxpotentials nach der negativen Seite; je negativer das Redoxpotential ist, desto größer ist die Reduktionskraft).

Die mit dem Lichtsystem 2 gekoppelte **Wasserspaltung** (Hydrolyse des Wassers) stellt die Elektronen für die Elektronentransportkette.

Durch die sog. **Hill-Reaktion** können unter experimentellen Bedingungen auch isolierte Chloroplasten bei Beleuchtung und in Gegenwart von Elektronenakzeptoren Wasser spalten. Dadurch werden Elektronen freigesetzt und es entwickelt sich O_2. Eine CO_2-Fixierung und eine Zuckerbildung ist hierbei nicht möglich.

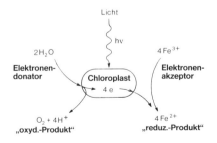

Abb. 82. Schema des Ablaufs der Hill-Reaktion.

Tab. 7. Stärke der Photosynthesehemmung

Wirkstoff	pI_{50}-Wert
Diuron	6,75
Bromacil	6,31
Ioxynil	6,13
Simazin	5,66
Dinoseb	5,10
Chlorpropham	3,92
2,4,5-T	3,61

Die Hill-Reaktion läuft folgendermaßen ab: Unter Lichteinwirkung (hv) wird Wasser (Elektronendonator) in ½ O_2, H^+ und Elektronen gespalten. Letztere würden das System schädigen, wenn sie nicht sofort auf einen Elektronenakzeptor übertragen würden. Dieser wird dabei reduziert. Bei Versuchen erfolgt ein Übergang von Kaliumferricyanid 4 Fe^{3+} in Kaliumferrocyanid 4 Fe^{2+}.

Die Hill-Reaktion gilt als Maß für die hydrolytische (wasserspaltende) Aktivität der Chloroplasten. Sie kann im Labor (1) durch Bestimmung der O_2-Entwicklung im Warburg-Apparat und (2) durch spektralphotometrische Messung der Umfärbung des Elektronenakzeptors bei der Reduktion gemessen werden. Die Stärke der Hemmung der Hill-Reaktion wird ausgedrückt im I_{50}-Wert als diejenige Konzentration an Wirkstoff, die die Wasserspaltung auf 50% herabdrückt. Werte für übliche Photosynthesehemmer liegen im Bereich von 10^{-5} bis 10^{-7} mol. Der pI_{50}-Wert stellt den negativen Logarithmus der molaren Konzentration dar. Es ergeben sich mittlere Bereiche zwischen 4,00 und 6,00.

Die aus der Wasserspaltung stammenden Elektronen werden über einen hypothetischen Stoff Y in das **Lichtsystem 2** eingeschleust. Hier wird das Pigment Chlorophyll a II durch Aufnahme von Lichtquanten (hv) in einen angeregten Zustand versetzt, was eine Verschiebung des Redoxpotentials vom Niveau des Wassers + 810 mV auf das Niveau des angeregten Chlorophylls von ± 0 mV bedeutet. Die Elektronen werden dann von einem Redoxsystem mit starker Reduktionskraft übernommen, nämlich vom Stoff X „Quencher". Von diesem „rollen" die Elektronen in der **nichtzyklischen Elektronentransportkette** „bergab" über Plastochinon, Plastocyanin, Cytochrom f zum Lichtsystem 1.

Im **Lichtsystem 1** leitet eine aus zahlreichen Pigmenten bestehende Sammelfalle, in der verschiedene Pigmente, u.a. Carotinoide, zusammengefaßt sind, die eingefangene Photoenergie auf ihr Zentralpigment, das rotempfindliche Chlorophyll a-Molekül P 700, das dadurch in einen angeregten Zustand versetzt wird. Das angeregte P 700 gibt die energiereichen Elektronen auf einem sehr hohen Redoxniveau (ca. − 700 mV) an den Stoff Z ab.

Die nichtzyklische Elektronentransportkette läuft dann weiter ab, zunächst zum Ferredoxin ($-$ 420 mV), dann zum Flavoprotein und weiter zum NADP, das dann unter Anlagerung von H^+ zum NADPH + H^+ reduziert wird.

Vom angeregten P 700 können aber auch Elektronen in einer **zyklischen Elektronentransportkette** über Cofaktoren und Cytochrom b_6 in den nichtzyklischen Weg eingeschleust werden und damit zum P 700 geleitet werden.

Im Verlauf des Elektronentransportes wird ein Teil der Energie der Elektronen durch die Vorgänge der **Photophosphorylierung** in chemische Energie in Form von ATP übergeführt. Das geschieht als nichtzyklische Photophosphorylierung auf dem Weg der Elektronen zwischen Plastochinon und Plastocyanin. Auch beim zyklischen Elektronentransport erfolgt eine Photophosphorylierung an der gleichen oder an einer benachbarten Stelle.

4.2.1.2 Eingriff von Herbiziden in die Photosynthese

Die als Photosynthesehemmer bekannten Herbizide greifen an verschiedenen Stellen des Photosynthesegeschehens ein.

Einige Stoffe beeinflussen die **Wasserspaltung**, z.B. CCP-Hydrazonium-Verbindungen und Chinone.

Die meisten auf die Photosynthese wirkenden Herbizide sind **Hemmer des Elektronentransportes im Lichtsystem 2**. Sie greifen insbesondere zwischen dem „Quencher" und Plastochinon ein, indem sie sich im Bereich der Plastochinons sich mit dem Bindeprotein binden und so den Elektronentransport blockieren.

Hier wirken die Phenylharnstoff-Derivate (Fenuron, Monuron, Diuron, Linuron, Monolinuron, Metoxuron, Chlortoluron, Isoproturon, Metobromuron, Buturon usw.). Methazol hemmt die Photosynthese durch Bildung des Metaboliten 1-(3,4-Dichlorphenyl)-3-methyl-harnstoff. Weiter wirken hier die heterozyklischen Harnstoffe (Benzthiazuron, Metabenzthiazuron, Cycluron) und die Thiadiazol-Verbindung Terbuthiuron, die s-Triazine (Atrazin, Simazin, Trietazin, Cyanazin, Terbuthylazin, Simeton, Prometryn, Terbutryn, Procyazin usw.), die Triazinone (Metribuzin, Metamitron sowie Hexazinon), das Methyl-Carbamat Karbutilat, die Biscarbamate (Phenmedipham, Desmedipham), das Acylamid Propanil, das Benzimidazol Chlorflurazol, die Pyridazone Chloridazon und Brom-Pyrazon, die halogenierten Phenole, z.B. Ioxynil, sowie weitere Herbizid-wirksame Verbindungen wie Perfluidon, einige Diphenylether sowie Pyridat.

Herbizide aus der Gruppe der Diphenylether, z.B. Fluorodifen, Nitrofen, Oxyfluorofen sowie einige Chinone, hemmen den Elektronentransport im Lichtsystem 2 ebenfalls im Bereich des Plastochinons. Jedoch greifen sie nicht an der gleichen Stelle wie die s-Triazine und Phenylharnstoffe am Bindeprotein ein, sondern vielmehr als Antagonisten des Plastochinon an der reduzierenden Seite des Plastochinon-Pools. Zahlreiche Stoffe dieser Gruppe haben auch eine bleichende Wirkung. Außerdem dürfte ein Teil davon auf die Carotinoid-Biosynthese einwirken.

Wie die Praxis zeigt, töten Phenylharnstoffe und Triazine Pflanzen auch bei Dunkelheit ab, also ohne Lichteinwirkung. Die Stoffe haben demnach mehr als einen Wirkort. Trotzdem besteht ihre hauptsächliche Herbizid-Aktivität in der Hemmung des Elektronentransportes der niederenergetischen Elektronen.

Die Annahme, daß die Photosynthese-Hemmung ein Verhungern der Pflanze nach sich zieht, kann die Herbizideinwirkung nicht völlig erklären; zumal zugesetzte Saccharose die bekannten Harnstoff-Symptome beseitigen kann. Die Phenylharnstoff-Wirkung geht nicht auf einen Mangel an Kohlenhydraten, sondern auf den Mangel an Elektronen zurück, so daß zugesetzter Zucker als Elektronendonator bei der Atmung dient, wodurch Plastochinon,

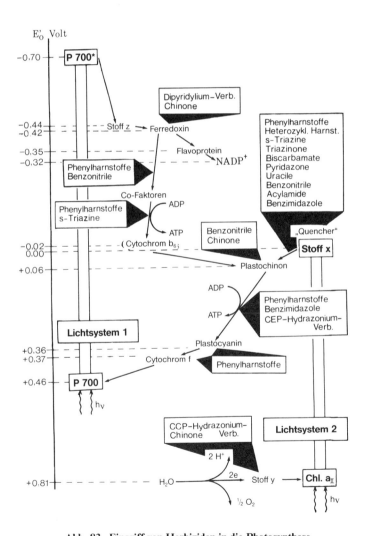

Abb. 83. **Eingriff von Herbiziden in die Photosynthese.**

Abb. 84. **Wirkung von Atrazin auf empfindliche (oben) und resistente (unten) Biotypen von Solanum nigrum. Behandlung über Nährlösung mit Gesaprim 500 flüssig; Einwirkung 20 Tage; Konzentrationen:
bei empfindl. Biotypen 0,00/0,05/0,1/—/0,25/0,5/1,0/5,0 mg/l;
bei resistenten Typen 0,00/0,1/0,5/1,0/5,0/10,0/—/50,0 mg/l.
(— = Grenze zwischen Schädigung und Nichtschädigung).**

Chlorophyll und andere Moleküle, die sich infolge der Unterbrechung des Elektronentransportes in einem oxidierten Zustand befinden, wieder reduziert und daher nicht geschädigt werden.

Bis vor wenigen Jahren war man der Ansicht, daß Herbizide ihre Wirkung bei der Photosynthese entfalten, sobald sie am Wirkort in den Chloroplasten sind, unabhängig davon, aus welcher Pflanzenart die Chloroplasten stammen.

In letzter Zeit treten bei permanenter s-Triazin-Anwendung, z.B. im Mais oder in Obstkulturen, bei immer mehr Unkrautarten, die bisher mit s-Triazinen gut bekämpfbar waren, **s-Triazin-resistente Ökotypen** auf, z.B. bei *Stellaria media, Chenopodium album, Solanum nigrum, Senecio vulgaris*. In verschiedenen Kulturen mit intensiver s-Triazin-Anwendung breiten sich diese resistenten Ökotypen immer mehr aus, da die Pflanzen ein Vielfaches der bisher für die Abtötung der betreffenden Unkrautart benötigten Aufwandmenge an s-Triazinen schadlos vertragen. Ein s-Triazin-resistenter Genotyp von *Solanum nigrum* verträgt z.B. die 200fache Atrazin-Menge wie die normalen Individuen dieser Art.

Die Resistenz gegen s-Triazine beruht darauf, daß bei den unempfindlichen Genotypen die Bindungsstelle (Bindeprotein) im Plastochinon-Komplex fehlt, so daß das Herbizid nicht gebunden wird und daher der Elektronentransport nicht blockiert werden kann. Die Bindungsstelle ist sehr spezifisch. Die s-Triazin-resistenten Genotypen sind daher nicht resistent z.B. gegen Phenylharnstoffe und andere an dieser Stelle eingreifende Herbizide.

Die Resistenz wird plastidisch, d.h. außerkariotisch vererbt. Alle Nachkommen s-Triazin-resistenter Mutterpflanzen sind daher ebenfalls resistent. Das hat eine schnelle Ausbreitung der resistenten Genotypen zur Folge, der man durch Wechsel des Mittels, also durch Verwendung von Herbiziden mit

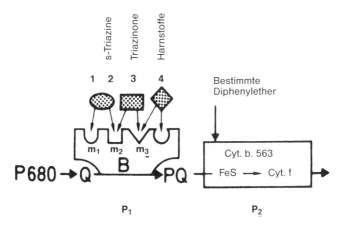

Abb. 85. Schematische Darstellung des Elektronentransportes von Photosystem 2 (pl) mit dem Bindeprotein B und dem Cytochrom b-563/Cytochrom f-FES-Protein-Komplex (p2) (BÖGER 1981).

einem anderen Wirkungsmechanismus, begegnen kann. Außerdem sollten z.B. in Mais enge Fruchtfolgen oder gar Monokultur vermieden werden. Einige Wirkstoffe beeinflussen den **zyklischen Elektronentransport**, z.B. Benzonitrile, Phenylharnstoffe.

Herbizide können auch als **Entkoppler der Photophosphorylierung** wirken. Benzimidazole, Phenylharnstoffe in höheren Konzentrationen, z.B. CEP-Hydrazonium-Verbindungen sowie Perfluidon. Weiter gibt es **Hemmstoffe der Energieübertragung**, die direkt die ATP-Bildung hemmen. Beispiele hierfür sind 1,3,4-Thiazolyl-Harnstoffe sowie Nitrofen.

Zahlreiche Hemmstoffe mit Entkopplerwirkung wirken gleichzeitig auf den Elektronentransport. Sie sind also **hemmende Entkoppler**. Hier sind zu nennen: Acylanilide, Benzimidazole, Dinitroaniline, Dinitrophenole, Benzonitrile, Imidazole, Phenylcarbamate und Thiadiazol-Verbindungen.

Auf den nichtzyklischen Elektronentransport des Lichtsystems I wirken einige Herbizide ein. Man kann sie unter dem Begriff **Elektronenakzeptoren** zusammenfassen. Am wichtigsten sind die Dipyridylium-Verbindungen (Diquat, Paraquat, Cyperquat, Difenzoquat, Morfamquat).

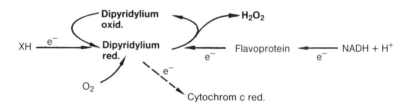

Abb. 86. **Eingriff von Dipyridylium-Verbindungen in den Elektronentransport: Bildung stabiler, freier Radikale, nach deren Reoxidation Peroxide entstehen.**

Die quaternären Dipyridylium-Verbindungen entfalten ihre toxische Wirkung sehr schnell, unter bestimmten Bedingungen innerhalb von 30 Minuten. Aus den wasserlöslichen Dipyridylium-Salzen entstehen bei Lösung Dipyridylium-Ionen. Durch Elektronenaufnahme werden diese zu stabilen, freien Radikalen reduziert. Da die Redoxpotentiale der Stoffe im Bereich der natürlichen Redoxstoffe sind, ziehen die Dipyridylium-Ionen Elektronen, die eigentlich auf Ferredoxin (Redoxpotential $-$ 432 mV) und weiter auf NADP (Redoxpotential $-$ 324 mV) übertragen werden sollten, aus der Elektronentransportkette auf sich und werden reduziert. Eine Weiterleitung der Elektronen zum NADP ist nicht möglich, so daß die Bildung von NADPH + H$^+$ unterbleibt. Die abgefangenen Elektronen werden schließlich in Phosphorylierungsprozesse der Atmung eingeschleust, was deren Steigerung zur Folge hat. Paraquat in Konzentrationen oberhalb 10^{-6} Mol. steigert z.B. deutlich die Phosphorylierung. Die verstärkte ATP-Bildung hat jedoch für die Pflanze keine Bedeutung, weil der nichtzyklische Elektronentransport in der Photosynthese stark geschädigt ist.

Die nach der Reduktion (Elektronenaufnahme) gebildeten stabilen Radikale der Dipyridylium-Verbindungen können durch O_2 reoxidiert werden, was unter Bildung von H_2O_2 und langlebiger Peroxide erfolgt. Die großen Mengen an gebildeten Peroxiden können jedoch nicht mehr ausreichend und rasch durch die für die Peroxid-Entgiftung zuständige Katalase inaktiviert werden, so daß irreversible Schädigungen der Zellen, insbesondere der zellulären Membranen Tonoplast und Plasmalemma entstehen, was in den meisten Fällen ein rasches Absterben der vom Wirkstoff getroffenen Pflanzenteile zur Folge hat.

Dipyridylium-Salze wirken nicht nur bei Licht, sondern – allerdings mit bedeutend längerer Anlaufzeit – auch bei Dunkelheit, was auf einen Eingriff in den Elektronentransport bei der Atmung beruht.

Weitere Herbizide wirken durch **Veränderung des Substrates**. Sie hemmen den Elektronentransport nicht zwischen „Quencher" und Plastochinon, sondern unterbinden den Elektronenfluß zwischen den beiden Photosystemen, indem sie – insbesondere in höheren Konzentrationen – die Redoxstoffe verändern. Es sind dies Phenylharnstoffe, Benzonitrile und Chinone (Dibromothymochinon).

4.2.2 Einwirkung auf die Atmung

Einige Herbizide beeinflussen die Atmungsvorgänge der Pflanze. Derartige Stoffe sind toxikologisch nicht so günstig zu bewerten wie die auf die Photosynthese einwirkenden Substanzen. Die Zellatmung als Prozeß der Energiefreisetzung geht nicht nur in Pflanzen vor sich, sondern auch in Tieren und Menschen. Hier eingreifende Stoffe können daher auch Schäden bei Mensch und Tier verursachen.

4.2.2.1 Ablauf des Atmungsgeschehens

Durch die Atmung (Dissimilation) setzen Pflanzen, Tiere und Mikroorganismen durch Oxidation organischer Kohlenstoffverbindungen die Energie frei, die sie selbst (autotrophe Organismen) oder andere Lebewesen (heterotrophe Organismen) durch Assimilation festgelegt haben. Die Oxidation erfolgt nicht schlagartig, wie z.B. durch offene Verbrennung, sondern allmählich über ein mehrstufig ablaufendes Stoffwechselsystem. Das Atmungsgeschehen läuft bei Anwesenheit von atmosphärischem Sauerstoff bis zum völligen Verbrauch des vorhandenen Energiepotentials, d.h. bis zur Vereinigung von O und H zu Wasser ab. Der Kohlenstoff der veratmungsfähigen organischen Substanz wird an O_2 gebunden als CO_2 frei.

Der Gesamtprozeß der Atmung läßt sich in mehrere – in vivo ineinandergreifende – Teilabschnitte untergliedern: in die Glykolyse, in die Decarboxylierung der Brenztraubensäure, in den Citronensäurezyklus und in die Endoxidation.

In der **Glykolyse** wird die zunächst phosphorylierte Glucose nach Überführung in Fructose-diphosphat in zwei Triosephosphat-Moleküle gespalten. Diese werden dann dehydriert und in Brenztraubensäure überführt. Bei der Oxidation von 3-Phosphoglycerinaldehyd zu 3-Diphosphoglycerinsäure freigesetztes, reduziertes NADH + H⁺ gelangt in den Prozeß der Endoxidation. Bei der Bildung von 3-Phosphoglycerinsäure wird ein Phosphor auf ATP übertragen; der zweite Phosphor gelangt bei der Überführung von Phosphoenolbrenztraubensäure in Enolbrenztraubensäure auf ATP (Substratkettenphosphylierung).

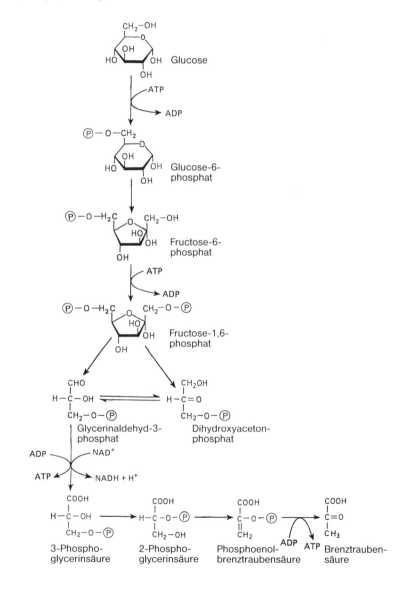

Abb. 87. Schematischer Ablauf der Atmung: Glykolyse.

Weiter folgt in Gegenwart von Sauerstoff die **oxidative Decarboxylierung der Brenztraubensäure**. Dabei wird Brenztraubensäure unter Abspaltung von CO_2 in einen C_2-Körper (Acetyl-Rest) überführt, der vom Coenzym A übernommen wird, wobei Acetyl-CoA entsteht. Dabei wird wiederum NADH + H^+ gebildet. Im Acetyl-CoA wird der Acetyl-Rest auf die Oxalessigsäure

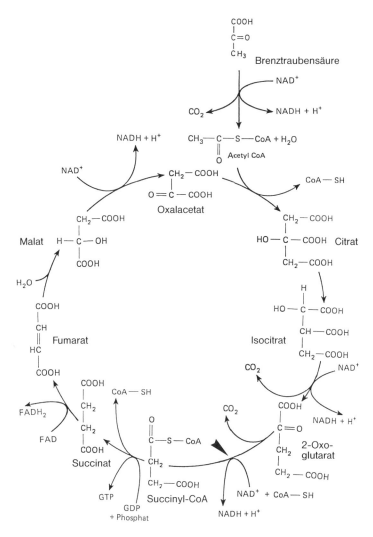

Abb. 88. Schematischer Ablauf der Atmung: Oxidative Decarboxylierung der Brenztraubensäure und Citronensäure-Zyklus (Kennzeichnung der Eingriffsstellen bestimmter Herbizide durch Pfeile).

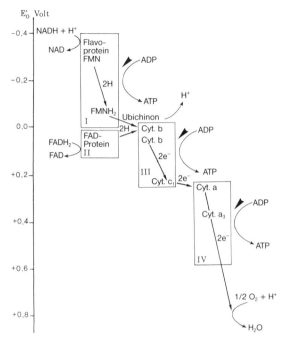

Abb. 89. Schema des Elektronentransportsystems in den Mitochondrien und oxidative Phosphorylierung. Die Anordnung der Redoxsysteme in der Atmungskette erfolgte entsprechend ihren Redoxpotentialen (Kennzeichnung der Eingriffsstellen bestimmter Herbizide durch Pfeile).

(C_4-Körper) übertragen, wodurch Citronensäure (C_6-Körper) entsteht. HS-CoA wird freigesetzt und kann erneut mit Brenztraubensäure reagieren.

Im Verlauf des Kreislaufs des **Citronensäure-Zyklus** (Krebs-Zyklus), der über die Citronensäure (C_6-Körper) zu Isocitronensäure, Oxalbernsteinsäure, α-Ketoglutarsäure, Bernsteinsäure-CoA, Bernsteinsäure, Fumarsäure, Apfelsäure zurück zu Oxalessigsäure geht, wird der vom Acetyl-CoA eingeschleuste C_2-Körper oxidiert und als zwei Moleküle CO_2 abgegeben. Die freiwerdende Energie wird zur Reduktion der an spezielle Träger gebundenen Coenzyme zu NADH + H^+ und $FADH_2$ verwendet.

In der **Atmungskette** (Endoxidation, terminale Oxidation) werden die aus dem Citronensäure-Zyklus mit Hilfe der hydrierten Coenzyme (NADH + H^+ und $FADH_2$) eingeschleusten Wasserstoff-Ionen und energiereichen Elektronen in einer Elektronentransportkette „bergab" von Redoxsystemen hohen Elektronendrucks zu Redoxsystemen niedrigeren Elektronendrucks geleitet. Der Weg führt vom Flavoprotein-Komplex zum Cytochrom-b-

Komplex (Cytochrom b_{556}, Cytochrom b_{560}) über Cytochrom c_1 (Cytochrom c_{552}, Cytochrom c_{550}) und weiter zum Cytochromoxidase-Komplex (Cytochrom a, Cytochrom a_3). Hier erfolgt ein direkter Kontakt mit Sauerstoff (Peroxidase, Katalase). Durch die Elektronen reduziert der Cytochromoxidase-Komplex Sauerstoff zu O^{2-}. Diese werden dann mit dem aus der Zerlegung von 2H stammenden $2H^+$-Ionen zu H_2O verbunden.

In den Reaktionen der Atmungskette erfolgt eine stufenweise Freisetzung der Energie, die zur ATP-Bildung als **Atmungskettenphosphorylierung** (oxidative Phosphorylierung) dient. In den Redoxsystemen der Endoxidation wird von Stufe zu Stufe ein bestimmter Energiebetrag verfügbar, der in Form der energiereichen Bindung des ATPs festgelegt wird. Als Gesamtbilanz der biologischen Oxidation werden aus einem Molekül Glucose 38 ATP-Moleküle gebildet. Davon entsteht schon ein Teil durch Substratkettenphosphorylierung bei der Glykolyse; das meiste jedoch im Prozeß der Endoxidation, durch die in diesen Vorgang eingeführten reduzierten Coenzyme. Die Atmungskette ist somit der Hauptlieferant von Energie für die Zelle, so daß die Schädigung in diesem Bereich ernste Folgen für die Energieversorgung der Zelle sowie für die Bereitstellung von Acetyl-CoA hat.

Die einzelnen Reaktionen der Atmung laufen an verschiedenen Stellen der Zelle ab: Die Glykolyse findet im Cytoplasma statt, wobei allerdings einige Enzyme an den Membranen des Endoplasmatischen Retikulums gebunden sind. Die Bildung von Acetyl-CoA, der Citronensäurezyklus, die Endoxidation der Atmungskette und die ATP-Bildung (oxidative Phosphorylierung) spielen sich dagegen in den Mitochondrien ab. Einige Enzyme des Citronensäurezyklus liegen im Cytoplasma vor, die meisten jedoch in einer mehr oder weniger festen Bindung an Strukturen der Mitochondrien.

4.2.2.2 Eingriff von Herbiziden in die Atmung

Die im Bereich der Atmung wirkenden Herbizide tun dies an verschiedenen Stellen.

Viele Herbizide, die den Elektronentransport in der Photosynthese hemmen, beeinflussen in hohen Konzentrationen auch den **Elektronentransport in der Atmung**.

Eine Reihe von Herbiziden beeinflussen das Bereitstellen des Wasserstoffs für die Endoxidation, indem sie die **Substratoxidation im Citronensäurezyklus** beeinflussen. Hier greifen insbesondere in höheren Konzentrationen (10^{-3} bis 10^{-4} Mol) Dichlobenil, Picloram, Amitrol, Atrazin, subst. Benzoesäuren und Benzonitrile ein. Es erfolgt eine Hemmung der Oxidation von α-Ketoglutarsäure und Bernsteinsäure, wodurch die Bildung von NADH + H^+ und $FADH_2$ unterbleibt.

Herbizide mit Wirkung auf die **Entkopplung der oxidativen Phosphorylierung** sind die zahlreichsten und auch die am besten untersuchten in die Atmungskette eingreifenden Wirkstoffe. Diese Art von Stoffen haben einen phenolischen Wasserstoff oder eine saure NH-Gruppe im Molekül. Sie können daher Protonen durch die Membran transportieren und dadurch vorhandene pH-Gradienten abbauen. Entkopplerwirkung haben: Dinitrophenole (z. B. 2,4-Dinitrophenol, Dinoseb), chlorierte Phenole (z. B. PCP), Amitrol, Benzimidazole (z. B. ist 2-Trifluoromethyl-benzamidazol ein bedeutend stärkerer Entkoppler als DNOC; bei den Benzimidazolen sind die am stärksten phytotoxisch wirkenden Substanzen auch die stärksten Entkoppler), weiter einige Thiadiazole sowie die Benzimidazole Chlorflurazol und Flurimidin. Bei den halogenierten Phenolen, z. B. Ioxynil und Bromoxynil, geht die Entkopplerwirkung ebenfalls mit der Herbizidaktivität parallel; die Intensität entspricht der Art der Halogensubstitution: J stärker als Br, Br stärker als Cl). Weitere Herbizide mit Entkopplerwirkung sind bestimmte Carbamate, z. B. EPTC, bei dem eine Wirkung in diesem Bereich allerdings nur in hohen Konzentrationen erfolgt.

Einige der aufgezählten Herbizide wirken als **hemmende Entkoppler**, d. h. sie unterbinden den Elektronentransport und entkoppeln gleichzeitig die ATP-Bildung. Welcher Effekt dabei überwiegt, hängt von der Herbizid-Konzentration ab.

Bestimmte Herbizide, z. B. 2,4-Dinitrophenole und 2-Trifluorobenzimidazole, zeichnen sich durch eine **Förderung der ATPase-Aktivität** aus. Hierdurch wird nicht nur die Bildung von ATP gehemmt, sondern zusätzlich bereits vorhandenes ATP abgebaut.

Bei manchen Herbiziden, z. B. bei phenolischen Entkopplern wie DNOC und PCP, erfolgt eine **Bindung an Proteine** der Mitochondrien; und zwar an Stellen, die keine aktiven Zentren darstellen. Die dadurch bewirkten Konfigurationsänderungen unterbinden jedoch die ATP-Bildung.

4.2.3 Einwirkung auf Biosynthese-Prozesse

In den letzten Jahren wurden bestimmte Herbizide entwickelt, die auf verschiedene Biosynthese-Prozesse in der Pflanze einwirken. Hier ist vor allem die Beeinflussung der Carotinoid-Biosynthese und der Lipid-Biosynthese wichtig.

4.2.3.1 Carotinoid-Biosynthese

Die Carotinoid-Biosynthese ist für die Pflanze von besonderer Bedeutung, da diese Stoffe u. a. Hilfspigmente für die Photosynthese sind; ihr Fehlen bzw. ihre Zerstörung zieht Schäden im Photosynthesesystem nach sich.

Ablauf der Carotinoid-Biosynthese

Die Carotinoide werden in drei aufeinanderfolgenden Reaktionsschritten gebildet. Zunächst entsteht aus drei Acetyl-CoA-Molekülen die Mevalonsäure (C_6), woraus Isoprenbausteine (Isopentenyl-pyrophosphat, C_5) gebildet werden. Darauf erfolgt eine fortschreitende Kondenzierung von Isopentyl-pyrophosphat-Molekülen über Farnesyl-pyrophosphat (C_{15}) zu Geranylgeranyl-pyrophosphat (C_{20}), wovon 2 Moleküle zu Phytoen (C_{40}) kondensieren. Anschließend geht eine Desaturierung (Dehydrogenierung) der Moleküle vor sich, was zu Phytoen, ξ-Carotin, Neurosporin und schließlich zu Lycopin führt. Durch die darauffolgende Zyklisierung von Neurosporin oder von Lycopin entstehen α-Carotin bzw. β-Carotin.

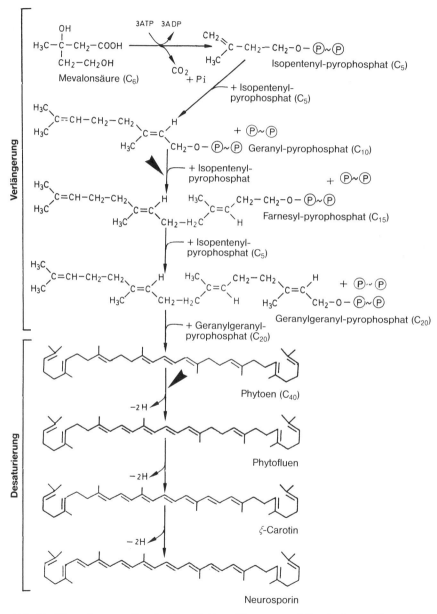

Abb. 90. Biosynthese von Carotinoiden: Kettenverlängerung und Desaturierung (Kennzeichnung der Eingriffsstellen bestimmter Herbizide durch Pfeile).

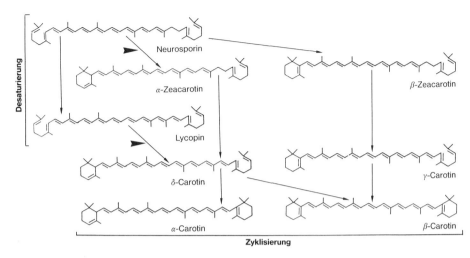

Abb. 91. Biosynthese von Carotinoiden: Desaturierung und Zyklisierung (Kennzeichnung der Eingriffsstellen bestimmter Herbizide durch Pfeile).

Eingriff von Herbiziden in die Carotinoid-Biosynthese

Die in die Carotinoid-Biosynthese eingreifenden Herbizide bewirken, daß sich in den behandelten Pflanzen Vorstufen der Carotinoide, die vor der Zyklisierung entstanden sind, anhäufen. Der Angriffsort der Herbizide ist demnach erst im Bereich der Desaturierung oder der Zyklisierung von Phytofluen oder Lycopin. Auf eine Einwirkung erst auf die späten Phasen der Carotinoid-Biosynthese deutet auch, daß zahlreiche pflanzeneigene Produkte, die als C_{10} bis C_{20}-Verbindungen den gleichen Biosyntheseweg wie die Carotinoide haben, entstehen; jedoch keine Carotinoide selbst.

Der Eingriff der Herbizide, z. B. von Amitrol, Dichlormat, der Pyrrolidon-Verbindung Fluorochloridon, der Pyridin-Verwandten Fluridon, Pyriclor und Diflufenicon sowie von Norflurazon und Metflurazon, erfolgt wohl an etwas verschiedenen Stellen, jedoch insgesamt in einem fortgeschrittenen Stadium der Carotinoid-Biosynthese. Fluorochloridon hemmt die Carotinoid-Biosynthese, wobei außerdem die Ethylen-Produktion durch Induktion eines Ethylen-precursers angeregt wird.

Neuerdings wurden auch Herbizide, z.B. die Isooxazolidin-Verbindung Dimethazon, bekannt, die auf die Carotinoid-Biosynthese schon bei der Kettenverlängerung, also bei den Kondensierungs-Reaktionen, hemmend einwirken.

4.2.3.2 Lipid-Biosynthese

Lipide der verschiedensten Art sind für das Stoffwechselgeschehen der Pflanze von entscheidender Bedeutung; u.a. stellen sie sehr wichtige Membranbestandteile dar. Durch Strukturveränderungen oder unzureichende Produktion der Lipide werden die Permeabilität und die Funktionstüchtigkeit von Biomembranen so stark beeinflußt, daß das Stoffwechselgeschehen der Zellen essentiell gestört wird.

Ablauf der Lipid-Biosynthese

Die Biosynthese von Lipiden erfolgt aus Fettsäuren und Glycerin. Als Ausgangsstoffe werden Acetyl-CoA und Malonyl-CoA verknüpft. Anschließend wird die Kette durch Dehydrierung um jeweils 2-C-Einheiten bis zu 16 bzw. 18 C-Atomen verlängert. Ungesättigte Fettsäuren werden gebildet, indem entweder die fertigen Ketten lokal dehydriert werden oder die Dehydrierung erfolgt schon während der Kettenverlängerung.

Bei der Fettbildung verbindet sich Glycerinphosphat mit den Fettsäure-CoA-Verbindungen. Im Falle der Neutralfette liegen Ester von Glycerin und Fettsäuren vor, bei denen alle drei Hydroxyl-Gruppen des Glycerins verestert sind.

Eingriff von Herbiziden in die Lipid-Biosynthese

Die Lipid-Biosynthese – und damit eng verbunden die Bildung von Membran-Lipiden – wird durch zahlreiche Herbizide gehemmt. Thiocarbamate, wie Sulfallat, Cycloat, Diallat, EPTC, verhindern grundsätzlich die Verlängerung der Fettsäure-Ketten, Pyridazonine wie Norflurazon, Metflurazon hemmen dagegen die Desaturierung der Fettsäuren, speziell die Umwandlung von Linolsäure in Linolinsäure. Weiter blockieren Dalapon, TCA oder Dinoben die Bildung von Oberflächenlipiden.

Für Cyclohexendion-Stoffe, z.B. Sethoxydim, ist bekannt, daß sie über die Synthese von Acyl-Lipiden die Bildung von Glykolipiden und Phospholipiden erniedrigen, während die Stoffe der nichtverseifbaren Lipid-Fraktion stärker synthetisiert werden. Daneben dürften die Stoffe in die Protein-Biosynthese eingreifen. Auch die Phenoxyphenoxy- sowie die heterozyklischen Phenoxy-Verbindungen beeinträchtigen die Fettsäure-Biosynthese von Gräsern, nicht jedoch die dikotyler Pflanzenarten. Es ist bekannt, daß die Bildung von polaren Lipiden reduziert wird, während nichtpolare Lipide in ihrer Synthese nicht beeinträchtigt werden. Der Lipid-Stoffwechsel, möglicherweise die Synthese von Fettsäuren und/oder die Phospholipid-Synthese dürften die primären Angriffsorte dieses Wirkstoffs sein.

Durch bestimmte Herbizide, insbesondere durch Thiolcarbamate (Diallat, Triallat) und aliphatische Fettsäuren (NaTA) wird die Bildung von Pflanzenwachsen auf den Epidermisoberflächen verhindert. Dadurch wird die Benetzbarkeit und Penetrationsmöglichkeit von Pestiziden durch die Epidermis in die Blätter vergrößert.

4.2.4 Einwirkung auf die Synthese aromatischer Aminosäuren

Einige Herbizide hemmen Biosynthese-Prozesse von aromatischen Aminosäuren. Glyphosat und verschiedene andere Herbizide greifen z.B. in den

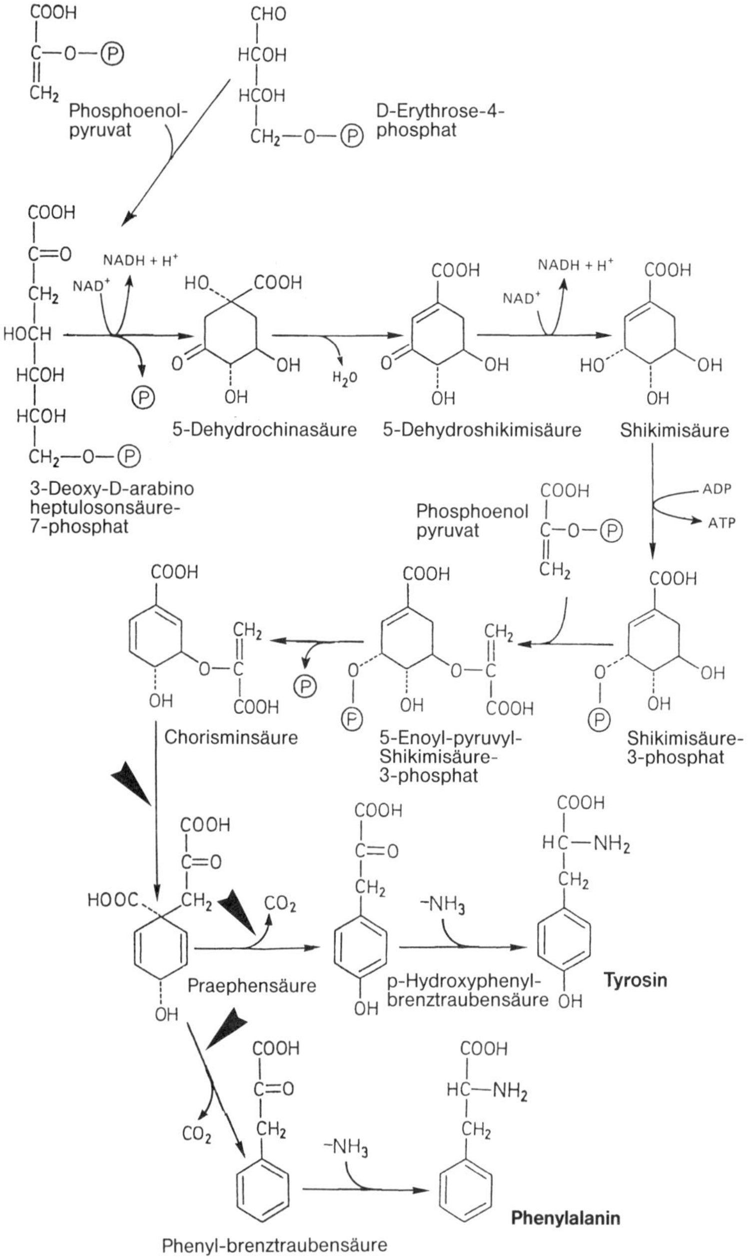

Abb. 92. Biosynthese der aromatischen Aminosäuren Tyrosin und Phenylalanin (Pfeile bezeichnen die Wirkstellen von Glyphosat und weiterer Herbizide).

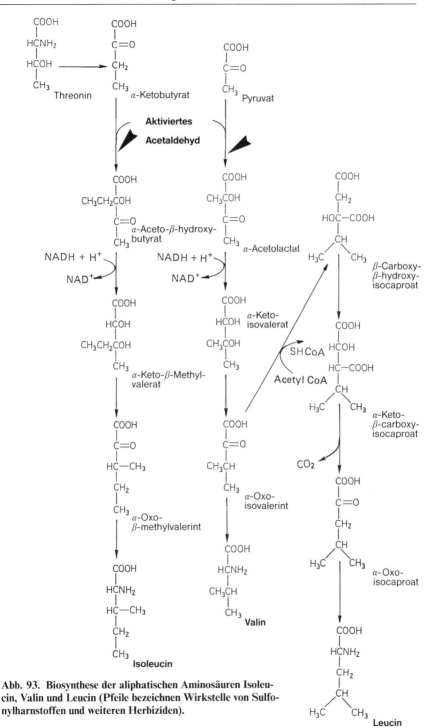

Abb. 93. Biosynthese der aliphatischen Aminosäuren Isoleucin, Valin und Leucin (Pfeile bezeichnen Wirkstelle von Sulfonylharnstoffen und weiteren Herbiziden).

Phenol-Stoffwechsel ein durch Beeinflussung verschiedener Enzyme (Chorisminsäure-Mutase, Praephensäure-Hydratase, Praephensäure-Dehydrogenase), was zu einer Hemmung der Phenylalanin-Bildung führt. Glufosinate-Ammonium hemmt die Glutaminsynthetase. Dadurch wird die Phenylalanin-Bildung gestört, so daß toxisches Ammonium in der Pflanze angehäuft wird.

4.2.5 Einwirkung auf die Biosynthese aliphatischer Aminosäuren

Durch Imidazole, z. B. Imazapyr und Imazaquin, wird die Biosynthese bestimmer Aminosäuren, z. B. von Valin, Leucin und Isoleucin, gestört, indem die Stoffe bestimmte Enzyme des Biosyntheseweges unterbinden.

Auch Chlorsulfuron – und andere Sulfonylharnstoffe wie Sulfmeturonmethyl – greifen in Enzymaktivitäten ein, die für die Bildung von Valin und Isoleucin wichtig sind. Sie blockieren die Produktion dieser essentiellen Aminosäuren durch Hemmung der Acetolactat-Synthetase. Dieses Enzym katalysiert diesen ersten Schritt der Biosynthese von Valin und Isoleucin. Die

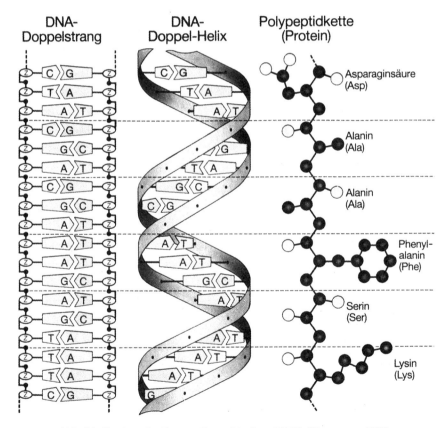

Abb. 94. Struktur der Desoxyribonucleinsäure (DNS) (TRUSCHEIT 1984).

Enzyme sind lediglich in Pflanzen Ziele des Herbizidangriffs, während die gleichen Systeme in Tieren viel weniger leicht angegriffen werden. Daraus erklärt sich die sehr hohe phytotoxische Wirkung bei verhältnismäßig geringer Tier- und Humantoxizität.

4.2.6 Einfluß von Herbiziden auf den Nucleinsäure-Metabolismus und auf die Protein-Synthese

Einige Herbizide greifen in das Geschehen der DNS- und RNS-Vervielfachung sowie in die Protein-Synthese ein. Allerdings zeigen die meisten dieser Stoffe noch andere Angriffsorte im pflanzlichen Stoffwechsel (Ausnahmen dürften hier nur Chlorsulfuron und andere Sulfonylharnstoffe sein).

4.2.6.1 Ablauf der Übertragung der genetischen Information und der Protein-Biosynthese

Obwohl der Nucleinsäure-Metabolismus, also der Prozeß bei der Weitergabe der genetischen Information, sehr kompliziert und noch nicht völlig bekannt ist, hat man doch ein gutes Bild über die dabei ablaufenden grundsätzlichen Vorgänge.

Die die Entwicklung des pflanzlichen Organismus steuernden Nucleinsäuren sind strangförmige Polymere, die im Falle der Desoxyribonucleinsäure (DNS) aus den N-haltigen zyklischen Basen Adenin, Thymin bzw. Guanin und Cytosin bestehen. Wenn bei der Zellteilung auch das genetische Material geteilt wird, dann reißt der Doppelstrang der DNS auf. Die entstehenden Einzelstränge synthetisieren den jeweils komplementären Strang wieder. Die entstandenen neuen Doppelstränge werden auf die beiden Tochterzellen verteilt, so daß das gesamte genetische Material identisch auf die neuen Zellen übertragen ist. Dieser Vorgang wird als **Replikation** der DNS bezeichnet.

Als **Transkription** der genetischen Information von der DNS auf die RNS (Messenger-RNS, m-RNS) wird der Code auf die RNS übertragen. Mit dieser wird er zu den Ribosomen, die 40 bis 60% der Ribosomen-RNS (r-RNS) erhalten, gebracht.

Im Vorgang der **Translation** wird die Anordnung der m-RNS-Bausteine gemäß dem genetischen Code in die entsprechende Anordnung von Aminosäuren übersetzt. Hierbei spielt die Transfer-RNS (t-RNS) eine wichtige Rolle. Sie besteht aus Ketten von etwa 80 Nucleotiden und hat an ihrem Ende immer ein Triplett, bestehend aus Cytosin-Cytosin-Adenin (CCA-Ende).

Bei der **Protein-Synthese** holt ein t-RNS-Molekül aus dem Vorrat an Aminosäuren im Cytoplasma die ihrem Anti-Codon entsprechende Aminosäure, die durch Phosphorylierung bereits in einem reaktionsbereiten Zustand ist, heraus und bindet sie an ihrem CCA-Ende. Sie sucht sich dann am Ribosom auf dem dort gestreckt liegenden m-RNS-Molekül die ihrem Anti-Codon entsprechende Codon-Stelle. Bald lagert sich auch daneben ein t-RNS-Molekül mit dem entsprechenden Anti-Codon an, das an seinem Anti-Codon ebenfalls die ihm zugehörige Aminosäure trägt. Zwischen beiden benachbarten Aminosäuren wird eine Peptid-Bindung geknüpft. Nachher löst sich die t-RNS von der Aminosäure ab. Das geschieht nach Bildung der Peptid-Bindung, so daß die einzelnen Aminosäuren zur Polypeptid-Kette des Proteins verbunden worden sind. Das kettenförmige Protein-Molekül wird vom Ribosom abgelöst und erfährt später die Prägung der spezifischen dreidimensionalen Struktur.

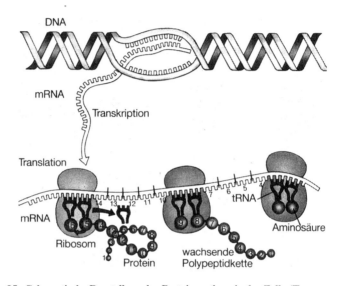

Abb. 95. Schematische Darstellung der Proteinsynthese in der Zelle (TRUSCHEIT 1984).

4.2.6.2 Eingriff von Herbiziden auf die Nucleinsäure-Synthese

Herbizide können die Nucleinsäure- und Protein-Synthese in verschiedenen Bereichen und auf ganz unterschiedliche Art stören. Die genauen Angriffsorte in diesem Bereich des pflanzlichen Stoffwechsels sind nicht genau bekannt. Sie sind viel schwerer zu erfassen als z.B. Eingriffe in die Photosynthese oder in die pflanzliche Atmung.

Herbizide beeinflussen die **Replikation** von DNS und RNS durch Steigerung oder Hemmung der DNS- und RNS-Polymerase-Aktivität. Weiter können sie auf die **Transkription** der genetischen Information von der DNS auf die RNS wirken. Sie greifen auch in die **Protein-Synthese** ein. Die Replikation und die Protein-Synthese sind beeinflußbar vor allem durch Wuchsstoff-Herbizide, z.B. 2,4-D, sowie durch pflanzeneigene Wuchsstoffe, insbesondere IES (β-Indolylessigsäure). Die Folge ist eine verstärkte m-RNS-Aktivität, also ein verstärkter Transport von RNS aus dem Kern zu den Ribosomen. Dadurch wird die Protein-Synthese gesteigert und ein stärkeres Wachstum der Zellen und der Gewebe angeregt. Es erfolgt z.B. in Maispflanzen nach 2,4-D-Behandlung eine wesentliche Wachstums-Intensivierung. Allerdings ist die gesteigerte Nucleinsäure- und Protein-Synthese für die normale Zellentwicklung und Funktion negativ. Es kommt zu desorientiertem Wachstum und zu Zellwucherungen, was schließlich zum Absterben der behandelten Pflanzen führt. Besonders gravierend sind bei dikotylen Arten Zellwucherungen im Kambium der Leitbündel, die das Phloem-Gewebe zerquetschen und somit die Assimilate-Leitung unterbinden.

Herbizide, oder zumindest Teile ihrer Moleküle, können auch einem **Einbau der Wirkstoffe** in Nucleinsäuren unterliegen. Derartige unnatürlich gestaltete Nucleinsäuren sind für die Übertragung der genetischen Information selbstverständlich unbrauchbar. IES und in geringerem Maße auch 2,4-D werden in DNS und RNS von Erbsen-Sproßgewebe sowie in meristematisches Gewebe von *Allium*- und *Vicia*-Wurzelspitzen eingebaut. Naphthylessigsäure verbindet sich ebenfalls mit der RNS. Maleinhydrazid wird in unspezifischer Art an RNS und an Kernproteine gebunden, wobei eine antagonistische Beziehung zu Uracil besteht.

Herbizide können aber auch eine **Störung des Stoffeinbaus** in Nucleinsäuren und Proteine bewirken. Hierbei verhindern die Wirkstoffe den Einbau von Vorprodukten von DNS, RNS und Proteinen, ohne selbst inkorporiert zu werden. Z.B. verhindert Fosamin-Ammonium die DNS-Synthese durch Blockierung der Inkorporation von Thymidin in DNS. Herbizide wie Allidochlor, Chlorpropham, Dinoseb, PCP hemmen beispielsweise den Leucineinbau in Proteine. Das Chloracetamid Propachlor stört den Einbau von Aminosäuren in Proteine. Andere Herbizide blockieren die Orotsäure-Inkorporation in DNS. Weiter kann der Einbau von Phosphat in DNS oder RNS blockiert werden. Es wurde auch eine Hemmwirkung auf die ATP-Verfügbarkeit bei der Bildung von RNS und DNS festgestellt, z.B. durch Chlorpropham, Propanil, Barban, Dinoseb sowie PCP.

Bei Herbiziden mit Entkoppler-Wirkung dürfte der Effekt allerdings mehr auf einen Mangel an ATP zurückgehen als auf einen direkten Einfluß auf den Nucleinsäure-Metabolismus, und die Protein-Synthese. Amitrol hemmt den Einbau von Molekülvorstufen in DNS und RNS und in wasserlösliche Nucleotide, was im Licht einen leichten Rückgang des r-RNS-Gehaltes in Pflanzen zur Folge hat. Im Dunkeln wird der RNS-Gehalt in Maiswurzeln und etiolierten Koleoptilen dagegen nicht beeinflußt. Wahrscheinlich bildet Amitrol ein Alanin-Konjugat, das allmählich in Proteine eingebaut wird.

4.2.7 Einfluß auf die Keimung

Eine Gruppe von Herbiziden verhindert die Keimung von Unkrautpflanzen. Zu nennen sind hier die α-Chloracetamide, wie Alachlor und Allidochlor sowie Butachlor, Metolachlor, Prynachlor, Metazachlor usw. Die meisten dieser Stoffe wirken zudem noch auf die Proteinsynthese ein. Weiter greifen eine Reihe von Verbindungen, wie Alloxydim-Na, Diphenamid, Chlorsulfuron, Metsulfuron-methyl und Perfluidon, in das Keimungsgeschehen ein, obwohl hier nicht ihr Hauptwirkort liegen dürfte.

4.2.8 Beeinflussung des Auxin-Metabolismus

Zahlreiche Herbizide greifen ähnlich wie die natürlichen Wachstumsregulatoren in den Auxin-Metabolismus ein, indem sie das Gleichgewicht der Bildung und des Abbaus der natürlichen Wachstumsregulatoren und außerdem den Gibberellin-Haushalt beeinflussen.

Die auf diese Weise wirkenden Wuchsstoff-Herbizide töten die Pflanzen nicht primär ab, sondern regen sie im Gegenteil gewöhnlich zu stärkerem, jedoch ungeordnetem Wachstum an.

Deformationen im Habitus, verdrehte Blattstiele und Sproßachsen, Bildung von Wurzeln am Sproß und ähnliches sind die Folgen. Die Pflanzen zehren sich durch intensives Wachstum aus; sie vergeilen. Auxin-Inhibitoren sind vor allem viele Ungras-Mittel. Benzoylprop-ethyl hemmt z. B. das Wachstum von *Avena fatua*. Wenn der Wirkstoff nach einiger Zeit abgebaut ist, dann geht das Wachstum weiter. Für Getreide, das nicht auf das Mittel anspricht und bei dem deshalb keine Wachstumshemmung eintritt, stellt das vorübergehend am Wachstum gehemmte Ungras dann keine Konkurrenz mehr dar. Außerdem produzieren die unterdrückten *Avena*-Pflanzen keine nennenswerten Samenmengen.

Perfluidon hat zwei Aktivitäten, die nicht notwendigerweise miteinander in Zusammenhang stehen. Es beeinflußt einmal die IES-Oxidase-Aktivität, was dem Stoff einen hormonartigen Charakter gibt. Die zweite Art der Wirkung ist eine Brechung der Knospendormanz und Wachstumshemmung.

Ähnlich könnte auch die Wirkung von Fosamin-Ammonium sein. Nach Anwendung im Herbst entfalten verschiedene verholzte Arten im nächsten Frühjahr keine Blätter bzw. bilden nur sehr rudimentäre Blättchen aus. Bei einigen Strauch- und Baum-Arten, z. B. bei *Salix*-Arten, wird die Blattausbildung dagegen nicht gehemmt.

4.2.9 Einfluß auf Zellentwicklung und Wachstum

Nach allgemeiner Meinung führen auf den Nucleinsäure-Metabolismus und auf die Protein-Synthese sowie auf den Hormonhaushalt wirkende Herbizide zu Schäden an Pflanzen. In keinem Fall wurde jedoch die spezifische Reaktion, die für die Letalität verantwortlich ist, genau interpretiert. Erst bei einer besseren Kenntnis des Wachstumsgeschehens der Pflanze wäre ein genaueres Bild über die Hemm-Mechanismen der einzelnen Herbizide möglich. Die Ursachen für die Wachstumshemmungen können diverser Art sein. Einmal kann die Zellteilung und -streckung unterbunden werden, zum andern kann eine Wirkung aber auch in bereits ausgebildeten Zellen erfolgen.

Einwirkungen im Bereich des meristematischen Gewebes und auf die Kern- und Zellteilung sind für zahlreiche Herbizide bekannt, z. B. für Fenthiaprop-ethyl, wodurch bei *Agropyron repens* eine Schädigung der Rhizomknospen erfolgt, für Fluazifop-butyl oder Metsulfuron-methyl, wo es ebenfalls zu Hemmungen des Sproß- und Wurzelwachstums kommt. Weiter sind Imazapyr, Imazaquin sowie Perfluidon, Pendimethalin und Asulam zu erwähnen.

Das **Microtubuli-System** spielt für die Zellteilungs- und -streckungsvorgänge sowie für die Ausdifferenzierung der Zellen und Bildung der Gewebe eine große Rolle.

Bei den Microtubuli handelt es sich um langgestreckte, hohlräumige Strukturen (Länge 5,2 µm, ⌀ 25 nm), die an verschiedenen Stellen der Zellen und zu verschiedenen Zeiten während der Entwicklung auftreten. Sie bestehen aus dem Protein Tubulin, das durch Polymerisierung zu den Microtubuli wird.

Bei der Zellteilung haben die Spindel-Microtubuli die Funktion der Aufteilung der Chromosomen. Durch ihr Fehlen, das z. B. durch Asulam, Barban, Chlorpropham, Propham, Dinitramin, durch Trifluralin, Pendimethalin, Oryzalin, Propyzamid usw. bewirkt wird, wird der Zellzyklus in der Metaphase gestoppt, was zur Bildung von Abnormitäten, Polypoidisierung, Chromosomenveränderungen, zwei- und vielkernigen Zellen führt.

Bei der Orientierung und Ausdifferenzierung der Zellulose-Mikrofibrillen wirken die sogenannten Rinden-Microtubuli mit, was die Form der jungen Zellen bestimmt und durch komplizierte Prozesse schließlich die Gewebeart bestimmt wird. Durch die Barban- und Propham-Wirkung sowie durch die Einwirkung von Oxyfluralin, Oryzalin, Trifluralin und Propamid usw. entstehen unorganisierte Zellwandstrukturen im Leitgewebe und in den Stomata. Es kommt zur Ausbildung einer unregelmäßigen Zellmorphologie, zu einem Anschwellen der Zellen, zur Ausbildung von zusammengedrückten Xylem-Elementen, zu Veränderungen der Längen-Breiten-Verhältnisse der Zellen, zum Anschwellen der Wurzelzellen in den Verlängerungszonen.

4.2.10 Wirkung auf die Permeabilität von Membranen

Herbizide brauchen nicht unbedingt primär in einen lebenswichtigen biochemischen Elementarprozeß einzugreifen. Oft führen direkte oder indirekte Veränderungen der Eigenschaften und Permeabilität von Zellmembranen zur Störung der sonst geregelt ablaufenden physiologischen Prozesse in den hochorganisierten Zellkompartimenten. Dieser Eingriff in biochemische Prozesse führt zur Schädigung oder sogar zum Absterben der Pflanze.

4.3 Wirkung von Insektiziden, Akariziden und Nematiziden auf die Pflanze

Die Insektizide haben ihre eigentlichen Wirkorte im Zielorganismus Insekt, wo sie in die verschiedenen lebenswichtigen Prozesse im Zusammenhang mit der Reizübertragung eingreifen (Hemmung der Cholinesterase). Daneben können Wirkorte von Insektiziden auch in der Atmung bzw. in der Chitin-Biosynthese der Insekten liegen.

Wegen gewisser Ähnlichkeiten der Reizleitung in den Nerven zwischen Insekten und Wirbeltieren werden von Insektiziden, die die Cholinesterase hemmen, u. U. auch Wirbeltiere geschädigt. Bei der Insektizid- und insbesondere bei der Akarizid- und Nematizid-Anwendung ist daher grundsätzlich die Gefahr einer Vergiftung von Wirbeltieren nicht auszuschließen. Das wird aus der z. T. sehr hohen akuten Toxizität einiger Insektizide sehr deutlich, was sich im niedrigen LD_{50}-Wert derartiger Substanzen ausdrückt.

Der pflanzliche Stoffwechsel wird durch die heute zugelassenen Insektizide und verwandte Verbindungen kaum beeinflußt. Die Wirkungsmechanismen der modernen Phosphorsäureester und der anderen Insektizide sind nicht verbunden mit ähnlichen Wirkungsmechanismen in Pflanzen, so daß Pflanzenschäden durch derartige Stoffe nicht zu erwarten sind. Ähnliches läßt sich für die Chitinsynthese-Hemmer sagen. Auch die synthetischen Pyrethroide und weitere neue Wirkstoffe dürften die Pflanzen nicht schädigen.

Dagegen werden Pflanzen durch bestimmte Insektizide, vor allem aber durch Akarizide und Nematizide sowie durch Bodenentseuchungsmittel, die als allgemeine Biozide alles Leben abtöten, stark in Mitleidenschaft gezogen.

Die erwähnten Insektizide, Akarizide und Nematizide greifen in den pflanzlichen Stoffwechsel vor allem im Bereich der Atmung ein. Einige Mittel schädigen die Pflanze auch durch Störung der normalen Membranfunktion. Bestimmte Stoffe können mehr oder weniger spezifisch Enzym-Funktionen hemmen. Dagegen kennt man bisher keine insektiziden, akariziden und nematiziden Stoffe mit gezieltem Eingriff in die Biosynthese-Reaktionen wie in den Nucleinsäuremetabolismus, die Proteinsynthese oder die Lipid- und Carotinoid-Biosynthese. Ebensowenig wird durch Insektizide die Photosynthese beeinflußt, wenn man von kurzzeitlichen Depressionen nach der Behandlung absieht.

4.3.1 Einfluß auf die Atmung

Verschiedene Arsen-Verbindungen wie Arsen-Dioxid, Na-Arsenit, Pariser Grün, Blei-Arsenat oder Calcium-Arsenat, die früher als Insektizide angewandt wurden, greifen ganz allgemein in den Stoffwechsel lebender Systeme ein; vor allem in Prozesse im Zusammenhang mit der Atmung.

Eine Hemmung der **oxidativen Decarboxylierung der Brenztraubensäure** wird von Arsenit-Ionen verursacht. Diese Hemmung der Keto-Säure-Oxidation geht auf eine Verbindung zu Acetyl-CoA zurück. Es erfolgt ein Eingriff der Verbindungen in das Brenztraubensäure-Dehydrogenasesystem durch Bindung mit den zwei Thiol-Gruppen der Liponsäure.

In den **Citronensäure-Zyklus** greift Na-Fluoroacetat ein, indem der Stoff enzymatisch in Fluoroacetyl-CoA umgewandelt wird, wobei sich nach Verbindung mit Oxalessigsäure Fluoro-Citronensäure bildet. Dieser Stoff hemmt die Aconitase, ein wichtiges Enzym des Citronensäurezyklus.

In den **Elektronentransport** greift Rotenon ein, indem das Insektizid die mitochondriale Elektronentransportkette im Bereich von Flavoprotein und Ubichinon unterbricht. Auch Thiocyanate, z. B. Lethan, beeinträchtigen den Elektronentransport durch Freisetzung von Cyanid-Ionen.

Einige Insektizide wirken als **Entkoppler der oxidativen Phosphorylierung** in der Endoxidation und auch in der Substratkettenphosphorylierung in der Glykolyse. Durch Einbau von Arsenat-Ionen in energiereiche Schlüsselsubstanzen, die dann infolge des Arsen-Gehaltes anstelle des normalen

Phosphorgehaltes entstehen, sind instabile und rasch zerfallende Substanzen. Entkoppler der oxidativen Phosphorylierung sind auch Insektizide aus der Gruppe der Dinitrophenole, z.B. DNOC, Binapacryl, Dinocap. Derartige Substanzen haben nicht nur insektizide, sondern allgemein biozide Wirkung.

4.3.2 Beeinflussung der Membranstruktur

Die Zellen mancher Pflanzen können durch Mineralöle, die zur Insekten- und Spinnmilbenbekämpfung auf grüne Pflanzenteile aufgebracht werden, zerstört werden. Dadurch verlieren die Zellen den Turgordruck, die Blätter werden dunkel. Diese Desorganisation der Zellen führt schließlich zum Zelltod. Man kennt den Mechanismus der Ölwirkung noch nicht exakt. Durch das Öl dürften jedoch die lipophilen Bestandteile der Membran aufgelöst werden. Außerdem werden durch Ölbehandlungen natürlich die Wachse und Cutine der Oberflächenschicht der Pflanzen in Mitleidenschaft gezogen. Anders verhält sich gut fraktioniertes Sommeröl, das nicht mehr phytotoxisch wirkt und deshalb bei grünen Pflanzen eingesetzt werden kann.

4.4 Einfluß von Fungiziden auf den Stoffwechsel der Pflanze

Durch Erforschung der Wirkungsmechanismen von Fungiziden in Pilzen und höheren Pflanzen kann man erkennen, warum die lebenden Organismen geschädigt oder gar abgetötet werden. Da sich die Stoffwechselabläufe von Pilzen und höheren Pflanzen nicht grundsätzlich, sondern nur graduell voneinander unterscheiden, ist es nicht verwunderlich, daß bei einer Fungizid-Anwendung auch der Stoffwechsel der Pflanze beeinflußt werden kann. Wegen der großen Empfindlichkeitsunterschiede zwischen Kulturpflanze und Pilzen sind derartige Einflüsse jedoch meistens zu vernachlässigen. Als ideal müssen Fungizide mit Wirkungsmechanismen außerhalb des essentiellen Stoffwechsels der höheren Pflanze angesehen werden, z.B. Stoffe, die in die Chitin-Biosynthese eingreifen.

4.4.1 Wirkung als allgemeine Zellgifte

Eine Reihe von Stoffen wie Dithiocarbamate, Phthalimid-Derivate, Schwermetall-Verbindungen sowie Schwefel sind allgemeine Zellgifte.
Sie bilden u.a. Verbindungen mit Sulfhydryl-Gruppen der Aminosäuren und mit Carboxyl-Gruppen der Zellproteine oder von Membrananteilen, wodurch sehr unspezifische und vielfältige Reaktionen ausgelöst werden. Durch die Hemmung zahlreicher Enzyme kommt es zu einer starken Störung des Stoffwechsels.
Thiocarbamate beeinflussen den Zellstoffwechsel auf verschiedene Weise. Einmal entstehen Komplex-Verbindungen mit metallhaltigen Enzymen durch Kupfer-Chelat-Bindungen. Weiter erfolgen direkte Reaktionen mit

SH-Gruppen von Enzymen und Redoxverbindungen. Außerdem können durch die Spaltung einiger Stoffe auch sehr toxische Verbindungen entstehen, z. B. aus Vapam das stark reaktive Methylisocyanat (Senföl) oder aus Nabam Ethylenisocyanat.

Kupfer (II)-Ionen blockieren in der Pilzzelle durch Chelat-Bildung andere Metalle und deren Verbindungen. Unter ihrem Einfluß erfolgen in der Pflanze u. a. unspezifische Denaturierungen von Proteinen und Enzymen. In Redox-Verbindungen wie Cystein und Glutathion werden unter ihrem Einfluß auch SH-Gruppen inaktiviert. Im Pflanzenschutz eingesetzte Kupfer-Verbindungen dürften auch auf das Brenztraubensäure-Dehydrogenase-System einwirken.

Quecksilber-Verbindungen gehen mit Zellbestandteilen wahllos chemische Reaktionen ein. Quecksilber besitzt nämlich eine große Affinität zu Zellbestandteilen, zu Phosphaten und Cysteinyl- und Histidyl-Seitenketten von Proteinen. Die Hg-Toxizität hängt vor allem mit der Affinität der Stoffe zu Thiol-Gruppen von Pflanzeninhaltsstoffen zusammen. Da sehr viele derartige Verbindungen in der lebenden Zelle vorkommen, wirkt Quecksilber sehr stark. Es hemmt dabei zahlreiche Enzyme.

Noch nicht restlos aufgeklärt ist die Wirkungsweise von Schwefel-Verbindungen. Allgemein nimmt man Störungen von Redoxsystemen an, wobei Schwefel als Wasserstoffakzeptor in Konkurrenz zu O_2 steht. Außerdem wird giftiges H_2S gebildet.

4.4.2 Einfluß auf die Kernteilung

Über diesen elementaren Stoffwechselprozeß greifen Benzimidazole (Benomyl, Carbendazim, Thiophanat-methyl, Thiabendazol, Fuberidazol) in das Stoffwechselgeschehen von Pilzen ein. Der primäre Wirkort ist in der Mitose zu sehen, und zwar als eine Behinderung der Kernteilung durch Bildung von Komplexen mit Untereinheiten der plasmatischen und mitochondrialen Microtubuli. Die Stoffe hemmen die Organisation der Mikrotubuli, indem sie das pflanzliche Tubulin an sich binden.

Eine Reihe von Fungiziden stört – insbesondere in höheren Konzentrationen – die Kern- und Zellteilung höherer Pflanzen; z. B. hat man für Dicarboximid-Fungizide (Vinclozolin, Iprodion, Procymidon) neben einer Wirkung auf die Chitin-Synthese auch Hinweise auf eine Beeinflussung der Kernteilung.

4.4.3 Einfluß auf die Nucleinsäuresynthese

Von Fungiziden wie Benzimidazolen, Benzol-Derivaten (z. B. Chloroneb) wird in einigen Pilzarten die Nucleinsäure-Synthese unterbunden. Durch Benzol-Derivate wird dabei vor allem die DNS-Synthese gehemmt.

Weitere in diesen Prozeß eingreifende Fungizide gehören zu den Acylanilid-Verbindungen wie Metalaxyl und Furalaxyl, die hauptsächlich die RNS-Synthese blockieren, weniger dagegen die DNS- und Protein-Synthese. Pyrimidin-Derivate (Triarimol, Dimethirimol) greifen störend in die RNS-Synthese ein durch Wirkung auf den Adenosin-Stoffwechsel, insbesondere durch Blockierung der Adenosin-Desamidase. Auch Dicarboximide (Vinclozolin, Iprodion, Procymidon) stören nicht nur die Nucleinsäuresynthese und die Kernteilung, sondern auch den Lipidstoffwechsel sowie die Chitinsynthese. Von Carbendazim ist neben der speziellen Hemmung der RNS-Synthese auch eine Beeinflussung der Atmung und der Proteinsynthese bekannt.

4.4.4 Einfluß auf die Proteinsynthese

Der Hauptangriffsort einiger Fungizide ist eine Hemmung im Bereich der Proteinsynthese. Das gilt z.b. für die Antibiotika Blasticidin S und Kasugamycin. Derartige Stoffe blockieren den Einbau bestimmter Aminosäuren in Proteine vollständig, ohne die Nucleinsäure-Synthese selbst zu hemmen. Das Antibiotikum Cycloheximid dagegen drosselt die RNS-Synthese und den Einbau von Aminosäuren in Polypeptide. Tridemorph verhindert den Einbau von Histidin in Proteine und hat daneben einen Einfluß auf die Lipid- und Ergosterol-Biosynthese. Auch bei Oxathiinen und Thiabendazolen ist eine Wirkung auf die Protein-Biosynthese erwiesen.

4.4.5 Einfluß auf die Atmung

Zahlreiche Fungizide hemmen die Atmung in den Mitochondrien. Das führt zu einer starken Herabsetzung des Wachstums der Pilze (fungistatische Wirkung). Höhere Fungizid-Konzentrationen können sogar zum Tod der Organismen führen (fungitoxische Wirkung). Ebenso ungünstig für die Pflanze ist es aber, wenn bestimmte Fungizide, wie z.B. Triarimol und Pyracarbolid, die Atmung steigern.

Im Bereich der Atmung wurde nicht nur das Symptom der Atmungshemmung und -steigerung registriert, sondern auch für bestimmte Fungizide die genauen Angriffsorte in diesen Stoffwechselprozeß erforscht. Einige ältere Fungizide hemmen dabei die **oxidative Decarboxylierung der Brenztraubensäure** (Pyruvat-Oxidation). Es gibt hier offenbar Beziehungen zwischen der Hemmung und dem Einfluß von Kupfer-Ionen. Die als Thiol-Reagentien bekannten Verbindungen, z.B. Thiurame (Thiram und Metiram), Dimethyldithiocarbamate (Ferbam, Ziram), Ethylenbisdithiocarbamate (Maneb, Zineb), Pyridine, 8-Hydroxycholin sowie Triphenyl-Zinnchlorid, Phenyl-Quecksilberchlorid, Tetrachlorisophthalat, Captan, Folpet greifen an bestimmten Stellen des Brenztraubensäure-Dehydrogenase-Systems ein, indem sie sich mit Dithio-Gruppen der Liponsäure und der Liponsäure-Dehydrogenase verbinden.

Carboxanilid-Derivate wie Carboxin, Oxycarboxin, Mebenil, Benodanil, Pyracarbolid, Furcarbanil und Methfuroxam vermindern die Atmung durch Beeinflussung des **mitochondrialen Elektronentransportes im Citronensäurezyklus** im Bereich der **Bernsteinsäure-Oxidation** (Hauptangriffsort liegt im Succinat-Ubichinon-Reduktase-Komplex, also bei der Einschleusung der hydrierten Coenzyme in die Endoxidation.

Einige Substanzen schädigen Organismen als **Entkoppler der oxidativen**

Phosphorylierung, indem der Elektronentransport von der ATP-Bildung getrennt wird. Es gibt zahlreiche in diesem Bereich wirkende Substanzen, z. B. Oligomycin, organische Zinnverbindungen, Tridemorph, wodurch daneben auch der Einbau von Histidin in Proteine und die Glucose-Oxidation verhindert werden, oder Pyrazophos, Prothiocarb, das gleichzeitig auch die DNS- und RNS-Synthese hemmt. Es wirkt zudem auch noch durch Freisetzung von Ethylmercaptur.

4.4.6 Beeinflussung der Photosynthese

Einige Fungizide sind in der Lage, die Assimilation zu fördern oder zu hemmen. Als geringfügige Hemmer der Photosynthese gelten Substanzen wie Kupferoxychlorid und Bordeaux-Brühe, Fungizide, z. B. Pyracarbolid und andere Carboxanilide, Dithiocarbamate, Captan sowie zahlreiche systemische Fungizide (Triadimefon, Carbendazim) erhöhen dagegen – insbesondere in höheren Konzentrationen – die Photosynthese vorübergehend oder andauernd. Dadurch wird eine Verlängerung der Assimilationszeit erreicht, was u. U. zu höheren Ernte-Erträgen führen kann).

4.4.7 Einfluß auf Biosyntheseprozesse

Viele Fungizide blockieren die Energieproduktion der Pflanze, was die Biosynthese bestimmter Stoffe verringert und damit das Wachstum drosselt. Es sind andererseits aber auch Fungizide bekannt, die ebenfalls eine Hemmwirkung auf bestimmte Biosyntheseprozesse haben, ohne aber die Energieproduktion generell zu verringern.

4.4.7.1 Biosynthese niedermolekularer Stoffe

Durch einige Fungizide wird gezielt die Synthese bestimmter niedermolekularer Verbindungen im Cytoplasma gehemmt, z. B. durch die Pyrimidin-Derivate Ethirimol und Dimethirimol sowie durch Sulfanilamid. Dabei wird die Folsäuresynthese gehemmt, weil Sulfanilamid den Einbau von p-Aminobenzoesäure in die Folsäure verhindert.

4.4.7.2 Lipid-Biosynthese

Große Bedeutung im Stoffwechsel und in der Reaktionsweise der Organismen hat die Lipid-Biosynthese in ihren verschiedenen Formen. Substanzen wie z. B. die Organophosphor-Verbindung Edifenphos, die auch die Chitin-Biosynthese blockieren, hemmen daneben die Biosynthese von Glykolipiden, bei deren Mangel die Permeation der Substrate der Chitin- und Glucansynthetase durch die Cytoplasma-Membran gedrosselt wird. Ein Fehlen von Glykolipiden zieht eine verzögerte Chitin-Biosynthese nach sich und ist somit hauptverantwortlich für die Veränderung der Permeabilität der Membran, die letztlich die Ursache für die Toxizität derartiger Stoffe ist. Vinclozolin, Iprodion und Procymidon greifen in die Lipid-Biosynthese durch

Hemmung der Triglycerid-Synthese ein. Dadurch kommt es zu einem Anstieg des Gehaltes an freien Aminosäuren. Ähnliche Hemmwirkungen wurden auch in Pflanzen beobachtet.

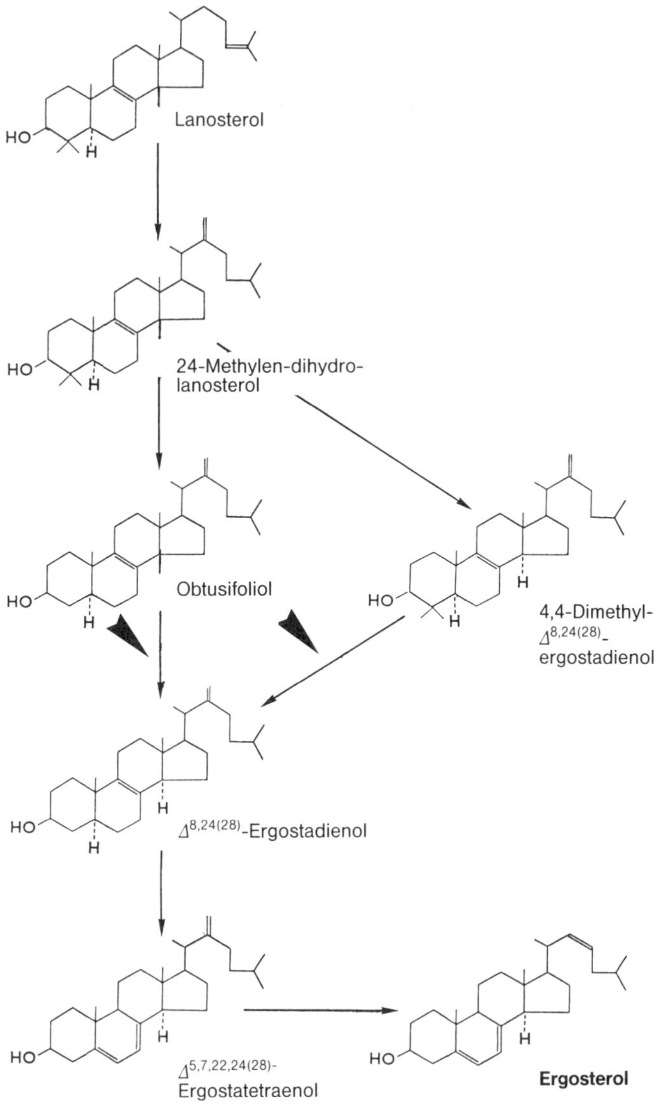

Abb. 96. Biosynthese von Ergosterol (Pfeile bezeichnen die Eingriffsstellen bestimmter Fungizide).

4.4.7.3 Ergosterol-Biosynthese

Für die Membranfunktion der Pilzzelle sind die Sterole, insbesondere die Hauptkomponente Ergosterol, verantwortlich. Sterole sind somit wichtig für die Struktur und Funktion der Membran der Pilzzelle. Eine Blockierung der Ergosterol-Biosynthese hat veränderte Strukturen der neusynthetisierten Membranen zur Folge. Es kommt zu starken Invaginationen und Vakuolisierungen der Zellen, zu nicht vollständigen Zellteilungen und Kettenbildungen der Zellen. All das hemmt die Pilzentwicklung sehr stark.

Die Biosynthese des Ergosterols erfolgt von Lanosterol über mehrere Demethylierungs-Schritte. Zahlreiche Fungizide blockieren diese Demethylierung in den 4- und 14-Positionen der Sterol-Strukturen. Das wird deutlich sichtbar an den höheren Gehalten der C-4-Methyl-sterole (z. B. Obtusifoliol), der 4,4-Dimethyl-sterole (z. B. 24-Methylen-dihydro-lanosterol) sowie von C-14-Methyl-sterol (z. B. 14-α-Methyl-$\Delta^{8,24,(28)}$-ergostadienol, $\Delta^{5,7}$-Ergostadienol). Die Umwandlung von $\Delta^{5,7}$-Ergostadienol zu Ergosterol wird durch die Blockierung des Einbaus der (23)-Doppelbindung wahrscheinlich auch unterbunden.

Die Ergosterol-Biosynthese empfindlicher Pilze wird – neben Beeinflussungen anderer Stoffwechselprozesse – durch zahlreiche Fungizide unterbrochen. Das konnte festgestellt werden für Triazol-Derivate (Triadimefon, Triadimenol, Biteranol, Fluotrimazol, Diclobutrazol, Propiconazol, Etaconazol), für Imidazol-Derivate Imazalil, Prochloraz, für Dicarboximid-Verbindungen z. B. Procymidon. für organische Phosphor-Verbindungen z. B. Edifenphos, für Pyrimidin-Derivate (Fenarimol, Ethirimol, Triarimol, Desmethirimol), für die Morpholin-Verbindungen (Tridemorph, Dodemorph, Fenpropimorph), das Piperazin-Derivat Triforin und außerdem das Pyridyl-Derivat Buthiobat.

4.4.7.4 Chitin-Biosynthese

Als Festigungselement der Zellwand von Eumyceten ist Chitin von essentieller Bedeutung für das Wachstum der Hyphen. Das gleiche Synthesesystem besitzen auch die Mucoraceen, wobei hier jedoch das Chitin sekundär durch Diacetylierung weitgehend zu Chitosan umgewandelt wird. Durch die Chitin-Biosynthese unterscheiden sich die Pilze (ausgenommen die niedrigen Oomyceten) von den höheren Pflanzen. Das Antibiotikum Polyoxin D hemmt den Einbau von Glucosamin in Zellwände empfindlicher Pilzarten. Das geht auf eine Strukturanalogie mit UDP-N-Acetylglucosamin zurück. Weitere Substanzen mit einer Wirkung auf die Chitin-Biosynthese dürften Edifenphos und Triamiphos sein.

4.4.8 Einfluß auf die Membranfunktion

Sehr oft wirken sich Fungizideffekte in speziellen Stoffwechselprozessen von Pilz- und Pflanzenzellen auch auf die Struktur, Festigkeit und Permeabilität der Zellwände nachteilig aus. Chloroneb beeinflußt enzymatische Prozesse der Zellwandsynthese. Daneben verursacht es eine Hemmung der DNS-Synthese und eine Blockierung der Mitose. Die Dicarboximid-Verbindung Vinclozolin verändert die Permeabilität der Membranen. Außerdem bewirkt sie eine Oxidation der Glucose und eine Beeinträchtigung der Protein- und Nucleinsäuresynthese. Auch Edifenphos und Triamiphos beeinflussen die Permeabilität der Zellmembran. Daneben greifen diese in die Chitin-Biosynthese ein. Die Funktion der Plasmamembranen stört Imazalil; außerdem wurde für diesen Stoff eine Wirkung auf die Ergosterol-Biosynthese festgestellt.

5
Auswirkungen der Pflanzenschutzmittelanwendung auf Kulturpflanzen

Bei der Anwendung von chemischen Pflanzenschutzmitteln kommt es nicht nur zu Effekten bei den zu bekämpfenden Zielorganismen, nämlich den Unkräutern, Pflanzenkrankheitserregern und tierischen Schädlingen, sondern es kommt bisweilen auch zur Beeinträchtigung des Wachstums und der Entwicklung der Kulturpflanzen. In der Regel handelt es sich hierbei nicht um gravierende Schäden, denn diese würden ja eine Anwendung des betreffenden Wirkstoffs in Frage stellen. In einigen Fällen wird jedoch nach einer Nutzen-Risiko-Abschätzung eine geringe Beeinträchtigung der Kulturpflanze sogar in Kauf genommen, wenn man gegen schwerbekämpfbare Unkräuter vorgehen muß.

5.1 Auswirkung der Herbizidanwendung auf Pflanzen

Eine Herbizidanwendung muß eine unterschiedliche Auswirkung auf das Unkraut und auf die Kulturpflanze haben. Die Kulturpflanze soll möglichst nicht beeinträchtigt werden. Unkräuter sollen dagegen so stark geschädigt werden, daß sie entweder ganz absterben oder zumindest in ihrer Vitalität soweit zurückgedrängt werden, daß sie keine Konkurrenz mehr für die Kulturpflanze sind. Es soll durch den Herbizid-Einsatz eine Beeinträchtigung ihrer Entwicklung, Wüchsigkeit und Reproduktionskapazität erreicht werden. Das Wesen der Unkrautbekämpfung besteht ja darin – abgesehen von der Bekämpfung parasitischer Unkräuter – die Konkurrenz zugunsten der Kulturpflanze zu verschieben.

Ein weiterer Aspekt der Notwendigkeit von Bekämpfungsmaßnahmen ist eine Qualitätsverbesserung der Ernteprodukte. Z.B. wird die Qualität von mechanisch geernteten Erbsen für die Konservenindustrie durch Blütenköpfchen von *Matricaria* spec. erheblich verringert. Die Erbsen-Erntemaschine kann nämlich Erbsen nicht von den Blütenköpfchen unterscheiden.

Auch für die Erleichterung der Ernte ist Unkrautfreiheit erwünscht. Rankende Pflanzen wie *Galium aparine* oder *Convolvulus arvensis* erschweren beispielsweise die Getreideernte mit dem Mähdrescher; zudem ist der Trockenheitsgrad in derartig verunkrauteten Beständen gewöhnlich niedriger.

Die Anwendung von Herbiziden verschiebt die Konkurrenzverhältnisse in den Kulturpflanzenbeständen zugunsten der Kulturpflanzen, indem das Unkraut verdrängt wird. Die Bekämpfungsmaßnahme schlägt sich gewöhnlich als ein beträchtlicher Mehrertrag gegenüber der nicht unkrautfreien Kontrolle nieder. Wenn jedoch im Versuch die Kontroll-Parzelle z. B. mechanisch unkrautfrei gehalten wird, dann sind bei den mit Pflanzenschutzmitteln behandelten Parzellen gewisse Mindererträge festzustellen. Das ist z. B. bei der Anwendung von Phenylharnstoffen in Wintergetreide der Fall.

Durch die herbiziden Wirkstoffe wird der Stoffwechsel vorübergehend oder sogar dauernd beeinflußt, z. B. im Bereich der Photosynthese. In der Praxis überdeckt der Mehrertrag durch Ausschaltung der Unkrautkonkurrenz dieses Phänomen jedoch vollständig.

Die Anwendung von Herbiziden beeinträchtigt Unkräuter und Kulturpflanzen, was bei der relativ nahen Verwandtschaft der Pflanzenarten verständlich ist. Um Herbizide anwenden zu können, müssen die Unterschiede in der Empfindlichkeit (Selektivität) so groß sein, daß die Kulturpflanzen keine Beeinträchtigungen gegenüber der nichtbehandelten Kontrolle erleiden. Differenzen zwischen Unkrautpflanzen und Kulturpflanzen müssen zur Erzielung von selektiven Wirkungen ausgenutzt werden. Die für die Selektivität verantwortlichen Faktoren können auf ganz verschiedenen Ebenen liegen. Sie können sich als morphologisch-anatomische Unterschiede, als entwicklungsphysiologische Unterschiede, bei der Retention, bei der Penetration und eigentlichen Aufnahme sowie bei der Translokation darstellen. Sie können aber auch darauf beruhen, daß der Wirkstoff in der Kulturpflanze schneller inaktiviert wird als in der Unkrautpflanze, so daß es zu keiner Anhäufung phytotoxischer Wirkstoffkonzentrationen kommt.

Es ist unmöglich, alle Beeinträchtigungen von Kulturpflanzen aufzuführen, die auftreten können, wenn man unter Versuchsbedingungen – insbesondere mit höheren Aufwandmengen – die verschiedenen Herbizide einsetzt.

Sie reichen von Keimhemmungen, verkümmerten Keimlingen über Sproß- und Blattdeformationen bis zu Schädigungen der Ähren und Ertragserniedrigungen. Daneben gibt es auch chemisch-physiologische Störungen in Form von Qualitätsveränderungen der Ernteprodukte, Minderungen der wertgebenden Bestandteile wie Back- und Braueigenschaften usw. Derartige Beeinflussungen sind jedoch nicht das Normale. Bei der üblichen Anwendung der Mittel unter Freilandverhältnissen sind derartige Effekte auf Kulturpflanzen gewöhnlich nicht vorhanden. Bei der Praxis-Anwendung kommen gravierende Beeinträchtigungen nicht vor. Das Mittel wäre dann für den Einsatz in der betreffenden Kultur ungeeignet.

Bei versehentlicher Anwendung überhöhter Aufwandmengen in der Praxis, ungünstigen Witterungs- und Klimabedingungen können die Kulturpflanzen jedoch durchaus geschädigt werden. Die Herstellerfirma hat nämlich das Herbizid nach Wirkstoff, Formulierung und Aufwandmenge auf Normalbedingungen bezüglich Witterungsablauf und Boden eingestellt. Davon abweichende Verhältnisse können zu möglichen Schäden an der zu schützenden Kulturart führen, weil der Selektivitätsspielraum verkleinert oder sogar ganz beseitigt ist. Das ist von Wirkstoff zu Wirkstoff und von Kulturpflanze zu Kulturpflanze unterschiedlich. Nur wenige Wirkstoffe haben eine echte biochemische Selektivität, z.B. Mais gegen s-Triazine. In vielen Fällen haben Bodenverhältnisse, insbesondere starke oder schwache Sorption der Stoffe einen großen Einfluß auf die Selektivität.

Geringe Kulturpflanzen-Beeinträchtigungen brauchen ein Herbizid jedoch noch nicht von der Anwendung in der betreffenden Kultur auszuschließen. In den Anwendungshinweisen und Anwendungsempfehlungen der Herstellerfirma und des Pflanzenschutzdienstes kann auf bekannte Unverträglichkeiten hingewiesen werden, z.B. auf die Sortenempfindlichkeit von Winterweizen gegen Metoxuron und Chlortoluron. Es ist jedoch wichtig, daß man weiß, worauf die unterschiedliche Empfindlichkeit beruht, da die Beachtung derartiger Erkenntnisse die Anwendung der Herbizide sicherer und effektiver werden läßt.

5.2 Auswirkungen von Insektiziden, Akariziden und Nematiziden auf Pflanzen

Die heute angewandten Insektizide beeinflussen die Pflanzen im allgemeinen nicht so stark, daß man von „Phytotoxizität" sprechen kann. Würden nämlich nach Anwendung unter normalen Bedingungen direkte Schädigungen eintreten, dann wäre der betreffende Stoff in stehenden Kulturen nicht mehr anwendbar, d.h. seine Anwendung wäre auf Nichtkulturland bzw. auf den nichtlandwirtschaftlichen Bereich beschränkt.

Insgesamt ist es bei Insektiziden – im Gegensatz zu Herbiziden und Fungiziden sowie Akariziden und Nematiziden – recht unwahrscheinlich, daß beim praktischen Einsatz die Pflanzen beeinflußt werden.

Allerdings üben einige Wirkstoffe auf bestimmte Pflanzenarten eine spezielle Wirkung aus, die positiv oder negativ sein kann. Meist wurde nur festgestellt, daß Beeinträchtigungen vorhanden sind, ohne nähere Hinweise auf die Art der Schädigung.

Positive Wirkungen wären Förderungen der Kulturpflanzen, die über eine Wachstumsverstärkung durch die Ausschaltung des bekämpften Schädlings hinausgehen. Das tritt z.B. durch DDT und Chlordan ein, wo der Ertrag von Karotten, Zwiebeln, Kürbis und Rüben gesteigert wurde. Carbofuran und auch Aldicarb rufen eine starke Wüchsigkeit von Mais, Rüben, Kartoffeln und verschiedenen Gemüsearten hervor, was aber auch auf die nematizide Nebenwirkung dieser Stoffe zurückgehen könnte. Im Obstbau wurde durch niedrige Konzentrationen von DDT im Boden das Zweigwachstum von Apfelbäumen stimuliert.

Negative Einflüsse auf Kulturpflanzen konnten häufiger festgestellt werden. Tatsächliche Schäden waren jedoch durch Verwendung entsprechend anderer Mittel zu vermeiden. In Versuchen führten höhere Konzentrationen an DDT im Boden in den Folgekulturen zu Mindererträgen, z.B. bei Rüben, Bohnen, Erdbeeren oder Roggen. Hohe Konzentrationen von Aldrin verursachten Mindererträge bei Bohnen, Erbsen, Rüben, Salat und Spinat. Auch direkte DDT-Behandlungen von Rüben, Bohnen, Erdnuß führten zu Ertragseinbußen.

Negative Auswirkungen sind auch Beeinflussungen des Geschmacks der Ernteprodukte, wegen derer z.B. DDT in Süßmais, Rüben, Zwiebeln, Tomaten, Bohnen, Buchweizen usw. nicht eingesetzt werden konnte. Lindan verursacht Geschmacks- und Geruchsbeeinträchtigungen insbesondere bei Wurzelgemüse. Die Lindan-Anwendung war daher in derartigen Kulturen immer ein Risiko; heute ist der Wirkstoff in Wurzelgemüse generell verboten.

Auch Saatgutbehandlungen mit besimmten Stoffen können zu Schädigungen führen, z.B. schädigen Dieldrin und Chlordan junge Pflanzen; Endrin und Heptachlor führen sogar zur Abtötung von Jungpflanzen, dabei wirkt Endrin stärker phytotoxisch als Heptachlor. Kohl- und Melonen-Kulturen werden durch zahlreiche Cyclodien-Verbindungen geschädigt; durch Aldrin und Chlordan stärker als durch Dieldrin, Endrin und Heptachlor. Diese Befunde sind jedoch heute nicht mehr relevant, da die meisten derartigen Stoffe bei uns nicht mehr angewendet werden dürfen.

Auch das Bodenentseuchungsmittel Methylbromid wirkt auf keimende Samen stark schädigend. Daher ist nach Entseuchungsmaßnahmen eine gute Bodendurchlüftung angebracht, bevor man mit der Pflanzenkultur beginnt.

Verschiedene Wirkstoffe können wegen ihrer Phytotoxizität nicht in stehenden Kulturen eingesetzt werden. Hier sind vor allem die Isocyanat-Verbindung Lethan und DNOC zu nennen, außerdem ungereinigte Mineralöle. Giftig für alle grünen Pflanzen und für keimende Saat sind auch das Dichlorpropan-Dichlorpropen-Gemisch D-D, Methylisothiocyanat und Ethylendibromid.

Bestimmte Pflanzenarten reagieren auf einzelne Wirkstoffe so empfindlich, daß eine Anwendung nicht in Frage kommt. Heptachlor schädigt z.B. Hopfen. Butocarboxim wird von verschiedenen Arten nicht vertragen. Buschbohnen und Stangenbohnen sind empfindlich gegen Chlorfenvinphos; Tomaten vertragen überhöhte Aufwandmengen von Dialiphos nicht. Lindan beeinträchtigt einige Blumen- und Zierpflanzen; Etrimphos schädigt Begonien. DDT und andere chlorierte Kohlenwasserstoffe wirken sich negativ auf Kürbisgewächse aus.

Malathion in höheren Konzentrationen verursacht Schäden an bestimmten Kulturpflanzen. Hohe Aufwandmengen an Fenitrothion führen zu Schäden in Obst; durch das Trifluorobenzimidazol-Akarizid Fenazachlor werden Gurkengewächse, Reben und Tomaten geschädigt oder ebenso von dem Akarizid Chlorbensid Gurken- und Kürbisgewächse.

In einigen Fällen sind nur einige Sorten von Kulturpflanzen besonders empfindlich gegen bestimmte insektizide Wirkstoffe. So schädigt z.B. Parathion in höheren Aufwandmengen einige Apfel-, Gurken- und Tomatensorten; Phosphamidon wird von etlichen Kirschensorten nicht vertragen. Die akarizide substituierte Benzolverbindung Chlorfenson ist in diversen Birnensorten nicht einsetzbar. Chlorbenzilat darf man bei einigen Pflaumen-, Birnen- und Apfelsorten nicht anwenden. Heptachlor schädigt verschiedene Kulturpflanzensorten. Einige Rosensorten reagieren empfindlich gegen Sulfotepp. Besonders unter den Zierpflanzen gibt es eine ganze Reihe von Arten und Sorten, die auf verschiedene Insektizide empfindlich reagieren. Zu nennen sind hier Pirimiphos-methyl-empfindliche *Euphorbia-, Gerbera-* und *Adianthum*-Sorten sowie gegen Sulfotepp empfindliche *Chrysanthemum-* und *Anthurium*-Sorten oder verschiedene Orchideen-Arten.

5.3 Auswirkungen der Fungizidanwendung auf Pflanzen

Die in der Praxis verwendeten Fungizide haben fungistatische und fungizide Eigenschaften. Ihre Toxizität für den Pilz ist um ein Vielfaches höher als ihre Wirkung auf Pflanzen, z.B. beträgt der chemotherapeutische Index Pilz: Pflanze = 1 : 30 bis 1 : 1000. Bei sachgemäßer Anwendung sind gravierende Schäden an Kulturpflanzen unwahrscheinlich; in bestimmten Fällen sind sie jedoch für einige Wirkstoffe von vornherein nicht gänzlich auszuschließen. Zum Beispiel verursachen bestimmte Kupferverbindungen bei einigen Obstsorten Wuchshemmungen und erhöhte Fruchtberostungen. Schäden an Kulturpflanzen lassen sich aber durch strenge Beachtung der Gebrauchsanweisungen bezüglich Anwendungsart, Aufwandmenge, Anwendungszeitpunkt und insbesondere Kulturpflanzenart, ja sogar Kulturpflanzensorte, vermeiden. Bodenart und Witterungsverhältnisse spielen für die Wirkung eine Rolle. Unter gewissen Umständen wird man doch geringfügige Pflanzenschäden in Kauf nehmen, wenn kein anderes Mittel zur Wahl steht. Aus Literatur und Praxis ist bekannt, daß z.B. Bordeaux-Brühe einige Pflanzenarten schädigt und daß Zineb sehr toxisch für bestimmte Pfirsichsorten ist. Dennoch sind beide Substanzen im Einsatz verblieben.

Trotz weniger markanter Einzelfälle bestehen im allgemeinen von der Toxizität her kaum Gefahren für die Kulturpflanzen. Nicht vollkommen wirkende und nicht rasch abbaubare Stoffe verschwinden aus ökonomischen Gründen rasch aus der praktischen Anwendung. Sie sind höchstens für Sonderindikationen ohne Kontakt mit grünen Pflanzenteilen brauchbar.

Symptome für Wirkstoffunverträglichkeit zeigen sich bei Pflanzen oft als Aufhellungen der Blattfärbung oder als Wuchsdepression. Beeinträchtigungen dieser Art, z.B. nach Anwendung höherer Konzentrationen von Benomyl, sind oft nur vorübergehend. Später kann sogar verstärktes Wachstum erfolgen. Gravierende Schäden für die Pflanzen sind dagegen auftretende Blattnekrosen. Weiter kann die Blattfunktion gestört sein. Es kommt auch zu Veränderungen der Blatt- und Fruchtausbildung, z.B. verzögert Benomyl die Reife von Äpfeln geringfügig.

Fungizide werden vor allem zur Vermeidung und Beseitigung von Schäden durch Pilzbefall angewendet. Gesunde Pflanzen mit gesteigerten Erträgen und besserer Qualität der Ernteprodukte sind das Ziel der Bemühungen des Anbauers. Man will nicht nur quantitativ mehr Getreide, Obst und Gemüse produzieren, sondern mit befallsfreien Produkten auch einen höheren Verkaufswert infolge Einstufung in bessere Qualitätsstufen erzielen.

Neben den primären Gründen für den Fungizideinsatz, vor allem der Erntesicherung und der Qualitätsverbesserung, treten nach Applikation einiger Wirkstoffe in der Praxis aber auch im Laborversuch einige positive Nebeneffekte auf, z. B. eine dichtere Belaubung und Verdoppelung der Blattzahl bei Kaffeepflanzen nach Behandlung mit kupferhaltigen Mitteln. Die Pflanzen zeigen stärkeres Wachstum und einen höheren Chlorophyllgehalt. Langjährige Kupferspritzungen ergeben Pflanzen mit buschigem Wuchs und oftmals beträchtlich erhöhtem Fruchtansatz.

Positive Effekte sind auch bei Benzimidazolen, Carboxaniliden, Triazolen und anderen Fungiziden zu beobachten: Erhöhung der Trockenmasse bei Getreide, Blumenkohl, Salat, Qualitätssteigerungen infolge erhöhten Proteingehaltes bei Weizen, Stimulierung der Metabolisierung von Aminosäuren bei Getreide, Mais, Sojabohnen, verstärktes Blattflächenwachstum bei Kirschen, hormonartige Wirkungen bei Reben, Wachstumssteigerungen bei Getreide, Erhöhung des Chlorophyllgehaltes bei Getreide und Baumwolle, oder Verzögerung des Chlorophyllabbaus. Derartige Nebeneffekte sind insgesamt als positiv für die Pflanzenentwicklung anzusehen. Trotz der Verschiedenheit der Ausprägung stellen derartige Effekte ein Hinausschieben der Seneszenz der Blätter dar, ganz ähnlich der Wirkung von pflanzeneigenen oder angebotenen Cytokininen. Cytokininartige Effekte sind für zahlreiche Fungizide bekannt, z. B. für Benomyl, Carbendazim, Fuberidazol, Thiabendazol, Triadimefon. Diese Nebeneffekte werden – wie schon erwähnt – nicht nur im Experiment sichtbar, sondern auch nach Behandlung im Freiland. Allerdings sind hier die Effekte meist nicht so eindeutig erkennbar. Die Stoffwechselbeeinflussung durch fungizide Wirkstoffe ist auch oft nur vorübergehend. In der Hauptsache wird die Intensität der Photosynthese und der Atmung meßbar beeinflußt.

Meistens wird nach Fungizid-Behandlung der positive Nebeneffekt als Mehrertrag sichtbar. Dabei beruhen die bei Getreide oft auftretenden beträchtlichen Mehrerträge nicht in erster Linie auf der Ausschaltung der durch den Pilz verursachten Pflanzenkrankheit, sondern sie gehen darauf zurück, daß durch das applizierte Fungizid z. B. bei der Getreidepflanze bestimmte physiologische Prozesse beeinflußt werden, wodurch eine erhöhte und längere Photosynthese der Fahnenblätter und ein besserer Abtransport der Assimilate in die Körner bewirkt werden.

Schlußbetrachtung

Der Pflanzenschutz der Zukunft wird einem integriertem System folgen, in dem neben anderen Maßnahmen auch weiterhin die Anwendung von chemischen Mitteln unerläßlich sein dürfte. Zu den heute bereits angewandten Wirkstoffen werden neue Substanzen mit z.T. auch neuartigen Wirkungsmechanismen hinzukommen. Bei den Herbiziden ist die Entwicklung von optimaler wirkenden Ungrasbekämpfungsmitteln vorrangig. Auch neue Wirkstoffe zur Bekämpfung mehrjähriger Unkräuter sind wünschenswert. Erste Ansätze bilden hierzu die Phenoxyphenoxy-Verbindungen und ähnlich wirkende Stoffe sowie Glyphosat und Glufosinate-Ammonium. Grundsätzlich werden im Zuge der Verwirklichung der Bekämpfung nach Schadensschwellen die Nachauflaufmittel den Vorrang haben. Bei den Insektiziden haben die synthetischen Pyrethroide neue Möglichkeiten der Insektizid-Entwicklung gezeigt, nämlich von natürlichen Insektiziden zu ihren chemisch verwandten synthetischen Stoffen zu kommen. Weiter sind Stoffe zu erwähnen, die auf die insektenspezifische Chitin-Biosynthese einwirken. Derartige Substanzen sind für Mensch, Haustier, Pflanze und Umwelt wenig bedenklich. Die stürmische Entwicklung bei den systemischen Fungiziden geht – vielleicht etwas weniger intensiv – weiter. In den letzten Jahren kamen einige Mittel auf den Markt, wodurch beispielsweise die traditionellen, giftigen Quecksilber-Verbindungen und neuerdings die bedenklichen Phthalimid-Verbindungen aus dem Handel gezogen werden konnten. Die Suche nach neuen Mitteln gegen Oomyceten und nach systemischen Fungiziden, die in der Pflanze basalwärts transportiert werden, geht weiter.

Neben modernen Wirkstoffen ist die Verbesserung der Anwendungstechnik für eine optimale Wirkung förderlich. Die Erforschung des besten Applikationszeitpunktes, von verbesserten Applikationsmethoden und praxisgerechten Formulierungen führen insgesamt zur Senkung der Aufwandmenge pro Hektar. Zudem gibt es jetzt bereits Herbizide aus der Gruppe der Sulfonylharnstoffe, bei denen man mit 15 bis 20 g/ha auskommt. Die Herabsetzung der Aufwandmenge, die Anwendung von in geringer Menge wirkenden Mitteln und der Einsatz von rasch abbauenden, nicht persistenten Mitteln mit sehr hoher Phytotoxizität gegenüber Unkräutern verringern die Rückstände in den Ernteprodukten und im Boden. Ihre Anwendung bedeutet eine geringere Belastung für die Umwelt.

Die Kenntnis des Verhaltens der Pflanzenschutzmittel-Wirkstoffe im Organismus und das Wissen um die Faktoren, die zur Wirkung im Unkraut, im Pilz bzw. im tierischen Schädling führen, wird immer wichtiger, wenn zunehmend stärker selektiv wirkende Pflanzenschutzmittel zum Einsatz kommen. Es reicht heute nicht mehr aus, zu erkennen, daß ein Mittel wirkt. Es kommt vielmehr darauf an, zu wissen worauf die Wirkung beruht. Nur dann kann man nämlich die Wirkung im System Nutzorganismus-Schadorganismus optimieren, d.h. die Selektivität verbessern.

Die Erforschung der Ursachen des Pflanzenschutzmittelverhaltens und der Wirkung der im Pflanzenschutz eingesetzten Chemikalien ist Aufgabe der Phytopharmakologie. Sie vereinigt die Erkenntnisse der verschiedenen chemischen und biochemischen Grundlagendisziplinen sowie der verschiedenen Gebiete der Pflanzenphysiologie, Entwicklungs- und Stoffwechselphysiologie über das Verhalten, die Metabolisierung und Detoxifizierung von Pflanzenschutzmitteln sowie über deren Wirkungsweise und Wirkungsmechanismen.

Literaturverzeichnis

Es wird nur auf die zentrale und wichtigste Literatur hingewiesen. Die Zahl der einschlägigen Publikationen ist nahezu unübersehbar.

AUDUS, L.J.: Herbicides (Physiology, Biochemistry, Ecology). 2nd Edition. Vol. 1 and 2. Academic Press, London, New York, San Francisco 1976.
BÖRNER, H.: Pflanzenkrankheiten und Pflanzenschutz. 5. Aufl. Verlag Ulmer, Stuttgart 1983.
BÜCHEL, K.H.: Pflanzenschutz und Schädlingsbekämpfung. Verlag Thieme, Stuttgart 1977.
O'BRIEN, R.D.: Insecticides (Action and Metabolism). Academic Press, London, New York 1967.
CRAFTS, A.S.: The Chemistry and Mode of Action of Herbicides. Interscience Publishers, New York, London 1961.
CRAFTS, A.S., and CRISP, C.E.: Phloemtransport in Plants. Freemann and Co., San Francisco 1971.
CORBETT, J.R.: The biochemical Mode of Action of Pesticides. Academic Press, London, New York 1974.
EICHLER, W.: Handbuch der Insektenkunde. VEB Verlag Volk und Gesundheit, Berlin 1965.
FEDTKE, C.: Biochemistry and Physiology of Herbicide Action. Verlag Springer, Heidelberg, Berlin, New York 1982.
GRÄSER, H.: Biochemie und Physiologie der Phytoeffektoren. Verlag Chemie, Weinheim-New York 1977.
HEDDERGOTT, H.: Taschenbuch des Pflanzenarztes. Landwirtschaftsverlag Hiltrup, 1985.
HEITEFUSS, R.: Pflanzenschutz. Verlag Thieme, Stuttgart 1975.
HOCK, B., ELSTNER, E.F. (Hrsg.): Pflanzentoxikologie: Der Einfluß von Schadstoffen und Schadwirkungen auf Pflanzen. Wissenschaftsverlag Mannheim, Wien, Zürich 1984.
HUTSON, D.H., ROBERTS, T.R. (Eds.): Progress in Pesticide Biochemistry and Toxicology, Vol. 1–5. John Wiley & Sons, Chichester, New York, Brisbane, Toronto 1981–1985.
KEARNEY, P.C., KAUFMAN, D.D.: Herbicides, Chemistry, Degradation and Mode of Action. Vol. 1 and 2. Marcel Dekker Inc., New York, Basel 1976.

Koch, W.: Unkrautbekämpfung. Verlag Ulmer, Stuttgart 1970.
Koch, W., Hurle, K.: Grundlagen der Unkrautbekämpfung. Verlag Ulmer, Stuttgart 1978.
Lukens, R.J.: Chemistry of Fungicidal Action, Verlag Springer, Berlin, Heidelberg 1971.
Marsh. R.W.: Systemic Fungicides. Longman Group Ltd, London 1972.
Maier-Bode, H.: Herbizide und ihre Rückstände. Verlag Ulmer, Stuttgart 1971.
Mohr, H., Schopfer, P.: Lehrbuch der Pflanzenphysiologie. 3. Aufl. Verlag Springer, Berlin, Heidelberg, New York 1978.
Müller, F.: Translokation von ^{14}C-markiertem MCPA in verschiedenen Entwicklungsstadien mehrjähriger Unkräuter. Acta Phytomedica, Bd. 4, 1976.
Nultsch, W.: Allgemeine Botanik. Verlag Thieme, Stuttgart 1974.
Perkow, W.: Wirksubstanzen der Pflanzenschutz- und Schädlingsbekämpfungsmittel. Verlag Parey, Berlin, Hamburg 1971 ff.
Siegel, M.R., Sisler, H.D. (Eds.): Antifungal Compounds. Vol. 2, Interaction in Biological and Ecological Systems. Marcel Dekker Inc., New York, Basel 1977.
Torgeson, D.C.: Fungicides. Vol. 1 and 2. Academic Press, New York, London 1967.
Wegler, R. (Hrsg.): Chemie der Pflanzenschutz- und Schädlingsbekämpfungsmittel. Bände 1–8. Verlag Springer, Berlin, Heidelberg, New York 1970 ff.
Worthing, C.R. (Ed.): The Pesticide Manual. British Crop Protection Council, 6th Ed. 1979.

Literatur zu Abbildungen

Baron, W.M.M.: Physiological Aspects of Water and Plant Liefe. Heinemann Educatial Books Ltd, London 1967: Abb. 15.
Böger, P.: Ein neues Resistenzprinzip für Herbizide. Z. Pflanzenkrankh. (Pflanzenpathol.) Pflanzenschutz. Sh. IX, 153–162, 1981: Abb. 85.
Franke, W.: Mechanism of Foliar Penetration of Solutions. Ann. Rev. Plant. Physiol. 18, 281–300: Abb. 7.
Holmann, R.M., Robins, W.W.: A Textbook of General Botany. J. Wiley Ltd., New York 1939: Abb. 14.
Karlson, P.: Kurzes Lehrbuch der Biochemie. Georg Thieme Verlag, Stuttgart, 7. Aufl. 1970: Abb. 37.
Klingmann, G.C.: Weed Control: As a Science. J. Wiley & Sons, Inc., New York, London 1961: Abb. 5.
Koch, W., Hurle, K.: Grundlagen der Unkrautbekämpfung. Verlag Eugen Ulmer, Stuttgart 1978: Abb. 1.
Kurth, H.: Chemische Unkrautbekämpfung. VEB Gustav Fischer Verlag, Jena 1963 und 1968: Abb. 2, 3.
Lüttge, U.: Stofftransport der Pflanzen. Springer Verlag, Berlin, Heidelberg, New York 1973: Abb. 13.

MÄGDEFRAU, K.: Botanik. Universitätsverlag C. Winter, Heidelberg 1951: Abb. 16.

MÜLLER, F.: Translokation von ^{14}C-markiertem MCPA in verschiedenen Entwicklungsstadien mehrjähriger Unkräuter. Bd. 4. Verlag Paul Parey, Berlin und Hamburg 1976: Abb. 22, 24, 25, 26.

NEEDAM, A.A.: The Uniquenceess of Biological Materials. Pergamon Press, Oxford 1965: Abb. 10.

NULTSCH, W.: Allgemeine Botanik. Thieme Verlag, Stuttgart, New York 1964 bzw. 1986: Abb. 6, 9, 14, 16, 17, 18.

SINGER, S.J., NICOLSON, G.L.: Science 175, 720–731, 1972: Abb. 11.

TROLL, W.: Vergleichende Morphologie der höheren Pflanzen. Verlag Gebrüder Borntraeger, Berlin 1937: Abb. 4.

TRUSCHEIT, E.: Gentechnologie, Hoffnung im Kampf gegen Hunger und Krankheiten. Bayer-Berichte Heft 51, 2–17, 1984: Abb. 94,95.

Sachregister

Absorption 20
Acetamide 171
Acifluorifen 53
Acylamide 180
Acylanilide 120, 172, 184, 204
Acyl-Carbamate 112
Alachlor 115, 121, 123, 124, 199
Aldicarb 74, 153, 155, 212
Aldrin 64, 74, 143, 144, 213
N-Alkyl-Carbamate 111
Allidochlor 121, 122, 123, 199
Alloxydim-Na 136, 199
Allylalkohol 138, 139
Aluminium-fosethyl 69, 163, 164
Ametryn 98, 100
Amiben 184
Amide 74, 76, 176
Aminosäuren 120
– aliphatische, Biosynthesestörung 196
Amiton 66, 146
Amitrol 51, 52, 54, 55, 138, 189, 190, 192, 199
Antibiotika 205, 208
Apoplast 36, 39
Arsendioxid 202
Arsen-Verbindungen 202
Assimilatestrom, Richtung 48
Asulam 50, 112, 200, 201
Atemhöhle 36, 43
Atmung, Beeinflussung durch Fungizide 205
– Beeinflussung durch Herbizide 185, 189
– Beeinflussung durch Insektizide 202
Atmungsgeschehen, Ablauf 185
Atmungskette 188
Atmungskettenphosphorylierung 189
ATPase-Aktivität, Förderung durch Herbizide 190
Atrazin 51, 71, 99, 100, 103, 105, 106, 180, 182, 183, 189
Aufnahme, aktive 20

– durch Blatt 20
– durch Borke 20
– durch Rinde 20
– durch Wurzeln 37
– Einflüsse 23
– hydrophiler Substanz 28
– hydrophober Substanz 28
– Mechanismen, katalysierte 34
– über verholzte Stämme 66
Auslagerungsphase von Kohlenhydraten 59
Ausscheidung von Pestiziden aus Wurzeln 89
Auswirkungen, negative, von Insektiziden 212
Auxin-Metabolismus, Beeinflussung durch Herbizide 200
Azinphos-ethyl 147
Azinphos-methyl 147

Back- und Braueigenschaften 211
Barban 51, 112, 114, 199, 201, 201
Bariumpolysulfid 159
Beizwirkung 66
Bekämpfungszeitpunkt, Entwicklungsstadium 58
– einjähriger Unkräuter 56
– mehrjähriger Unkräuter 57
Benapacryl 161
Benodanil 168, 205
Benomyl 169, 170, 171, 204, 214, 215
Bentazon 51, 130, 131
Benthiocarb 51, 153
Benzamide 121
Benzimidazole 169, 170, 180, 184, 190, 204, 205
Benzoesäuren 50, 72, 117, 189
Benzol-Derivate 204
Benzole, substituierte 161, 213
Benzonitrile 184, 185, 189
Benzothiadiazinone 130

Benzoylprop-ethyl 133, 134, 135, 200
Benzthiazuron 90, 180
Binapacryl 156, 203
Biomembran, Struktur 32
Biscarbamate 176, 180
Biteranol 69, 166, 208
Blasticidin S 205
Blatt, Aufbau 21
- Morphologie, Stellung 17
Bleiarsenat 202
Bodenschutzeffekt 131
Bordeaux-Brühe 206, 214
Bromacil 17, 51, 130, 131, 179
Bromfenoxim 108
Bromophos 146
Bromoxynil 108, 109, 110, 190
Brom-Pyrazon 180
B u. M 34552 50
Bupirimat 165
Butachlor 115, 121, 123, 199
Buthidazol 51, 126
Buthiobat 208
Butocarboxim 153, 213
Buturon 51, 180
Butylat 115

Calciumarsenat 202
Calciumcyanamid 139
Camphechlor 142
Captafol 161
Captan 161, 162, 205, 206
Carbamate 50, 74, 76, 152, 153, 174, 190
Carbanilide 112, 113
Carbaryl 52, 54, 64, 65, 66, 153, 154, 155
Carbendazim 69, 169, 170, 170, 171, 204, 205, 206, 215
Carbetamid 112
Carbofuran 66, 153, 155, 212
Carbonsäureamide 120
Carbonsäuren 76
Carboxanilide 168, 205, 215
Carboxin 168, 169, 205
Carboxylester 76
Carotinoid-Biosynthese, Ablauf 190
- Eingriff von Herbiziden 192
Carriertransport 41
Casparysche Streifen 39
CCP-Hydrazonium-Verbindungen 180
CDAA 121
Cellulosefibrillen 27
Cellulosewand, Struktur 21, 30, 39
CEP-Hydrazonium-Verbindungen 184
CGA-92194 115
Chinomethionat 161
Chinone 78, 180, 185
Chitin-Biosynthese, Ablauf 174, 203

- Eingriff von Fungiziden 208
Chloracetamide 115, 121, 199
Chloramben 120
Chloranil 78
Chlorbensid 213
Chlorbenzilat 213
Chlorbromuron 91, 92, 93, 95, 97
Chlorbufam 112
Chlordan 143,213
Chlorfenprop-methyl 133, 134
Chlorfenson 213
Chlorfenvinphos 146, 213
Chlorflurazol 180, 190
Chlorflurenol 51, 115
Chloridazon 51, 129, 180
Chlormephos 147
Chlormequat 138
Chloroneb 161, 162, 204, 209
Chloroplasten 175
Chloroxuron 51, 95
Chlorpropham 50, 77, 112, 113, 114, 179, 199, 201
Chlorsulfuron 15, 51, 136, 137, 196, 197, 199
Chlorthiamid 117, 118, 119
Chlortoluron 51, 91, 94, 95, 180, 212
Cholinesterase-Hemmung 201
Choroneb 163
Citronensäure-Zyklus, Ablauf 188
- Beeinflussung durch Insektizide 202
Clopyralid 50, 127
CMPP 50, 81, 82, 86
Curzate 171
Cuticula, Aufbau, Funktion 21, 22, 23, 24
- innere 36, 43
- Mechanismus des Stoffdurchtritts 27
Cutin, chemischer Aufbau 23
- Synthese 24
Cyanazin 51, 99, 180
Cyanursäure 105
Cyclafuramid 168
Cycloat 115, 193
Cyclodiene 74, 143, 213
Cyclohexane 142
Cyclohexendione 136, 193
Cycloheximid 205
Cycloxydim 136
Cycluron 90, 180
Cymoxanil 171
Cyometrinil 115
Cyperquat 128, 184
Cytokininartige Effekte, von Fungiziden 215
2,4-D 19, 27, 31, 40, 50, 53, 55, 56, 64, 71, 73, 80, 81, 82, 83, 84, 85, 86, 87, 198, 199

Dalapon 51, 117, 193
Dazomet 138, 139
2,4-DB 50, 71, 73, 80, 81, 84, 86, 87, 89
D-D 213
DDT 64, 65, 78, 140, 141, 142, 143, 212, 213
Decarboxylierung 72
– oxidative, der Brenztraubensäure 187
– oxidative, Beeinflussung durch Fungizide 205
– oxidative, Hemmung durch Insektizide 202
Dehalogenierung 78
Deltamethrin 156
Demeton 23, 64, 65, 66, 146
Demeton-S-methyl 65, 66, 67, 146
Demeton-S-methylsulfon 146
N-Desalkylierung 74
O-Desalkylierung 74
Desmedipham 112, 114, 180
Desmethirimol 208
Desulfurierung 75
Dialiphos 147, 213
Dialkyldithiocarbamate 159
Diallat 26, 50, 51, 115, 116, 193
Diazine 176
Dicamba 51, 117, 118, 119
Dicarboximide 172, 204, 205, 208, 209
Dichlobenil 51, 117, 118, 119, 189
Dichlofenthion 146
Dichlofluanid 161
Dichlone 78
Dichlormat 111, 113, 192
Dichlorphenoxy-Verbindungen 108
Dichlorphos 146
Diclobutrazol 69, 166, 208
Diclofop-methyl 51, 115, 134, 135
Dicrotophos 66, 146
Dieldrin 74, 143, 144, 213
Dienochlor 142
Difenoxuron 94
Difenzoquat 128, 184
Diflubenzuron 13, 156
Diflufenicon 192
Dimefox 65, 66, 146
Dimefuron 126
Dimerenbildung 34
Dimethazon 192
Dimethirimol 165, 205, 206
Dimethoat 64, 65, 66, 67, 75, 77, 147, 150, 151, 152
Dimethyldithiocarbamate 205
Dinitramin 124, 201
Dinitroanilide 124, 184
2,4-Dinitrophenole 78, 85, 107, 156, 174, 190, 202

Dinobuton 153, 161
Dinocap 161, 162, 203
Dinoseb 52, 107, 108, 179, 190, 199
Dinosebacetat 107
Dioxacarb 153
Dioxin 81
Diphenamid 51, 199
Diphenylether 53, 109, 180
Diphenyl-trichlorethan-Verbindungen 140
Dipyridylium-Verbindungen 78, 127, 176, 184, 185
Diquat 50, 51, 127, 128, 184
Disulfoton 65, 147
Disyston 65
Dithiocarbamate 159, 203
Diuron 51, 71, 90, 91, 92, 95, 179, 180
DKA-24 115
DNBP 107
DNOC 24, 52, 78, 88, 107, 108, 156, 190, 203, 213
Dodemorph 166, 208
2,4-DP 50, 73, 80, 81, 82
Druckströmung 42

Edifenphos 163, 206, 208, 209
Einlagerung von Pestiziden in Vakuole 89
Einlagerungsphase von Kohlenhydraten 59
Einlagerung in Wurzel und Rhizome, Zeitpunkt 61
Eisen-III-sulfat 139
Ektodesmen 31
Ekteichoden, Struktur, Vorkommen 31
Elektronenakzeptoren, herbizide Wirkung 184
Elektronentransport, Blockierung durch Herbizide 180
– Blockierung durch Insektizide 202
– in Atmung, Hemmung durch Herbizide 189
– zyklischer, Blockierung durch Herbizide 184
Elektronentransportkette, nichtzyklische 178, 179
– zyklische 180
Elektronentransport, zyklischer, Blockierung durch Herbizide 184
Elementarfibrillen 30
Elementarmembran-Hypothese 32
Endmetabolite 70
Endodermis 39
Endoplasmatisches Reticulum 175
Endosulfan 64, 143, 145
Endoxidation 188
Endrin 143, 213
Energieübertragung, Hemmung durch Herbizide 184

Entkoppler, hemmende, als Herbizide 184
Epidermis, Aufbau 21
Epoxidbildung 74
Eptam 51
EPTC 115, 190, 193
Ergosterol-Biosynthese, Beeinflussung durch Fungizide 208
Ernteerleichterung 210
Ertragserniedrigung 211
Ertragssteigerung, durch Fungizidanwendung 214
Etaconazol 208
Ethephon 131
Ethidimuron 126
Ethiofencarb 153
Ethirimol 69, 165, 206, 208
Ethofumesat 51, 138, 139
Ethylen-bis-thiocarbamate 160
Ethylendibromid 213
Ethylquecksilberchlorid 158
Etrimphos 213

Fenac 50
Fenaminosulf 161
Fenapanil 69, 173
Fenarimol 69, 165, 208
Fenazachlor 213
Fenclorim 115
Fenfuram 168, 169
Fenitrothion 146, 213
Fenoxaprop-ethyl 51, 134
Fenpropimorph 166, 208
Fenthiaprop-ethyl 51, 134, 200
Fenthion 74, 146, 150, 151
Fentin-Acetat 159
Fentin-Hydroxid 159
Fenuron 180
Fenvalerat 156, 157
Ferbam 159, 205
Ferntransport, Bedeutung 44
– von Fungiziden 68
Ferntransportbahnen, Aufbau 45
Fettsäuren, aliphatische 193
Flamprop-isopropyl 133
Flamprop-methyl 133
Fluazifop-butyl 51, 134, 200
Fluometuron 51, 92, 93, 97
Fluorochloridon 192
Fluorodifen 50, 51, 109, 110, 111, 180
Fluotrimazol 166, 208
Flurazol 115
Flurenolbutylester 51
Fluridon 192
Flurimidin 190
Folpet 161, 205
Formetanat 152

Formulierung, Bedeutung für Retention 15
Fosamin-Ammonium 50, 131, 133, 199, 200
From source to sink-Verteilung 48
Fuberidazol 169, 171, 204, 215
Fungizide, eradikative 68
– prophylaktische 68
– protektive 68
– systemische 68
Furalaxyl 69, 172, 204
Furavax 168, 169
Furcarbanil 168, 205
Furmecyclox 168

Geleitzellen 46
Genetische Information, Übertragung 197
Geschmacksbeeinflussung durch Insektizide 213
Glufosinate-Ammonium 131, 133, 196, 216
Glutathion-Konjugate 78, 102
Glutathion-S-Transferase 79, 102
Glykolyse 185
Glyphosat 131, 132, 133, 193, 216
GS-14253 105

Haloxyfop-butyl 51
Haloxyfop-methyl 51
Harnstoffe, benzoylierte 156
– heterozyklische 90, 180
Hemicellulose 27
Heptachlor 143, 144, 145, 213, 214
Heptenophos 146
Herbizid-Antidots 115
Herbizidtransport, beeinflussende Faktoren 55
– nach Wurzelaufnahme 64
Hexachlorcyclohexan 140, 142, 143
Hexazinon 51, 180
Hill-Reaktion, Funktion und Bestimmung 178
Hydratoin-Verbindungen 172
Hydrogenierung 77
Hydrolytische Reaktionen 75
8-Hydroxychinolin 205

Imazalil 173, 208
Imazapyr 51, 125, 196, 200
Imazaquin 51, 125, 126, 196, 200
Imidazole 173, 184, 196, 208
ß-Indolylessigsäure 198
Insektizide, Aufnahme über Samen 66
– systemische 64
Integrierter Pflanzenschutz 216
Interfibrilläre Zwischenräume 30
Intermicellärräume 30

Sachregister

Interzellularsystem 21, 36
- Bedeutung für Stoffverteilung 43
Interzellulartransport, Bedeutung 40
Ioxynil 51, 108, 109, 179, 180, 190
Ipazin 98
Iprodion 172, 204, 205, 207
Isocyanate 213
Isomethiozin 99
Isooxazolidin-Verbindungen 192
Isoproturon 51, 91, 94, 95, 180

Kallose 46
Karbutilat 111, 180
Kasugamycin 205
Keimung, Beeinflussung durch Herbizide 199
Kernteilung, Beeinflussung durch Fungizide 204
Kohäsionstheorie 47
Kohlenwasserstoffe, chlorierte 78, 140, 213
Kolloidschwefel 159
Konjugate-Bildung 78
Konkurrenzverhältnisse, Verschiebung 211
Kontaktmittel, Insektizide 64
Kupferkalkbrühe 158
Kupferoxychlorid 158, 206
Kupfersulfat 139
Kupferverbindungen 158
Kurzstreckentransport 43
Kutikularschichten 21, 27

Leitbündel, Aufbau 44
Lenacil 130
Lethan 202, 213
Lichtsystem I 179
Lichtsystem II 179
Lindan 64, 142, 143, 213
Linuron 91, 92, 97, 180
Lipid-Biosynthese, Ablauf 193
- Beeinflussung durch Fungizide 206
- Schädigung durch Herbizide 193
Lipide als Membranbestandteile 32
Lösungsströmung 41, 42

Malaoxon 75
Malathion 64, 75, 76, 147, 213
Maleinhydrazid 50, 51, 55, 129, 199
Malonyl-Addition 87
Maneb 159, 160, 205
Mancozeb 159
Massenströmung 41, 42
MBC 169, 170
MCPA 26, 50, 55, 56, 57, 58, 59, 60, 61, 71, 80, 81, 82, 83, 84, 85, 86, 87
MCPB 50, 80, 81, 86, 89
MCPP 80

Mebenil 168, 169, 205
Medinoterbacetat 107
Mefluidon 50
Membran 175
Membranfunktion, Beeinträchtigung durch Fungizide 209
Membranstruktur, Beeinflussung durch Insektizide 203
Menazon 66, 147
Mercaptodimethur 153
Meristematische Regionen 18
Mesophyll 21
Metabolismus, Abhängigkeit von chem. Struktur 70
- Abhängigkeit von Pflanzenart 70
Metalaxyl 69, 172, 204
Metamitron 51, 99, 180
Metazachlor 51, 199
Metflurazon 51, 129, 192, 193
Methabenzthiazuron 90, 91, 180
Metham 159
Methamidophos 146
Methazol 180
Methfuroxam 168, 205
Methidathion 147
Methomyl 153
Methoprometryn 105
Methoprotryn 100
Methoxychlor 140
Methoxyethylquecksilberacetat 158
Methylbromid 213
Methylcarbamate 111, 180
Methylethylquecksilberchlorid 158
Methylisothiocyanat 213
Metiram 159, 205
Metobromuron 51, 63, 91, 92, 93, 95, 180
Metolachlor 51, 53, 115, 121, 199
Metoxuron 51, 74, 91, 92, 93, 94, 95, 180, 212
Metribuzin 51, 99, 180
Metsulfuron-methyl 137, 199, 200
Mevinphos 146
Mexacarbat 66, 153
Microtubulin-System 201
Mikrofibrillen 30
Milfuram 69
Mineralöl 203, 213
Mitochondrien 175
Monalid 120
Monilat 115
Monolinuron 91, 180
Monuron 51, 54, 90, 91, 92, 93, 97, 180
Morfamquat 128, 129, 184
Morpholine 166, 208

Nabam 159, 160, 204

Na-Ethylphosphit 69
Nahtransport, Ablauf und Bedeutung 41, 43
(1,8)-Naphthalsäureanhydrid 115
Naphthylessigsäure 199
Napropamid 121, 123
NaTA 117, 193
Natriumarsenit 202
Natriumborat 139
Natriumchlorat 139
Natriumfluoroacetat 202
Natriumtetraborat 139
Nebeneffekte, positive, von Fungiziden 215
Netzschwefel 159
Niedermolekulare Stoffe, Biosynthesestörung 206
Nitralin 51, 124
Nitrile 50, 76
Nitrofen 110, 111, 180, 184
Norflurazon 129, 192, 193
Nuarimol 69, 165
Nucleinsäure-Synthese, Beeinflussung durch Fungizide 204
– Eingriff von Herbiziden 198
Oberflächenwachs, Biosynthese, Struktur 24, 26
Oligomycin 206
Omethoat 75, 146
Organophosphorsäuren 74, 163, 206
Oryzalin 124, 201
Oxamyl 153
Oxathiine 168, 205
ß-Oxidation 72, 86
ω-Oxidation 73
Oxycarboxin 168, 205
Oxydemeton-methyl 146
Oxyfluorofen 109, 180
Oxyfluralin 201

PA-B 115
Palisadenparenchym 21
PA-PE 115
Paraoxon 75, 149
Paraquat 50, 51, 127, 128, 184
Parathion 26, 64, 75, 78, 146, 148, 149, 150, 213
Parathion-methyl 146
Parenchymtransport, apoplasmatischer 42
– Bedeutung 41
– Mechanismus 41
– symplasmatischer 41
– von Fungiziden 68
Pariser Grün 202
PCP 52, 190, 199
Pebulat 51

Pektin 27
Pendimethalin 124, 125, 200, 201
Penetration 20, 211
Pentachlorphenol 161, 162
Pentanochlor 120
Perfluidon 115, 138, 139, 180, 184, 199, 200
Permeabilität von Membranen, Veränderung durch Herbizide 201
Permeation, katalysierte 34
– passive 33
Permethrin 156
Pflanzenoberfläche, histologischer Aufbau 19
Pflanzenverfügbarkeit 38
Phenmedipham 52, 112, 114, 180
Phenole 108
– halogenierte 180, 190
Phenoxyalkansäuren 50, 72, 73, 78, 79, 81, 82
Phenoxybuttersäuren 80, 86
Phenoxyessigsäuren 80, 82, 86
Phenoxy-isopropionsäuren 80
Phenoxyphenoxy-Verbindungen 134, 193, 216
Phenoxypropionsäuren 82
Phenoxy-Verbindungen 72, 73, 81, 84, 85, 89
– heterozyklische 134, 193
Phenylcarbamate 184
Phenylessigsäuren 50
Phenylether 111
Phenylharnstoffe 50, 64, 74, 75, 76, 79, 89, 90, 91, 92, 93, 96, 97, 176, 180, 181, 183, 184, 185, 211
Phenylquecksilberchlorid 158, 205
Phloem, Aufbau, Funktion 44, 46
Phloem-loading 48
Phloemmobilität, von Fungiziden 69
Phloemparenchym 46
Phloemtransport, Beeinflussung 49
– Mechanismus 47
Phorat 66, 147
Phosalon 147
Phosphamidon 66, 146, 213
Phosphorsäureester 74, 76, 146, 148, 202
Phosphor-Verbindungen 131, 163, 208
Phosphorylierung, oxidative, Entkopplung durch Pestizide 189, 202, 206
Photophosphorylierung, Ablauf 180
– Entkopplung durch Herbizide 184
Photosynthese, Ablauf 177
– Beeinflussung durch Fungizide 206
– Dunkelreaktion 178
– Einwirkung von Herbiziden 176, 180
– Hemmer, Bedeutung als Herbizide 176

- Lichtreaktion 177
Phthalimide 161, 203
Picloram 51, 127, 189
Piperazine 164, 208
Pirimicarb 152
Pirimiphos-methyl 214
Plasmalemma 20
Plasmamembran, Aufbau und Struktur 21, 31
- Stoffdurchtritt 33
Plasmodesmen 30
Polyoxin D 208
Primärwand 21
Prochloraz 173, 208
Procutin 24
Procyanazin 51
Procyazin 98, 180
Procymidon 69, 172, 204, 205, 207, 208
Promecarb 153
Prometryn 99, 100, 101, 105, 180
Propachlor 121, 122, 123, 199
Propamid 201
Propamocarb 165
Propanil 51, 120, 121, 180, 199
Propazin 98, 105
Propham 50, 112, 113, 114, 201
Propiconazol 69, 166, 208
Propineb 159
Propionsäure-Verbindungen 133
Propoxur 153
Propyzamid 121, 201
Proteine als Membranbestandteile 32
Protein-Synthese 197
- Beeinflussung durch Fungizide 205
Prothiocarb 165, 206
Protoplasten 21
Prynachlor 199
Pyracarbolid 168, 169, 205, 206
Pyrazophos 163, 164, 206
Pyrethroide, synthetische 156, 216
Pyriclor 192
Pyridat 53, 84, 129
Pyridazone 129, 193
Pyridine 127, 192, 205
Pyridyl-Derivate 208
Pyrimidine 165, 204, 206, 208
Pyrrolidon-Verbindungen 192

Qualitätsverbesserung 210
Quarternäre Amine 50
Quecksilberchlorid 158
Quecksilbernitrat 158
Quecksilber-Verbindungen 158, 216
Quintozen 161, 162

R-25788 115
Radikale, freie 128
- - Bildung 78
Reduktion der Nitrogruppe 78
Reduktionen 77
Replikation der DNS 197
Resmethrin 156
Retention 15, 211
Ribosomen 175
Ringhydroxylierung 71
Ringöffnung 71
Rotenon 202
Rückschnitt der Pflanzen, Bedeutung für Einlagerung 62

Saatgutbeizung 66
Safener 115
Schädigung durch Bodenentseuchungsmittel 213
Schädigung durch Saatgutbehandlung 213
Schradan 23, 64, 65, 66, 67, 146
Schwammparenchym 21
Schwefel 159
Schwefelblüte 159
Schwefelkalkbrühe 159
Schwefelsäure 139
Schwermetall-Verbindungen 158, 203
Selektivität, biochemische 212
Sethoxydim 136, 193
Siebplatten 46
Siebzellen 46
Simazin 51, 54, 99, 102, 105, 179, 180
Simeton 98, 180
Sklerenchymmantel 46
Sommeröl 43
Sortenempfindlichkeit, gegen Insektizide 213
Spaltung von Amiden 77
- von Carbamaten 77
- von Estern 76
Stammimplantation, von Insektiziden 67
Stoffaufnahme über Wurzeln, Mechanismus 38
Stofftransport, Grundlagen 40
- Richtung im Symplasten 42
Stomata, Struktur, Stoffdurchtritt 34, 35
Störungen, chemisch-physiologische 211
Suberin-Inkrustierungen 39
Substratoxidation, Beeinflussung durch Herbizide 189
Substratveränderung, durch Herbizide 185
Sulfallat 115, 193
Sulfanilamid 206
Sulfmeturon-methyl 196
Sulfonylharnstoffe 136, 196, 216
Sulfotepp 146, 214

Symplast 36
Systox 146

2,4,5-T 50, 80, 81, 82, 89, 179
2,3,6-TBA 51, 117, 118
TCA 15, 26, 51, 117, 193
TCDD 81
Terbacil 17, 130, 131
Terbufos 147
Terbuthiuron 126, 180
Terbuthylazin 180
Terbutol 111
Terbutryn 51, 99, 100, 180
Tetrachlorisophthalat 205
Tetrachlorvinfos 146
Tetramethrin 156
Thiabendazol 169, 171, 204, 205, 215
Thiadiazole 180, 184, 190
Thiazafluron 126
(1,3,4)-Thiazolyl-Harnstoffe 184
Thiocarbamate 76, 114, 115, 116, 193, 203
Thiocyanate 202
Thioether, Oxidation 74
Thiofanox 153
Thiometon 147
Thiophanat 161
Thiophanat-methyl 161, 171, 204
Thiophosphate, heterozyklische 65
Thiophosphorsäuren 75, 163
Thiram 159, 160, 205
Thiurame 159, 205
Tiefenwirkung von Insektiziden 64
TMTD 160
Tolclofos-methyl 163
Tracheen 46
Tracheiden 46
Transkription, von genetischer Information 197
Translation, von genetischer Information 197
Translokation 211
– von Fungiziden 68
– von Herbiziden 50
– von Insektiziden 64, 65, 66
Transpirationsschutz 27
Transport 41
– aktiver 34
– gemischt symplasmatisch-apoplasmatischer 43
Triadimefon 69, 165, 166, 167, 206, 208, 215
Triadimenol 166, 208
Triallat 26, 115, 116, 193
Triamiphos 163, 209
Triarimol 165, 205, 208
s-Triazine 41, 50, 64, 72, 74, 98, 99, 100, 102, 105, 106, 107, 174, 176, 180, 181, 183, 212
Triazinone 50, 99, 180
Triazin-resistente Ökotypen 183
Triazole 165, 208, 215
Trichlorfon 146
Triclopyr 51, 127
Tridemorph 166, 167, 205, 206, 208
Trietazin 180
Triflumuron 156
Trifluorobenzimidazole 190
Trifluralin 51, 78, 124, 125, 201
Triforin 164, 208
Triphenylzinnchlorid 205

Uracile 130, 131

Vapam 204
Vinclozolin 172, 204, 205, 207, 209

Wachsausbildung, Hemmung durch Bodenherbizide 26
Wachse, chemischer Aufbau 25
Wachsschicht, epikutikuläre 21, 24, 27
Wachsstruktur, Veränderung 26
Wachstum, Einfluß von Herbiziden 200
Wasserspaltung, Ablauf 178
– Beeinflussung durch Herbizide 180
Wirkorte 174
Wirkstoffmenge pro Hektar 15
Wirkstoffunverträglichkeit, Symptome 214
Wirkung, positive, von Insektiziden 212
Wirkungsmechanismen 174
Wuchsstoff-Herbizide 198, 200
Wurzeldrucktheorie 47
Wurzelrinde 39
Wurzelspitze, anatomischer Bau 37
Wurzelwachstum, Bedeutung für Transport 61

Xylem 44, 46
Xylemtransport, Funktion 47
– von Fungiziden 69
– von Herbiziden 51
– von Insektiziden 65

Zectran 65
Zeitliche Trennung 19
Zellentwicklung, Einfluss von Herbiziden 200
Zellgiftwirkung, von Fungiziden 203
Zellkern 175
Zineb 159, 160, 205, 214
Zinnverbindungen 158, 206
Zinophos 65
Ziram 159, 205